"十四五"时期国家重点出版物出版专项规划项目

先进制造理论研究与工程技术系列

U0211514

# 含铝炸药爆轰产物的非等熵流动理论及其特征线方法

段　继　著

哈尔滨工业大学出版社

# 内 容 简 介

针对含铝炸药的非理想特性，对其爆轰产物的膨胀做功进行理论研究，分析铝粉反应引起的热力学熵变，提出含铝炸药爆轰产物膨胀的局部等熵假设，建立含铝炸药爆轰产物的非等熵流动模型，为研究含铝炸药爆轰产物的非等熵流动和膨胀做功提供理论依据。本书共分 7 章，主要内容包括爆轰波作用下铝粒子的动力学响应，含铝炸药爆轰产物非等熵流动模型的构建，含铝炸药爆轰产物流动的特征线分析，含铝炸药爆轰产物驱动金属板的特征线分析及模型的实验验证。

本书可供兵器科学领域的科研人员和相关专业研究生学习参考。

**图书在版编目（CIP）数据**

含铝炸药爆轰产物的非等熵流动理论及其特征线方法 /
段继著. — 哈尔滨：哈尔滨工业大学出版社，2023.6
（先进制造理论研究与工程技术系列）
ISBN 978-7-5767-0794-6

Ⅰ.①含… Ⅱ.①段… Ⅲ.①含铝炸药-爆震-非等熵流动-研究 Ⅳ.①TQ564.4

中国国家版本馆 CIP 数据核字（2023）第 101743 号

策划编辑　王桂芝
责任编辑　李青晏　马　媛
出版发行　哈尔滨工业大学出版社
社　　址　哈尔滨市南岗区复华四道街 10 号 邮编 150006
传　　真　0451-86414749
网　　址　http://hitpress.hit.edu.cn
印　　刷　哈尔滨博奇印刷有限公司
开　　本　720 mm×1 000 mm　1/16　印张 15.75　字数 245 千字
版　　次　2023 年 6 月第 1 版　2023 年 6 月第 1 次印刷
书　　号　ISBN 978-7-5767-0794-6
定　　价　78.00 元

# 前　言

　　针对含铝炸药爆轰的非理想特性，开展其爆轰产物膨胀做功的理论研究，分析铝粉反应引起的热力学熵变，提出含铝炸药爆轰产物膨胀的局部等熵假设，建立含铝炸药爆轰产物的非等熵流动模型，为研究含铝炸药爆轰产物的非等熵流动和膨胀做功提供理论依据。

　　第 1 章为绪论。第 2 章从建模思想、基本假设和特征线模型等几方面，介绍了理想炸药爆轰产物的等熵流动理论；应用理想炸药爆轰产物的等熵流动理论，分析了自由端引爆理想炸药条件下爆轰产物的等熵流动规律，以及炸药爆轰产物对金属板的驱动规律，为建立含铝炸药爆轰产物的非等熵流动模型和分析爆轰产物的流动规律打下了坚实的理论基础。为了探究含铝炸药爆轰产物流动规律与理想炸药的本质区别，对含铝炸药爆轰产物的流动过程进行了热力学分析，分析发现铝粉在爆轰产物中的二次反应将引起产物的熵变，且这部分熵变是不可忽略的，因此，爆轰产物的等熵流动理论不适用于分析含铝炸药。通过以上分析，明确了等熵流动理论对于含铝炸药的局限性，为从理论上研究含铝炸药爆轰产物的流动提供了思路和方法。

　　为了正确建立含铝炸药爆轰产物的流动模型，第 3 章对爆轰波作用下铝粉的动力学响应进行了详细的研究。采用数值计算方法研究了不同位置、不同直径的铝粒子在受到不同炸药爆轰波作用下的动力学响应。计算结果表明，5 μm、10 μm 和 50 μm 铝粒子的动力学响应除了作用时间不同以外，粒子的速度变化、粒子内部的压力变化几乎相同，且粒子与爆轰产物的相对速度也几乎相同；受爆轰波作用后，铝粒子与爆轰产物的最大相对速度约为 500 m/s，在 0.01～0.1 μs 后迅速衰减达到稳定流动，此时铝粒子与爆轰产物的速度差别不大，可近似认为以相同的速度流动；同时，分析了不同球形铝粒子的变形情况，变形量可以忽略。

在第 2 章和第 3 章研究的基础上，第 4 章提出了含铝炸药爆轰产物的局部等熵假设。在局部等熵假设的基础上，建立了含铝炸药爆轰产物的非等熵流动模型，并应用特征线方法分析了含铝炸药爆轰产物的流动规律，得到了含铝炸药爆轰产物流动的特征线方程组。

第 5 章在第 4 章的理论研究基础上，分析了含铝炸药对金属板的驱动规律和金属板后爆轰产物的非等熵流动规律。从理论上计算了不同铝粉含量的 RDX（黑索金）基和 HMX（奥克托今）基含铝炸药对金属板的驱动规律，对比了铝粉反应与否对含铝炸药驱动能力的影响。

为了获得铝粉反应度在爆轰产物中的变化规律，并进一步验证含铝炸药爆轰产物非等熵流动模型的正确性，第 6 章设计了 5 μm、50 μm 含铝炸药和含 LiF 炸药驱动 0.5 mm 和 1 mm 厚金属板实验，通过激光位移干涉仪测试金属板运动的速度历程，再通过实验结果间接计算了铝粉在爆轰产物中的反应度，结合含铝炸药爆轰产物的非等熵流动模型，从理论上计算了不同炸药驱动金属板的速度历程。理论计算结果与实验结果的对比表明，理论方法能够很好地描述铝粉二次反应对炸药做功能力的贡献，通过实验验证了含铝炸药爆轰产物非等熵流动模型的正确性。第 7 章为总结与展望。

由于本书所涉及的内容比较广泛，加上作者水平有限，书中难免会有遗漏和不妥之处，恳请同行专家与广大读者予以批评指正。

作　者

2023 年 3 月

# 目　　录

# 第1章　绪　　论

## 1.1　含铝炸药理论研究背景

早在 18 世纪初，人们开始把铝粉加入炸药中，利用炸药爆炸时铝粉氧化反应释放的能量来提高炸药爆炸的威力。第一次世界大战期间，德国首先使用了主要成分为铝粉和硝酸铵的阿莫纳尔炸药装填炮弹，增强了爆炸效果。在那之后，炸药中加入金属粉末成为提高炸药能量和威力的重要途径之一。目前，在现代军用炸药中，含铝炸药同样占了很大的比例。铝粉在炸药中的作用主要包括两方面：一方面是铝粉反应释放大量的热（铝粉燃烧释放的能量为 20～30 kJ/g，而高爆炸药爆轰反应释放的能量为 5 kJ/g），显著提高了炸药爆热，使炸药总能量增加；另一方面是铝粉在爆轰产物中的二次放热反应现象，改变了炸药能量释放进程，使炸药能量输出时间延长，从而提高了炸药的做功能力。

根据 Chapman 和 Jouguet 提出的 C-J 爆轰模型，可以把炸药爆轰分为理想爆轰和非理想爆轰。所谓理想爆轰，是指炸药爆轰反应速率极快，爆轰反应区宽度很窄，爆轰波可近似为平面，即满足 C-J 条件的爆轰现象；而对于明显偏离 C-J 条件的爆轰现象，则称之为非理想爆轰。非理想爆轰又分为两类：一类是添加金属粉末的炸药爆轰，金属粉末的加入降低了炸药的含量，而且金属粉末反应速率远低于炸药爆轰反应速率，在爆轰反应区内金属粉末一般起惰性热稀释剂的作用，这将使炸药爆轰处于非理想状态；另一类是炸药爆轰波在传播过程中出现的非理想现象，例如，爆轰波的拐角效应，小尺寸和弯曲装药的爆轰波等，具有这些性质的炸药称为非理想炸药。非理想炸药具有低爆速、低爆压、高爆热以及相比理想炸药更长的化学反应区等特点，同时约束条件、直径效应和氧含量等因素都会对非理想炸药爆轰行为产生影响。

对于理想炸药的膨胀驱动过程，通常采用等熵假设的理论来描述，即炸药爆轰产物的膨胀驱动过程中熵始终保持不变，其用于分析产物的流动规律时，产物状态参数沿特征线是不变的，即产物状态传播与时间的关系是线性的；而对于含铝炸药，在爆轰波后的产物膨胀过程中伴随有大量的铝粉燃烧放热现象，且铝粉的能量密度是炸药的4～6倍，因此，仍然采用等熵假设并应用等熵线性特征线法来分析含铝炸药爆轰产物的膨胀过程显然是不合适的，也是不正确的。在现有的含铝炸药爆轰驱动特性研究工作中，例如含铝炸药对金属飞片驱动过程的分析，采用激光位移干涉测试法可以得到连续的金属飞片速度-时间曲线，但却没有与之匹配的合理且科学的理论分析方法。如何找到一种科学描述含铝炸药爆轰驱动过程的方法，是含铝炸药爆轰理论及其驱动效应研究领域中有待突破的问题。

针对这种非等熵的非理想炸药爆轰驱动理论的空缺，基于铝粉在爆轰波后的二次反应现象，将爆轰产物膨胀过程划分为很多微分段，在每个微分段内考虑到铝粉反应放热量较小，近似认为每个微分段内的膨胀过程是等熵的，采用等熵线性特征线法分析。同时，考虑铝粉在此微分段内反应释放能量对压力、密度和声速的影响，变化的参数作为下一个微分段的初始条件，并再次认为在下一微分段的产物膨胀过程是近似等熵的，但熵水平比上一微分段更高。依次类推，直至分析完含铝炸药爆轰产物的非等熵膨胀驱动过程。

根据上述思想，本书针对含铝炸药爆轰产物的非理想膨胀过程，提出了局部等熵假设，并建立含铝炸药爆轰产物流动的非线性特征线理论模型，为分析含铝炸药的驱动做功能力以及爆轰产物的非等熵流动规律提供了一种全新的方法。同时，分析铝粉在爆轰产物中的反应机理，结合实验研究了铝粉在爆轰产物中的反应度。而且，通过数值模拟的方法，分析了爆轰波作用单个和多个粒子的动力学响应，为深入理解含铝炸药爆轰产物的膨胀过程提供了理论指导。

## 1.2 国内外研究现状

由于含铝炸药在军事领域的广泛应用以及其典型的非理想特性，吸引了大量国内外学者对含铝炸药的爆轰驱动特性和铝粉在爆轰产物中的反应过程开展研究。

### 1.2.1 含铝炸药非理想爆轰的反应理论

实验证明炸药中加入铝粉能够显著提高炸药的爆热和做功能力，因此，含铝炸药爆轰反应机理成为许多学者的研究热点，他们想通过研究了解铝粉在爆轰反应区和爆轰产物中的化学反应机理。目前对含铝炸药爆轰反应机理主要有三种解释：二次反应理论、惰性热稀释理论和化学热稀释理论。下面将简单介绍三种反应机理。

**1. 二次反应理论**

1956 年，美国学者 M. A. Cook 阐述了这种理论，他认为含铝炸药爆轰过程中，铝粉在爆轰反应区不发生化学反应，即使铝粉发生了化学反应也远远没有反应完全。因此，二次反应理论近似认为铝粉以惰性状态存在于爆轰反应区中，并对反应物浓度起稀释作用，导致爆速、爆压及波阵面上的化学能降低。铝粉的氧化反应发生于 C-J 面后的爆轰产物流动过程中，反应可持续较长时间。虽然二次反应放出的热量不能支持爆轰波阵面的传播，但它可以减缓爆轰产物的压力衰减并增强炸药的做功能力。同时，受铝粉在爆轰产物中化学反应的影响，含铝炸药爆轰具有高爆热的特性。

二次反应理论成功解释了含铝炸药高爆热、较强的做功能力以及爆速、猛度相对较低的特点。但这种理论近似有局限性，它只适合于描述高能炸药与铝粉组成的混合炸药的爆轰现象。因为高能炸药爆轰时，爆轰反应区厚度很薄，铝粉在爆轰反应区内却来不及参加反应，只能在 C-J 面后才能和爆轰产物进行反应，所以表现出的结果与实际情况比较吻合。对于爆轰反应区厚度很厚的爆轰过程，就不能忽略铝反应对爆轰的影响。

**2. 惰性热稀释理论**

在爆炸反应中，通常将那些在爆轰波阵面内不参加化学反应而且吸热的惰性添加物称为热稀释剂。惰性热稀释理论认为，含铝炸药中的铝粉在爆轰反应区内，作为惰性物质不但不参加化学反应，而且还要吸热和消耗一部分能量，从而降低爆轰波的总能量，使含铝炸药的爆速、爆压及猛度下降。归纳起来，铝粉的热稀释理论包括吸热理论和可压缩性理论。

吸热理论认为：因为铝粉是热传导性能很好的金属质点，作为惰性物质，在爆炸瞬间既没有参加反应，又没有被爆炸气流带走，所以它能从灼热的爆轰产物气体中吸收热量；随着爆轰产物的膨胀还可带走这些热量，这样，便大大降低了爆轰波阵面的能量，使爆速、爆压下降。

可压缩性理论认为：每种惰性添加物都有一定的可压缩性，所以含铝炸药在爆炸瞬间，铝粉的可压缩性缓冲了爆轰波的传播速度，削弱了爆轰波阵面的能量，使爆速、爆压下降。

**3. 化学热稀释理论**

化学热稀释理论认为，铝在炸药爆轰时参与了爆轰波阵面上的化学反应，其生成物有 $Al_2O_3$、$AlO$ 及 $Al_2O$，另外还有 $AlN$、$AlH$ 和 $Al_4C_3$ 等铝的化合物。$AlN$ 及 $AlH$ 的生成量很少，$Al_4C_3$ 仅以固相存在，一旦气化便分解了，因此含铝炸药爆轰产物中主要是 $AlO$、$Al_2O$ 和 $Al_2O_3$。$AlO$ 不稳定，当有还原性物质存在时，$Al_2O$ 可以取代 $AlO$ 而成为气相中占主要成分的铝氧化物。研究表明，在低温和低压时，$Al_2O_3$ 以凝聚相形式存在，其稳定型的生成热为 1 670 kJ/mol，常压下的熔点为 2 313 K，熔化热为 109 kJ/mol。根据实验推测，在常压下 $Al_2O_3$ 的沸点为 2 500 K，计算值为（3 770±200）K。由于 $Al_2O_3$ 在接近蒸发状态时即分解为气态的 $AlO$ 和 $Al_2O$，显然在爆轰波阵面上的温度下 $Al_2O_3$ 不是以气态存在的。只有在 3 000～4 000 K 及以上，含铝炸药中的铝粉在爆轰产物中才主要以气态的 $Al_2O$ 形式存在，在低于这个温度范围时，才有固态的 $Al_2O_3$ 存在。所以含铝炸药非理想爆轰时，$AlO$、$Al_2O$ 及 $Al_2O_3$ 的热力学性质以及 $Al_2O$（气）/$Al_2O_3$（凝）的比率变化影响着含铝炸药的爆轰特性。

## 1.2.2  含铝炸药的爆轰特性研究

随着含铝炸药的诞生，含铝炸药的爆轰性能和做功能力便成为学者们十分关注的问题。炸药的爆轰性能主要指炸药的爆速 $D$、爆压 $P$、爆温 $T$ 和爆热 $Q$ 等参数。

1956 年，M. A. Cook 通过探针和转镜式高速摄像机的方法来测定检测样品的变化规律。在此实验中采用的样品：RDX（黑索金）/TNT（梯恩梯）/Al（质量比为45∶30∶25）、B/Al（HBX）（质量比为 75∶25）、AN（硝酸铵）/Al（质量比为 60～100∶40～0）。Cook 认为对 TNT/Al 和 RDX/TNT/Al 炸药，当炸药直径大于 5 cm 时，Al 反应非常迅速，Al 不足以成为炸药能量释放的制约因素。AN/Al 炸药中的 Al 反应较慢，在此情况下，Al 就成为制约因素。Cook 认为在爆轰波中 Al 参加反应，形成 $Al_2O$、$Al_2O_3$，且 $Al_2O/Al_2O_3$ 比例相当大，在绝热膨胀过程，其比率才可忽略。研究 AN/Al 发现 AN、Al 的颗粒大小对爆速 $D$ 有影响，但对所有情况 $D_{(实验)} < D_{(理论)}$，且发现在相对较低密度下，爆速 $D$ 达到最大值。

1998 年，Miller 等对 AND（二硝酰胺铵）/Al 进行了小尺寸的爆速和平板实验，实验所采用样品的 Al 颗粒尺寸为 50 nm～60 μm。实验结果表明，爆速 $D$ 和平板最终速度 $v$ 依赖于颗粒尺寸。分析发现，ADN 计算的爆速几乎为测得值的二倍，Miller 认为主要是因为 ADN 分解产物主要包括 $HNO_3$ 和 $NH_3$，其中 $H_2O$ 含量很少。

1998 年，A. A. Selezenev 等对加入质量分数为 20%的 Al 和 $AlH_3$ 的 PETN（太恩）炸药进行了爆轰性能实验研究。研究发现 Al、$AlH_3$ 粉末分别导致爆速降低 14%、5.5%。爆轰产物的绝热膨胀做功增益并不明显，仅当爆轰产物膨胀到 $\dfrac{V}{V_0} \geqslant 30$ 时，膨胀做功才增加约 5%。

炸药的做功能力主要通过水中爆轰测试、圆筒实验和炸药驱动金属平板实验等几种方法进行研究。

1965 年，Kury、Hornig、Lee 等进行了含铝炸药圆筒实验，研究了加入铝粉后的单质炸药的做功能力，实验发现铝粉能够有效提高炸药的做功能力。

1970 年，Finger 等进行了含有氧化剂和铝粉的 PBX（高聚物黏结炸药）炸药圆筒实验，测试了炸药爆速和对金属的驱动能力，实验结果表明铝粉和氧化剂（AP（高氯酸铵））能够有效提高 PBX 基炸药的驱动能力，但加速过程相比单质炸药较缓慢。

1976 年，G. Bjarnholt 在炸药中加入氟化锂（LiF），并与加入铝粉的炸药进行对比研究。由于 LiF 在爆轰过程中基本保持惰性，且其密度、熔沸点、可压缩性等物理性质与铝相似，通过对比研究可以表征铝粉在炸药中的反应情况。实验发现在爆轰 4 μs 后铝粉开始反应，使得压力增加。

1993 年，G. Baudin 等对三种以 HMX 和 AP 为基的含铝炸药进行了炸药驱动金属板实验，通过实验分析了炸药中铝粉的反应特性，并建立了一种模型来估计高能含铝炸药在空气和水中的爆炸性能。

1993 年，W. C. Tao 应用速度干涉仪测量了炸药和窗口界面的粒子速度及炸药驱动金属板的自由面速度，对不同配方炸药中铝粉的反应度进行了系统研究，建立了一种考虑铝粉粒度、铝氧比和铝粉能量释放的通用爆轰模型。

1998 年，Gogulya 等研究了 HMX 基炸药爆轰过程中铝粉的化学反应情况。研究发现，当铝粉粒度小于 150 μm 时，铝粉在爆轰波阵面上与爆轰产物发生化学反应，随着铝粉粒度的减小，铝粉与爆轰产物的接触面积增加，从而加快了铝粉的反应速率。

2004 年，Makhov 等研究了铝粉颗粒尺度、铝粉含量、炸药富氧性对含铝炸药爆轰性能的影响，研究表明富氧炸药、纳米级铝粉及在一定程度上增加铝粉含量都能增加炸药的做功能力。

2006 年，Makhov 和 Arkhipov 通过实验研究了铝粉含量和铝粉粒度对炸药驱动金属能力的影响，结果表明纳米级铝粉可以很大程度上提高炸药的做功能力。

2010 年，Kato 等研究了铝粉与炸药爆轰性能的关系，研究发现炸药爆速与铝粉质量分数呈简单的线性关系，同时，只有当铝粉微粒尺寸较小时，炸药的爆轰压力会提升。以上结果说明对于尺寸相对较大的铝粉，在爆轰波阵面不发生反应，炸药的爆速只与动量转换相关；而对于小尺度铝粉，其会在爆轰波阵面与炸药发生反应，从而提高爆压。

目前，大多数关于含铝炸药的爆轰研究表明，铝粉在炸药的爆轰反应区内不发生化学反应，其反应主要发生在 C-J 面后，与爆轰产物反应形成含铝炸药独有的二次反应现象。二次反应理论是美国学者 M. A. Cook 在 1956 年提出的，他认为含铝炸药爆轰时，铝粉在爆轰反应区并不参加反应，即使参加了反应也远远没有反应完全。从反应动力学角度上看，铝粉对炸药反应物的浓度起稀释作用，因而，导致爆速、爆压及波阵面的化学能降低。铝粉与爆轰产物的反应主要发生在 C-J 面后，即铝粉反应是在爆轰产物膨胀过程中才逐渐开始的，反应可持续较长时间（相对爆轰反应时间）。铝粉与爆轰产物的二次反应不支持爆轰传播，但能够使爆轰产物的温度与压力的衰减减慢，提高炸药的能量和做功能力。在对含铝炸药爆轰性能进行了大量实验研究的基础上，学者们不断发展各种理论模型来解释含铝炸药的反应机理。

1993 年，Cowperthwaite 对 $H_6N$ 炸药的非理想爆轰过程进行了研究，其中 $H_6N$ 炸药的主要组成（质量分数）为 Comp B（74.2%）、Al（20.6%）和 Comp D2（4.7%）。为了简化计算，他假设非理想爆轰过程是一维的，并假定爆轰反应区由稳定的 ZND 结构和紧跟其后的非稳定反应区组成。通过热力学计算程序 TIGER 计算了 $H_6N$ 炸药中不同含量铝处于惰性时的 C-J 参数，结论认为 70%的铝粉支持了爆轰。

1996 年，P. J. Miller 认为非理想炸药（含铝炸药）的爆轰反应区和 C-J 面后产物膨胀区都有铝粉参加反应，但在产物膨胀区铝粉将释放大量的能量。在此基础上 Miller 介绍了一种模型，该模型结合非理想炸药爆轰和燃烧的反应动力学，将反应过程分为两阶段：第一阶段是炸药理想组分爆轰分解形成中间产物，同时少部分金属参加反应；第二阶段是在 C-J 面后，大部分金属与中间产物反应形成最终产物。

2014 年，B. Kim 等在 JWL++状态方程的基础上进行了一些改进，增加了 JWL++ 方程中忽略的点火项，同时简化了增长项，通过理论分析估算了反应速率方程中的常数，并通过多次多工况速率棒实验对 30%（质量分数）Al、60% RDX 的含铝炸药进行研究，验证并确定了改进的状态方程。最后简单计算了含铝炸药的压力随时间的变化情况，并与实验进行对比。文中并未对含铝炸药爆轰波后的流动情况做详细分析。

国内从 20 世纪 90 年代开始，对含铝炸药爆轰性能进行研究，将圆筒实验和炸药驱动金属板实验作为含铝炸药研究的主要手段。

1991 年，丁刚毅等通过拉格朗日分析法对 Hexal PW30 炸药的爆轰性质进行了实验研究，对比了直径 50 mm 的 RDX/Al 和 RDX/C 两种配方的爆轰性能。实验以 5.74 GPa 的初始压力入射实验样品，RDX/Al 和 RDX/C 都发生爆轰，结果发现 RDX/Al 峰值压力高于 RDX/C。丁刚毅等认为是由于 Al 在炸药中释放能量，且减缓压力衰减。但石墨密度比铝粉密度低，在高压下表现的性质也不同，这种差异对压力分布和衰减趋势的影响，他们并未做相关解释。

1999 年，于川等对 ROT-901 含铝炸药进行了爆轰产物 JWL 状态方程研究，分别对 ROT-901 进行了 $\phi 25$ mm 和 $\phi 50$ mm 的圆筒实验。对比了特定相似位置的实验结果，发现 $\phi 50$ mm 的膨胀速度和比动能略高于 $\phi 25$ mm 圆筒实验，其原因是铝粉与爆轰产物发生放热反应，这种现象在尺寸较大的爆轰装置中体现明显。

2002 年，苗勤书等研究了铝粉形状对爆速、爆压和爆热的影响，铝粉粒度对炸药加速金属能力的影响。研究发现对于以 RDX、TNT 高能炸药为基的含铝炸药，相同密度下随铝粉粒度的减小炸药爆速逐渐降低；而对于以 AN 为基的含铝炸药，爆速随铝粉粒度的减小而升高。相同条件下，较大尺寸（5～50 µm）铝粉的含铝炸药能量释放相对缓慢，反应持续时间长，随铝粉颗粒尺寸减小，铝粉参加反应的时间提前，总能量释放增加，反应总时间缩短，反应度增大，铝粉形状和粒度的改变可归结为铝粉比表面积的改变。由二次反应理论和惰性热稀释理论可知，在炸药爆炸过程中铝在爆轰区不仅不参加反应而且还要吸热，比表面积大的铝粉能更快地吸收周围炸药和爆轰产物的能量，支持爆轰波的能量减少，导致爆速降低；比表面积大的铝粉可较快吸热达到活化温度，反应时间提前反应更充分，能量输出也随之提高。

2005 年，周俊祥等建立了含铝炸药非理想爆轰能量释放的简化模型，该模型以 C-J 理论和二次反应理论为基础，把含铝炸药爆轰过程分为两个阶段：一是快速反应阶段；二是慢速反应阶段。快速反应阶段对应于理想成分反应，慢速反应阶段对应于非理想成分反应，即铝粉反应。周俊祥等应用能量释放简化模型，结合 JWL 状态方程,对水下爆炸效应进行了数值模拟,与实验结果相近。但文章并未对计算方法做介绍,仅仅分析了结果。

2007 年,辛春亮等采用 AUTODYN 对含铝炸药和理想炸药水中爆炸能量输出结构进行了数值模拟,讨论了人工黏性对计算结果的影响。结果表明,含铝炸药 PBXN-105 在水中爆炸时由于铝粉的二次反应放热,能够在较远距离处保持较大的冲击波能,做功能力高于理想炸药 PBX-9010。

2007 年,郭学永等根据原子光谱学理论,利用原子发射光谱双谱线测温系统对含铝乳化炸药的爆炸产物温度进行了实时测量,获得了瞬态温度随时间的分布曲线,分析了不同配比含铝乳化炸药爆炸产物温度出现差异的原因。

2008 年,辛春亮等通过 AUTODYN 数值模拟结果揭示了 Lu 提供的 PBXW-115 点火生长模型参数低估了后期铝粉的燃烧放热。讨论了人工黏性、网格密度对计算结果的影响,较大的人工黏性系数和较粗的网格会严重抹平冲击波峰值压力,但对冲量影响较小。根据 Bocksterner 水下爆炸实验测试峰值压力和冲量反推 Miller 能量释放模型参数,目标函数中冲量的加权系数取峰值压力加权系数的两倍,反推出的 Miller 能量释放模型参数更能反映含铝炸药的能量输出结构。

2008 年,韩勇等对不同直径含铝炸药的做功能力进行了研究。为具体考察不同直径含铝炸药能量释放过程偏离相似律的程度,作者采用高速转镜扫描相机及单狭缝扫描技术对两种不同直径(50 mm 和 100 mm)的含铝炸药进行了圆筒实验,扫描狭缝分别距圆筒尾端 200 mm(直径 50 mm)和 300 mm(直径为 100 mm)。实验结果表明,在几何相似膨胀位置处,直径为 100 mm 圆筒实验相对于直径为 50 mm 圆筒实验的壁膨胀速度偏离量约为 5%,比动能偏离量约为 11%,表明两种直径含铝炸药的圆筒壁膨胀速度不符合相似律,小尺寸圆筒实验将低估大尺寸含铝炸药的做功能力。

2009 年,李金河等采用 PCB-138 压力传感器测量了 TNT、RS211、HLZY-1 和 HLZY-3 等几种炸药水中爆炸冲击波远场的压力时间历程。计算得到了这几种炸药的水中爆炸冲击波性能参数及其相似常数。研究表明,含铝炸药水中爆炸冲击波远场的传播服从指数变化的相似律。其冲击波性能比标准炸药 TNT 优越。相比其他三种类型的炸药，HLZY-1 具有更好的水中爆炸冲击波性能。

2009 年，封雪松等分析了不同铝粉含量对带壳炸药装药破片速度的影响，利用含铝炸药榴弹装药的空爆实验，测试了不同铝粉含量炸药装药条件下的破片速度，并对实验结果进行了比较分析。结果表明：在距离装药 2.5 m 和 3.5 m 处，铝粉含量（质量分数）为 20%炸药装药条件下的破片速度高于其他含铝炸药；当铝粉含量为20%～25%时，炸药具有较高的爆速和爆热。对于含铝炸药，当铝粉含量为 20%时，由于具有较高的爆速和爆热，炸药能够在较长距离内驱动破片，使破片具有较高的速度，更好地起到破片加速的作用。

2009 年，韩勇等采用圆筒实验方法，研究了两种直径（50 mm 和 100 mm）含铝炸药的驱动能力，获得了圆筒壁膨胀位移与时间的关系。利用有限元动力学程序 LS-DYNA，采用 Lee-Tarver 点火增长三项式模型对两种含铝炸药的圆筒实验进行了数值模拟。通过与实验结果相比较，得到了含铝炸药的爆轰产物 JWL 状态方程和反应速率函数的参数，较好地再现了两种含铝炸药圆筒实验结果的参数。Lee-Tarver点火增长三项式模型能够较好地反映含铝炸药后期能量释放驱动圆筒壁膨胀的过程。

2010 年，王玮等利用锰铜压力传感器和测试仪测量了不同铝含量的 RDX 基含铝炸药的爆压和爆速。拟合出爆压、爆速与铝含量的关系式，分析了铝含量对 RDX 基含铝炸药爆压、爆速的影响。结果表明，随着铝含量的增加，RDX 基含铝炸药的爆压和爆速呈线性减小。计算了铝粉的质量分数在 0～40%时所对应的 $p_{C-J} = A(x)\rho_0 D^2$ 中的 $A(x)$ 值，拟合出 $A(x)$ 值与铝含量的关系式，得到 RDX 基含铝炸药爆压与爆速之间的关系式。但此拟合结果依然是依据理想气体状态方程得到，结果具有局限性。

2010 年，冯晓军等研究了 AP 对含铝炸药空中爆炸参数的影响。他们在 RDX 和 HMX 基混合炸药和含铝炸药中添加 AP，并进行了空气爆炸性能实验。从冲击波超压、爆炸火球的最大半径及火球持续时间、爆炸场温度等方面分析了 AP 对炸药空中爆炸性能的影响。实验结果表明，AP 对空中爆炸冲击波超压的影响与主炸药的种类有关，加入 AP 后混合炸药的冲击波超压降低，含铝炸药的冲击波超压增大；随着 AP 含量的增加，最大火球半径和火球持续时间及爆炸场温度都将减小。

2011 年，曾亮等通过测量铸装 TNT/A1 与压装 TNT/RDX/Al 混合炸药爆轰过程的电导率，得到了含铝炸药二次反应时间与主体炸药及铝粉粒径之间的变化关系。根据电导率测试实验原理，提出了新的测试电路和计算公式，分析了电导率随时间变化的内在影响机制。结果表明，铝粉越细，二次反应起始的时间越早。

2012 年，计冬奎等研究了含铝炸药的做功能力，通过 $\phi 25\ mm$ 和 $\phi 50\ mm$ 两种尺寸的圆筒实验，标定了含铝炸药爆轰产物的 JWL 状态方程，并据此研究了含铝炸药的尺寸效应。对比两种尺寸圆筒实验的拟合结果，大尺寸实验 JWL 状态方程拟合结果相比小尺寸实验，$A$ 稍增大，$B$ 增大较大，$C$ 基本不变，$R_1$ 稍小，$R_2$ 增大较多，$\omega$ 稍小。

2013 年，冯晓军等采用恒温热量计测量了不同 Al 粉粒度的含铝炸药在不同爆炸环境下的爆炸能量，分析了铝粉粒度和爆炸环境对含铝炸药爆炸能量的影响规律。结果表明，在真空和一个标准大气压的空气环境中，随着铝粉含量的增加，含铝炸药的爆炸能量逐渐增大。当铝粉的质量分数达到 30% 时，随着铝粉含量的增加，含细颗粒铝粉炸药的爆炸能量迅速降低；而含粗颗粒铝粉炸药在铝粉质量分数达到 35% 后，爆炸能量仍有增大趋势。真空条件下且铝粉质量分数小于 10% 时，含细颗粒铝粉的炸药爆炸能量大于含粗颗粒铝粉的炸药。含铝炸药在一个标准大气压空气中的爆炸能量大于真空中的爆炸能量，在铝粉质量分数小于 30% 时，能量增加量为 11%~13%。

2013 年，裴红波等通过对爆轰反应区中铝粉压力、温度弛豫时间的计算，发现爆轰产物压力是平衡的，温度是不平衡的。对传统 C-J 模型进行了改进，考虑爆轰产物的多相性和产物温度间的非平衡性，提出了一种新的计算含铝炸药爆速的模型。采用该模型对几种含铝炸药的爆速进行了计算，并与已有的实验数据进行了对比，计算结果优于传统 C-J 模型，与实验的误差在 2% 以内。

2014 年，裴红波等对 RDX 炸药和两种铝粉质量分数分别为 15%、30% 的 RDX 基含铝炸药进行 $\phi 50$ mm 圆筒实验，研究铝粉含量对炸药做功能力的影响，根据格尼公式分析铝粉与爆轰产物的反应进程。结果表明：在圆筒实验记录的时间范围内，铝粉质量分数为 15% 的含铝炸药做功能力最强，RDX 炸药次之，铝粉质量分数为 30% 的含铝炸药做功能力最弱；反应时间 34 μs 时，铝粉质量分数为 15% 的含铝炸药铝粉的反应度为 0.49，而铝粉质量分数为 30% 的含铝炸药铝粉的反应度仅为 0.21，含铝炸药中铝粉的反应时间在 50~200 μs 之间。

2014 年，冯晓军等采用电探针法测量了 RDX 基含铝炸药爆炸驱动金属薄片的速度变化，分析了铝粉含量对炸药爆炸加速能力的影响。结果表明，炸药爆炸对金属薄片的加速能力受配方中铝粉的反应比例影响；金属薄片的加速过程分速度增长和速度减小两个阶段；金属薄片达到最大速度的距离与铝粉的含量有关，随着铝粉含量的增加，达到最大速度的距离有所增加，该距离为 40~60 mm。铝粉含量对炸药爆炸加速能力的贡献有一最佳值，对于 RDX 基含铝炸药，其值约为 15%。

综上所述，对于含铝炸药爆轰的宏观研究，国内外研究工作主要采用实验和数值模拟两种方法，而且已经可以对含铝炸药的爆轰实验过程进行精确的测量，铝粉对炸药做功能力的贡献已经可以通过以上方法得到验证。但这种宏观的方法，只是对特定工况条件下的结果分析，无法对含铝炸药爆轰驱动过程的非理想现象进行理论分析。而经典的理想炸药等熵流动理论又无法描述含铝炸药爆轰产物膨胀过程中的二次反应现象，对于含铝炸药爆轰产物的非等熵膨胀过程一直缺少科学和准确的理论支撑。

## 1.2.3 铝粒子受到爆轰波作用后的动力学响应

含铝炸药爆轰过程中，铝粉首先受到爆轰波的冲击压缩作用，因此，要掌握铝粉在炸药爆轰过程中的变化，需先研究铝粒子受到爆轰波作用后的运动规律和动力学响应。

2003 年，Zhang 等对包含在凝聚态炸药中的金属粒子受到爆轰波作用后的动力学响应进行了数值模拟和理论两方面研究。该研究中以包含金属微粒的液态炸药和 RDX 炸药为研究对象，数值分析了金属微粒材料、声阻抗、冲击强度和炸药类型对金属粒子动力学响应的影响。计算中不考虑炸药及金属微粒的化学反应，分别采用 Murnaghan（默纳汉）状态方程和 HOM 状态方程描述炸药和金属粒子。从分析结果来看，对于粒度极小且密度较小的金属粒子（如：铝和镁），受到冲击波作用后金属粒子运动速度将达到炸药粒子的 80%～100%，也就是说受到冲击作用后此类金属粒子与炸药粒子的速度很接近甚至一样。然而对于考虑炸药爆轰反应条件下的金属粒子动力学响应，该研究并没有提到。

2005 年，R. C. Ripley 等建立了三维微观模型，研究液态硝基甲烷中金属粒子受到爆轰波冲击后的动量和热量传递。研究中设置了多金属粒子的三种排列方式，如图 1.1 所示。研究结果表明，液态硝基甲烷中的金属粒子受到爆轰波作用后的运动速度与甲烷与金属粒子的密度比以及金属粒子的体积分数有关。

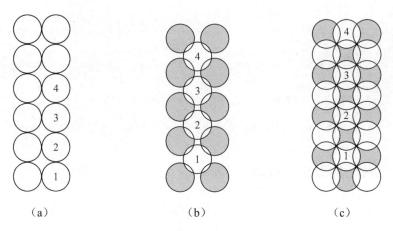

（a）　　　　　　　　　　（b）　　　　　　　　　　（c）

图 1.1　液态硝基甲烷中金属粒子的三种排列方式

（数字 1～4 表示排列时的主体粒子，白圈、灰圈都是金属粒子，灰圈表示与白圈不在同一平面）

2011 年，Ripley 等建立了铝粒子与爆轰波相互作用的三维细观模型。针对不同尺度铝粒子与硝基甲烷爆轰波的相互作用，建立了三种细观尺度模型，分别为：

（1）粒子尺度（直径）远小于爆轰反应区宽度。

（2）粒子尺度与爆轰反应区宽度基本在同一量级。

（3）粒子尺度远大于爆轰反应区宽度。

在硝基甲烷中，金属粒子的建模方式如图 1.2 所示，通过调整颗粒间的空隙来调整铝粒子的质量分数。通过计算分析得到了粒子速度与温度的转化因子，而经过数据拟合分析得出转化因子是甲烷与金属粒子密度比、粒子体积分数和粒子直径与爆轰反应区厚度的函数。

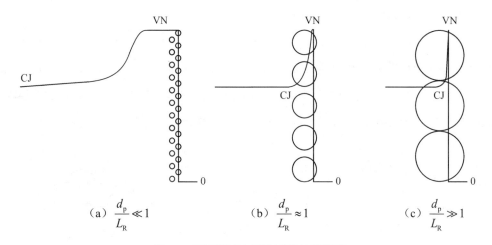

$$（a）\frac{d_p}{L_R} \ll 1 \qquad （b）\frac{d_p}{L_R} \approx 1 \qquad （c）\frac{d_p}{L_R} \gg 1$$

图 1.2　不同尺度金属粒子的计算模型

CJ—C-J 面；VN—冯·诺伊曼激波；$d_p$—粒子直径；$L_R$ 爆轰反应区宽度

## 1.2.4　铝粒子的燃烧反应动力学

铝粉在炸药爆轰产物膨胀过程中的反应需要考虑点火和燃烧两个阶段，国外学者对此进行了大量的研究。

1955 年 Frank-Kamenetskii 的点火理论认为，点火实质上意味着热量散失，是扩散燃烧的开始。当铝粒子的化学反应产热量大于粒子向周围介质的热流失量时，铝粒子开始点火。在铝粒子开始反应之前，粒子温度与周围介质的温度是相近的，且温度相对较低，因此粒子的化学反应动力学速率较低，周围的氧化物能够满足反应所需, 此时铝粒子以动力学反应机制进行反应。而随着反应的进行, 铝粒子化学反应产热量逐渐增大, 粒子周围介质的温度也随之升高, 铝粒子的化学反应动力学速率不断提高, 粒子周围的氧化物浓度逐渐不能满足铝粒子的反应需求, 反应将逐渐由动力学机制向扩散反应机制转变。当粒子反应产热速率与粒子的热流失速率相同时, 铝粒子开始点火。为了更清晰地描述铝粒子在氧化介质中的点火过程, 将通过铝粒子的产热和热流失来描述点火条件。铝粒子产热和热流失随粒子表面温度变化的示意图如图 1.3 所示。

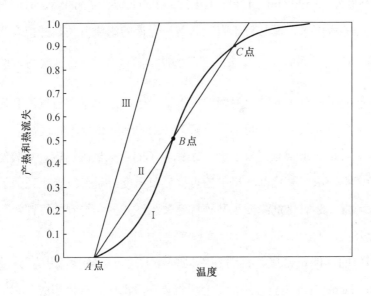

图 1.3 铝粒子产热和热流失示意图

线 I 表示铝粒子的热流失, 线 II 表示铝粒子反应的产热, 线 I 和线 II 有三个交点 A、B、C, A 点和 C 点分别表示在低温状态和高温状态的稳定平衡状态。在 A 点, 铝粒子的温度与周围氧化物温度相近, 铝粒子遵循动力学反应机制; 在 C 点, 由于铝粒子氧化放热的作用, 铝粒子的温度要高于周围氧化物的温度, 此时铝粒子遵循扩散反应机制 (由于铝粒子氧化放热, 其周围气体温度随之升高, 铝粒子的化学反应速率也随温度升高, 此时铝粒子周围的氧化物已不足以完全满足反应所需, 因此铝粒子反应速率主要受到氧化物扩散速率的影响）。$B$ 点是铝粒子生成热与热流失比例转变的交界点，处于非平衡不稳定状态，$B$ 点所对应的温度即为粒子的点火温度。线Ⅲ表示铝粒子尺寸非常小或其周围氧化物相对流速非常高时（氧化物浓度足够满足铝粒子的化学反应），铝粒子的热流失情况。从图中可以看，线Ⅲ与线Ⅰ只有一个交点 $A$，这就表示铝粒子将始终以动力学反应机制进行反应，且不发生点火现象。

1968 年，A. F. Belyaev、Y. V. Frolov 和 A. I. Korotkov 通过实验研究了离散化的细微铝粉在高温气体流中的点火和燃烧情况。分析实验结果发现，在文中的实验条件下（$T>2\,000$ K，$P>20$ atm（1 atm=101.325 kPa）），铝粒子的燃烧时间与气流介质的温度和压力关系不大，而与粒子直径和气流介质的组成有关，并拟合出了在此条件下，铝粒子燃烧时间的经验算法：$\tau_b^0 = 0.67\left(\dfrac{d^{1.5}}{(a_k^r)^{0.9}}\right)$，计算结果与实验结果比较吻合；同时研究了铝粒子的点火时间，发现铝粒子的点火过程与气流介质的氧化剂组成和压力关系不大，点火时间主要依赖于气流的温度和粒子的直径。

1970 年，Gurevich 等通过实验研究了铝粒子的点火极限温度。实验测试了不同直径铝粒子在不同浓度氧化剂环境中的点火极限温度，研究发现铝粒子的点火极限温度与铝粒子直径、氧化剂浓度呈某种特定关系，并据此得到估算铝粒子点火极限温度的经验公式。

由于铝粉的高能量密度，铝粉在不同条件下的反应规律吸引了大量的学者。Friedman 和 Macek 通过实验方法，研究了气体环境温度、氧化物成分和铝粒子尺寸对单个铝粒子燃烧的影响，并拟合了铝粒子点火延迟时间的经验方程，验证了经典 $d_p^2$ 定律的正确性，其中 $d_p$ 表示铝粒子的直径。Belyaev 等人通过实验研究了高压条件下，铝粒子的反应规律。研究发现铝粒子的燃烧时间不受压力和周围环境温度的影响，而受到氧化物浓度的影响；点火延迟时间不受氧化物和压力的影响，而受到粒子周围气体温度的影响。Balakrishnan 等人研究了反射冲击波中铝粒子的点火规律，得到了点火延迟时间的半经验计算模型，模型如下：

$$\begin{cases} \dfrac{1}{t_{ign}(T_g)} = A_{Kuhl-Boiko} \exp\left(\dfrac{-E_{a,Kuhl-Boiko}}{RT_g}\right), & T_g \leqslant 2\,500\ \text{K} \\[4mm] \dfrac{1}{t_{ign}(T_g)} = A_{particle} d_p^2 \exp\left(\dfrac{-E_a}{RT_g}\right), & T_g > 2\,500\ \text{K} \end{cases} \tag{1.1}$$

式中，$d_p$ 表示铝粒子直径。对于环境温度 $T_g \leqslant 2\,500$ K 条件下的常系数来源于 Boiko 等对尺度为 4～6 μm 铝粒子的实验研究，$A_{Kuhl-Boiko} = 6.25 \times 10^{10}$ s$^{-1}$，$E_{a,\,Kuhl-Boiko} = 60$ kcal/mol；环境温度 $T_g > 2\,500$ K 条件下的常系数 $A_{particle} = 1 \times 10^8$ s$^{-1}$，$E_a = 22.8$ kcal/mol。

根据对爆轰产物中铝粒子的点火分析中得知，在点火之前铝粒子将以动力学机制进行反应，且当粒子尺寸非常小或粒子周围氧化物相对流动速度极快时，粒子将始终以动力学机制进行反应。式（1.1）中的点火延迟时间可以理解为点火之前铝粒子以动力学机制反应的时间。2015 年 Yoh 和 Kim 等人研究了铝粉在 RDX 爆轰产物中的反应规律，爆轰产物中铝粒子的反应度变化规律可表示为如下形式：

$$\begin{cases} T > 2\,000\ \text{K}, \quad \lambda_{Al} = 0.01 \\[3mm] \dfrac{d\lambda_{Al}}{dt} = A(\rho_0(1-\lambda_{Al}))d_p^2 \exp\left(-\dfrac{E_a}{RT}\right), \quad (E_a = 22.8\ \text{kcal/mol}, A=1\times10^{-2}\ \text{s}^{-1}) \\[3mm] T > 2\,000\ \text{K}, \quad \lambda_{Al} = 0.01 \\[3mm] \dfrac{d\lambda_{Al}}{dt} = A(\rho_0(1-\lambda_{Al})) \exp\left(-\dfrac{E_a}{RT}\right), \quad (E_a = 60\ \text{kcal/mol}, A=6.25\times10^{10}\ \text{s}^{-1}) \end{cases} \tag{1.2}$$

式中，$\lambda_{Al}$ 为已反应的铝粉质量分数；$\rho_0$ 为含铝炸药密度；$d_p$ 为铝粒子的直径。

## 1.2.5 特征线方法的研究

特征线的概念最早出现在 19 世纪，是偏微分方程所具有的概念，是求解偏微分方程的有效方法。其实质是沿偏微分方程的特征线积分，可以使偏微分方程转化为常微分方程来求解，大大简化了计算。另外，特征线在物理上与流体动力学的一些运动规律密切相关，有着明确的物理意义。利用特征线可以看出问题的初始和边界条件的作用传播情况，可以方便而有效地对流场进行分析研究，获得关于流动的清晰物理图像。

1949 年，Taylor 分析了炸药平面爆轰波和球面爆轰波后爆轰产物状态的分布规律，分析发现爆轰产物粒子速度和声速呈线性关系，并由此得到了爆轰产物等熵膨胀条件下爆轰波后产物粒子速度在空间的分布规律。Taylor 在进行爆轰波后产物状态参数分析时，应用了 Riemann 的研究成果，即流体流动的特征线方法。由于特征线方法可以大大简化产物的流动问题，这使得对于爆轰产物的一维流动问题很快就研究得很完善，因此，之后就很少有关于特征线在产物流动方面研究的报道。

1989 年，Attetkov 等人分析研究了炸药爆轰产物驱动不可压缩板后产物流域的动力学方程，并试图找到这一问题的特征线求解方法。通过理论推导得出了板后稀疏波包络线可应用于求解特征线方程的结论。Attetkov 在文中并没有对产物状态参数进行分析，而是重点分析炸药驱动不可压缩板后流域的特征线解法。

随着计算机技术的发展，对于特征线理论的应用和研究又得到了进一步发展。

2005 年，王飞等在经典理论的基础上，利用特征线数值差分方法在滑移爆轰条件下，对飞板抛掷问题进行了数值研究。研究中进行了模型简化，将炸药与空气界面视为炸药与真空界面，构建了飞板运动的特征线差分格式。将特征线数值计算结果与经验公式计算结果进行了比较，二者吻合较好。

2010 年，蔡进涛在高能炸药的磁驱动准等熵压缩特性研究中，应用特征线方法计算了准等熵压缩条件下，1.5 mm 和 2 mm 厚炸药样品中不形成冲击波的最优化加载压力波形，这里的压力波指磁压力波。根据计算得到的样品中特征线簇图谱，分析了不同厚度驱动电极形成冲击波的空间位置。

2011 年，张程娇等应用特征线法求解了水中近场条件下，冲击波阵面峰值压力的衰减情况以及冲击波阵面后介质压力随时间的变化情况，并且将计算结果与AUTODYN 数值模拟结果进行了对比分析，结果显示特征线方法与数值计算方法结果比较吻合。

2012 年，李晓杰等从小扰动波（马赫波）的物理概念出发，导出了不依赖流体状态方程表达形式的平面二维超声速定常流的特征线方程；重新定义了以流体密度为单自变量的 Prandtl-Meyer 函数，形成了求解平面二维超声速定常流的封闭方程组。同时还利用这种通用物态方程的特征线差分解法，针对滑移爆轰驱动飞板运动问题构建了爆轰产物流场内部和飞板边界特征线差分法格式。对 TNT 炸药和乳化炸药采用 JWL 状态方程和多方方程进行了对比计算，得到了比较好的结果。

2012 年，李晓杰等在爆炸气体动力学的基础上，利用特征线差分法，对飞板的运动规律进行研究。差分过程中，基于稳定爆轰的基本假设，根据二维定常流理论，推导了通用状态方程的特征线相容关系。利用爆轰气体密度取代特征线相容关系中的马赫数，导出了与物质物态无关的通用状态方程特征线法，编写了爆轰产物作用下飞板内部和边界的差分计算程序。利用该程序计算了飞板在 TNT 炸药和乳化炸药爆轰作用下的运动参数，研究了在不同质量比下 TNT 炸药和乳化炸药爆轰驱动飞板的抛掷姿态曲线，并与 Richter 公式计算结果进行了对比研究。

2012 年，赵春风等根据二维定常流的理论和稳定爆轰的基本假设推导了通用状态方程的特征线相容关系，利用此方法对滑移爆轰中飞板的运动规律进行了研究。对比分析了多方方程和通用状态方程特征线法在 TNT 和乳化炸药爆轰作用下飞板的飞行参数；研究了两种方法在不同质量比下飞板的抛掷姿态曲线，并对其计算结果进行了对比研究。通过与二维 Richter 公式的计算结果进行对比，证实了通用状态方程计算结果的正确性。研究结果表明：通用状态方程的特征线法计算得到的抛掷角和竖向位移小于 Richter 计算公式得到的结果，且最大相差 9%，符合 Richter 公式计算结果往往偏大的特征。

## 1.3　主要研究工作

本书主要基于理想炸药经典理论，结合含铝炸药的二次反应机理，提出了含铝炸药爆轰产物的局部等熵假设，建立了含铝炸药爆轰产物的非等熵特征线模型，为研究铝粉在爆轰产物膨胀过程中的贡献提供了一种理论依据。本书主要包括以下几方面内容：

（1）等熵流动理论对于含铝炸药爆轰产物流动的局限性。首先，从假设条件、爆轰产物状态方程和特征线方程组的建立这三个方面，详细分析了理想炸药爆轰产物等熵流动理论的建模方法，并应用理想炸药爆轰产物的等熵流动理论分析了爆轰产物的流动规律和对金属板的驱动过程。然后，对含铝炸药爆轰产物的膨胀过程进行了热力学分析，由于铝粉在爆轰产物膨胀过程中的反应放热现象，含铝炸药爆轰产物的熵将发生变化，且熵变不可忽略。通过以上分析，发现了经典的等熵流动理论对于含铝炸药的局限性。

（2）研究铝粒子在受到爆轰波作用后的动力学响应，分析爆轰波对铝粒子的冲击作用，对铝粒子受到爆轰波作用后的受力、动能变化和变形过程进行研究，获得铝粒子变形和运动规律。由于含铝炸药爆轰过程极其迅速且炸药中的铝粒子属于微观尺度，铝粒子受到爆轰波作用后的动力学响应很难通过实验手段观测，因此，本书主要通过理论分析和数值计算相结合的方法对铝粒子与爆轰波相互影响进行分析。建立爆轰波作用铝粒子的计算模型，并通过数值方法对爆轰波与铝粒子的相互作用进行模拟，分析铝粒子的受力、变形和运动规律。

（3）建立含铝炸药爆轰产物膨胀的非等熵流动模型。基于二次反应理论，认为含铝炸药中的铝粉在爆轰反应区不发生化学反应，铝粉反应主要发生在爆轰反应区后的爆轰产物膨胀过程中。由于铝粉反应放热，因此爆轰产物的高压膨胀过程不能近似认为是等熵过程，经典等熵流动理论对于含铝炸药爆轰产物的膨胀过程已不适用。考虑到铝粉放热反应与炸药反应速率相比较慢，笔者认为在无限小的时间区间内（后续称为微时间域），铝粉反应量很小，含铝炸药爆轰产物的膨胀可以近似认为是等熵的，据此提出了局部等熵假设。在此假设的前提下，建立了含铝炸药爆轰产物膨胀的非等熵流动模型。

（4）应用含铝炸药的非等熵流动模型分析了炸药对金属板的驱动规律以及板后产物的非等熵流动规律，从理论上计算了铝粉含量（质量分数）为10%、20%、30%和40%的RDX基和HMX基含铝炸药对金属板的驱动规律，对比了铝粉反应和不反应情况下含铝炸药的驱动能力。分析理论计算结果，得到了铝粉反应度规律对于准确分析含铝炸药爆轰产物流动及驱动做功的重要性。

（5）设计以 RDX 为基的含铝炸药和含 LiF 的炸药驱动铜板实验，实验测试不同铝粉反应度的含铝炸药和含 LiF 的炸药对金属板驱动的速度历程，对比测试结果得到铝粉反应对爆轰产物膨胀的贡献。应用含铝炸药爆轰产物的非等熵膨胀模型计算相应工况下金属板的速度历程，并与实验结果对比，验证非等熵流动模型的正确性。

# 第 2 章　理想炸药爆轰产物的等熵流动理论分析

本章将介绍理想炸药爆轰产物的等熵流动理论，它是本书研究含铝炸药爆轰产物流动的理论基础。

首先，为了便于从理论上分析理想炸药爆轰产物的流动规律，假设理想炸药处于无限长刚性圆管中且膨胀过程是绝热的。通过等熵流动理论可以确定爆轰产物的一维飞散，这对于研究爆轰产物的流动规律以及对目标的一维直接作用具有实际的意义。应用等熵流动理论能够分析研究理想炸药爆轰产物一维飞散过程中的状态参数随时空分布的规律。同时，根据产物状态参数的时空分布规律，可以分析计算炸药爆轰对金属板的驱动规律。理想炸药爆轰产物的一维等熵流动理论，只适合对理想炸药爆轰产物流进行近似计算，对于含铝炸药爆轰产物的非等熵流动并不适用，但其为以后研究含铝炸药非等熵流动模型提供了理论基础。

## 2.1　理想炸药爆轰产物的一维等熵流动模型

爆轰波是后面带有一个化学反应区的冲击波，前沿冲击波与紧跟在后的化学反应区构成了一个完整的爆轰波阵面，它以稳定的速度沿炸药传播。炸药爆轰是极其复杂的过程，为了从理论上研究理想炸药爆轰产物的流动规律，学者们提出了一些假设来简化这一过程。假设炸药处于无限长真空刚性圆管中，炸药以面起爆方式激发，炸药爆轰过程为绝热过程。在此假设基础上，炸药爆轰可视为一维过程，爆轰波的传播过程如图 2.1 所示。

理想炸药爆轰波由前沿冲击波和紧跟在后的爆轰反应区组成，当炸药达到稳定爆轰时，爆轰波以稳定爆速 $D$ 向右传播。图 2.1 中，$p_0$、$\rho_0$、$u_0$、$e_0$、$T_0$ 分别表示炸药初始状态的压力、密度、炸药粒子速度、比内能和温度，$p_H$、$\rho_H$、$u_H$、$e_H$、$T_H$ 分别表示炸药爆轰波阵面上爆轰产物的压力、密度、粒子速度、比内能和温度。

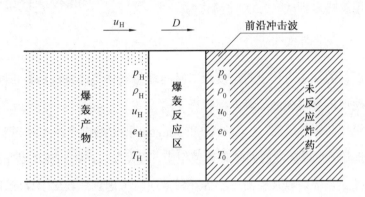

图 2.1　平面一维理想爆轰波波面示意图

对于凝聚炸药而言，其具有密度大、爆速高、爆轰压力大、能量密度高、爆轰威力大等特点，因而在军事领域获得了广泛的应用。为了寻求正确描述高压、高温、高密度下爆轰产物的状态方程，人们做了大量理论探索和实验研究工作。由于凝聚炸药爆轰产物处于高温、高压状态，从理论上较难建立其状态方程。在探索这个问题时，多采用一些近似模型来建立经验的或半经验的状态方程，具有代表性的是 Gruneisen 形式的状态方程，即爆轰产物的压强由冷压强和热压强两部分构成，爆轰产物状态方程如下：

$$p = p_\kappa(\rho) + f(v)T \tag{2.1}$$

式中，冷压强 $p_\kappa(\rho)$ 取 $A\rho^\gamma$，热压强 $f(v)T = \dfrac{B}{v}T$，得到

$$p = A\rho^\gamma + \frac{B}{v}T \tag{2.2}$$

式中，$p$ 为压强；$\rho$ 为产物密度；$v$ 为产物比容；$T$ 为产物温度；$A$、$B$、$\gamma$ 为与炸药性质有关的常数。

对于实际中常用的理想炸药，其初始密度 $\rho_0$ 一般都大于 1 g/cm$^3$，因此，爆轰产

物中的热压强 $\dfrac{B}{v}T$ 对压力的贡献相对于冷压强来说要小得多。同时，由于理想炸药爆轰产物中没有类似于含铝炸药爆轰产物中铝粉二次反应放热的贡献，因此，可将热压强的作用忽略，则式（2.2）可简化为

$$p = A\rho^\gamma \tag{2.3}$$

由于该近似的状态方程没有温度项，且与理想气体等熵方程具有相同的形式，通常习惯性地把该方程视为等熵方程。

对于理想炸药爆轰现象，Chapman 和 Jouguet 提出的爆轰波 C-J 理论是学术界公认的成功理论。在爆轰波的 C-J 理论模型中，假设爆轰产物的流动是平面一维的，不考虑热传导、热辐射以及黏滞摩擦等耗散效应。考虑到炸药化学反应速度极快，爆轰反应区宽度约为数个分子自由程，因此，将爆轰波视为一强间断波，忽略了爆轰反应区的厚度。基于以上假设，Chapman 和 Jouguet 探讨了爆轰波沿炸药定型传播过程的物理本质，揭示了爆轰波定型传播的条件，即 C-J 条件：

$$-\left(\frac{\partial p}{\partial v}\right) = \frac{p_{\mathrm{H}} - p_0}{v_0 - v_{\mathrm{H}}} \ \text{或} \ D = u_{\mathrm{H}} + c_{\mathrm{H}} \tag{2.4}$$

由于将爆轰波视为强间断波，结合图 2.1 可得到质量、动量和能量守恒关系式：

$$\rho_0 D = \rho_{\mathrm{H}}(D - u_{\mathrm{H}}) \tag{2.5}$$

$$p_{\mathrm{H}} - p_0 = \rho_0 D u_{\mathrm{H}} \tag{2.6}$$

$$e_{\mathrm{H}} - e_0 = \frac{1}{2}(p_{\mathrm{H}} + p_0)(v_{\mathrm{H}} - v_0) + Q_v \tag{2.7}$$

将式（2.5）代入式（2.6），并考虑到 $\rho = \dfrac{1}{v}$，得到波速方程：

$$D = v_0 \sqrt{\frac{p_{\mathrm{H}} - p_0}{v_0 - v_{\mathrm{H}}}} \tag{2.8}$$

将式（2.8）代入式（2.5）中，得到爆轰后产物粒子速度方程：

$$u_{\mathrm{H}} = (v_0 - v_{\mathrm{H}})\sqrt{\frac{p_{\mathrm{H}} - p_0}{v_0 - v_{\mathrm{H}}}} \tag{2.9}$$

由等熵状态方程、质量、动量、能量守恒定律和 C-J 条件，组成了理想炸药爆轰参数的方程组：

$$\begin{cases} D = v_0\sqrt{\dfrac{p_{\mathrm{H}} - p_0}{v_0 - v_{\mathrm{H}}}} \\[3mm] u_{\mathrm{H}} = (v_0 - v_{\mathrm{H}})\sqrt{\dfrac{p_{\mathrm{H}} - p_0}{v_0 - v_{\mathrm{H}}}} \\[3mm] e_{\mathrm{H}} - e_0 = \dfrac{1}{2}(p_{\mathrm{H}} + p_0)(v_{\mathrm{H}} - v_0) + Q_{\mathrm{v}} \\[3mm] -\left(\dfrac{\partial p}{\partial v}\right) = \dfrac{p_{\mathrm{H}} - p_0}{v_0 - v_{\mathrm{H}}} \text{ 或 } D = u_{\mathrm{H}} + c_{\mathrm{H}} \\[3mm] p = A\rho^{\gamma} \end{cases} \tag{2.10}$$

通过理想炸药爆轰参数方程组，可计算得到理想炸药爆轰波阵面的 C-J 状态参数。将式（2.10）中的状态方程变换为 $p = Av^{-\gamma}$，其中 $\rho = \dfrac{1}{v}$，并对 $v$ 求导得到：

$$\frac{\partial p}{\partial v} = -A\gamma v^{-\gamma-1} = -\gamma\frac{p}{v} \tag{2.11}$$

联立式（2.10）中的 C-J 条件可得到：

$$\rho_{\mathrm{H}} = \frac{\gamma + 1}{\gamma}\rho_0 \tag{2.12}$$

将式（2.12）代入波速方程中可得到：

$$p_{\mathrm{H}} = \frac{1}{\gamma + 1}\rho_0 D^2 \tag{2.13}$$

将式（2.12）和式（2.13）代入爆轰产物的粒子速度方程可得到：

$$u_{\mathrm{H}} = \frac{1}{\gamma + 1} D \tag{2.14}$$

将式（2.14）代入 C-J 条件 $D = u_{\mathrm{H}} + c_{\mathrm{H}}$ 中可得到

$$c_{\mathrm{H}} = \frac{\gamma}{\gamma + 1} D \tag{2.15}$$

通过以上计算可得到爆轰波阵面上的状态参数方程如下：

$$\begin{cases} p_{\mathrm{H}} = \dfrac{1}{\gamma + 1} \rho_0 D^2 \\[2mm] \rho_{\mathrm{H}} = \dfrac{\gamma + 1}{\gamma} \rho_0 \\[2mm] u_{\mathrm{H}} = \dfrac{1}{\gamma + 1} D \\[2mm] c_{\mathrm{H}} = \dfrac{\gamma}{\gamma + 1} D \end{cases} \tag{2.16}$$

式中，$p$ 为压强；$\rho$ 为密度；$D$ 为爆速；$u$ 为爆轰产物质点速度；$c$ 为声速；下标 H 指的是爆轰波 C-J 面处爆轰产物的参数；下标 0 指的是炸药的初始参数；$\gamma$ 为爆轰产物的多方指数，对于高能凝聚炸药而言，爆轰产物的 $\gamma$ 值可近似为 3，为研究方便，后面章节均取此近似值。

C-J 面处的参数即为炸药爆轰产物的初始参数，再通过平面绝热运动的流体力学方程组可以计算爆轰产物的流动规律。根据质量、动量和能量守恒定律，可以导出通用流体力学方程组：

$$\begin{cases} \dfrac{\partial \rho}{\partial t} + \nabla \cdot (\rho \boldsymbol{u}) = 0 \\[2mm] \dfrac{\partial \rho \boldsymbol{u}}{\partial t} + \nabla \cdot (\rho \boldsymbol{uu}) = -\nabla p + \nabla \cdot \boldsymbol{\tau} + \rho \boldsymbol{F} \\[2mm] \dfrac{\partial \rho E}{\partial t} + \nabla \cdot (\rho E \boldsymbol{u}) = -\nabla \cdot (p \boldsymbol{u} + \boldsymbol{q} - \tau \boldsymbol{u}) + \rho \varGamma + \rho \boldsymbol{Fu} \end{cases} \tag{2.17}$$

式中，$\boldsymbol{u}$ 为流体介质的速度矢量，$\boldsymbol{u} = \boldsymbol{u}(u, m, n)$；$\boldsymbol{\tau}$ 为耗散应力张量，包括黏性应力张量和应力偏量张量；$\boldsymbol{F}$ 为作用于介质单位质量的外力；$E$ 为单位质量的总能；$\boldsymbol{q}$ 为

热传递引起的单位时间内流过单位面积的能量流；$\Gamma$ 为介质单位质量单位时间内释放的能量。

对于忽略了黏性、热传递等耗散效应，且没有外力作用的平面绝热运动，流体力学方程组将大大简化。同时，在无耗散且绝热的流动过程中，流体介质的熵保持不变，因此，能量方程等价于等熵方程 $\dfrac{\partial S}{\partial t} + u\dfrac{\partial S}{\partial x} = 0$，$S$ 表示介质单位质量的熵。爆轰产物平面绝热运动的流体力学方程组可表示为

$$\begin{cases} \dfrac{\partial \rho}{\partial t} + u\dfrac{\partial \rho}{\partial x} + \rho\dfrac{\partial u}{\partial x} = 0 \\[2mm] \dfrac{\partial u}{\partial t} + u\dfrac{\partial u}{\partial x} + \dfrac{1}{\rho}\dfrac{\partial p}{\partial x} = 0 \\[2mm] \dfrac{\partial S}{\partial t} + u\dfrac{\partial S}{\partial x} = 0 \end{cases} \tag{2.18}$$

为了使上述方程组的物理意义更加明朗便于研究，引入气体声速 $c$ 这一参数来代替变量 $p$ 和 $\rho$。根据爆轰产物的状态方程（2.3），可以得到声速的表达式：

$$c^2 = \left(\frac{\partial p}{\partial \rho}\right)_S = A\gamma\rho^{\gamma-1} = \gamma\frac{p}{\rho} \tag{2.19}$$

式中，下标 $S$ 表示等熵条件。

将式（2.19）微分，得到：

$$2c\mathrm{d}c = A\gamma(\gamma-1)\rho^{\gamma-2}\mathrm{d}\rho \tag{2.20}$$

$c^2 = A\gamma\rho^{\gamma-1}$，将式（2.20）两边除以 $A\gamma\rho^{\gamma-1}$，得到：

$$2\frac{\mathrm{d}c}{c} = \frac{\gamma-1}{\rho}\mathrm{d}\rho \tag{2.21}$$

再将状态方程（2.3）两边取对数并微分：

$$\mathrm{d}\ln p = \gamma\mathrm{d}\ln\rho \tag{2.22}$$

将式（2.19）代入式（2.22），得到：

$$\frac{\mathrm{d}p}{p} = \frac{c^2\rho}{p}\mathrm{d}\ln\rho \qquad (2.23)$$

消去 $p$，两边除以 $\rho$ 并将式（2.21）代入式（2.23），得到：

$$\frac{\mathrm{d}p}{\rho} = \frac{2c}{\gamma-1}\mathrm{d}c \qquad (2.24)$$

将式（2.21）代入方程组（2.18）中的第一式，得到：

$$\frac{2}{\gamma-1}\frac{\partial c}{\partial t} + \frac{2u}{\gamma-1}\frac{\partial c}{\partial x} + c\frac{\partial u}{\partial x} = 0 \qquad (2.25)$$

将式（2.24）代入方程组（2.18）第二式，得到：

$$\frac{\partial u}{\partial t} + u\frac{\partial u}{\partial x} + \frac{2c}{\gamma-1}\frac{\partial c}{\partial x} = 0 \qquad (2.26)$$

将式（2.25）和式（2.26）相加、相减后，得到：

$$\begin{cases} \dfrac{\partial}{\partial t}\left(u+\dfrac{2}{\gamma-1}c\right) + (u+c)\dfrac{\partial}{\partial x}\left(u+\dfrac{2}{\gamma-1}c\right) = 0 \\[3mm] \dfrac{\partial}{\partial t}\left(u-\dfrac{2}{\gamma-1}c\right) + (u-c)\dfrac{\partial}{\partial x}\left(u-\dfrac{2}{\gamma-1}c\right) = 0 \end{cases} \qquad (2.27)$$

此方程组即为一维等熵不定常流方程组。此方程组对应的特征方程为

$$\begin{cases} \text{沿特征线}:\dfrac{\mathrm{d}x}{\mathrm{d}t}=u+c,\ \text{有：}\ u+\dfrac{2}{\gamma-1}c=\text{常数} \\[3mm] \text{沿特征线}:\dfrac{\mathrm{d}x}{\mathrm{d}t}=u-c,\ \text{有：}\ u-\dfrac{2}{\gamma-1}c=\text{常数} \end{cases} \qquad (2.28)$$

式中，$u\pm\dfrac{2}{\gamma-1}c=$ 常数，称为黎曼（Riemann）不变量。

对于爆轰产物而言有 $\gamma\approx3$，则式（2.28）就变为

$$\begin{cases} 沿特征线：\dfrac{\mathrm{d}x}{\mathrm{d}t}=u+c,\ 有：u+c=常数 \\[3mm] 沿特征线：\dfrac{\mathrm{d}x}{\mathrm{d}t}=u-c,\ 有：u-c=常数 \end{cases} \tag{2.29}$$

因此，两簇波对应的特征线为直线，且沿特征线正向和反向传播的波，各自独立推进互不影响，特征线示意图如图 2.2 所示。

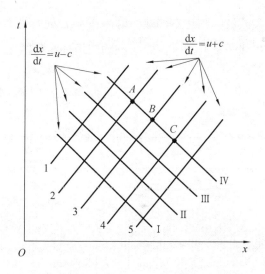

图 2.2　$\gamma \approx 3$ 时绝热运动的特征线示意图

爆轰产物的状态参数可以通过两条相交的特征线确定，下面结合图 2.2 来说明特征线确定爆轰产物状态参数的原理。图 2.2 表示爆轰产物中某一区域的两簇特征线，沿特征线正向传播的波（右传波）与沿特征线反向传播的波（左传波）的交点处的状态参数可通过特征线方程唯一确定。这里取其中的三个交点 $A$、$B$、$C$ 来说明，$A$ 点的状态参数由特征线 2 和特征线 Ⅳ 确定，$B$ 点的状态参数由特征线 3 和特征线 Ⅳ 确定，$C$ 点的状态参数由特征线 4 和特征线 Ⅳ 确定。

下面将应用特征线方法分析研究理想炸药爆轰后，产物的流动规律以及对金属板的驱动过程。

## 2.2 自由端引爆理想炸药时爆轰产物的一维等熵流动

设在刚性管中装有长为 $L$ 的理想炸药药柱，药柱两端均为自由面（真空），起爆面在药柱的左侧端面，将此端面设为坐标原点。由此可知，炸药引爆后随着爆轰波的向右传播，在 $x=0$ 处产生一簇右传简单波（右传中心膨胀波），第一道波为 $x=Dt$，最后一道波为 $x=-\dfrac{1}{2}Dt$，在这两道波中间存在无数个中间波，每一条中间波对应一条线性特征线；当爆轰波波头到达右侧端面时，在 $x=L$ 处产生一簇左传稀疏波。右传波与左传波相遇后生成一复合波区。爆轰产物流场分布如图 2.3 所示。

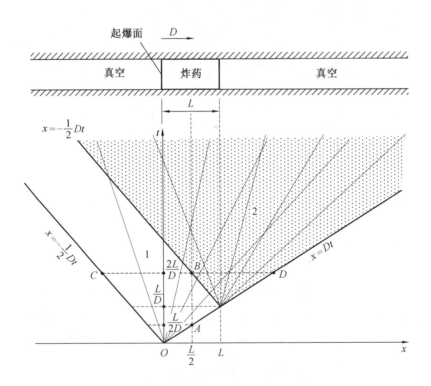

图 2.3　自由端引爆理想炸药后爆轰产物的一维飞散示意图

（1 区为右传简单波区，2 区为复合波区）

1 区的解为

$$
\begin{cases} x = (u+c)t \\ u - c = -\dfrac{1}{2}D \end{cases} \text{或} \begin{cases} u = \dfrac{x}{2t} - \dfrac{1}{4}D \\ c = \dfrac{x}{2t} + \dfrac{1}{4}D \end{cases} \tag{2.30}
$$

2 区复合波交会，其解为

$$
\begin{cases} x = (u+c)t \\ x = (u-c)t + F_2(u-c) \end{cases} \tag{2.31}
$$

将初始条件 $t = \dfrac{L}{D}$ 和 $x = L$，代入式（2.31）第二式得

$$
F_2(u-c) = L - (u-c)\dfrac{L}{D} \tag{2.32}
$$

则式（2.31）可表示为

$$
\begin{cases} x = (u+c)t \\ x = (u-c)\left(t - \dfrac{L}{D}\right) + L \end{cases} \tag{2.33}
$$

解得复合波区（2 区）爆轰产物状态参数为

$$
\begin{cases} u = \dfrac{x}{2t} + \dfrac{x-L}{2\left(t - \dfrac{L}{D}\right)} \\ c = \dfrac{x}{2t} - \dfrac{x-L}{2\left(t - \dfrac{L}{D}\right)} \end{cases} \tag{2.34}
$$

根据爆轰产物状态方程（2.34），可以得到爆轰产物压力 $p$、密度 $\rho$ 和声速 $c$ 的关系如下：

$$
\dfrac{c}{c_{\mathrm{H}}} = \dfrac{\rho}{\rho_{\mathrm{H}}} = \left(\dfrac{p}{p_{\mathrm{H}}}\right)^{\frac{1}{3}} \tag{2.35}
$$

式中，$p_{\mathrm{H}}$、$\rho_{\mathrm{H}}$、$c_{\mathrm{H}}$ 分别为爆轰波阵面处爆轰产物的压力、密度、声速。

将式（2.35）代入式（2.34）得到：

$$\begin{cases} \rho = \dfrac{16}{9}\dfrac{\rho_0}{D}\left[\dfrac{x}{2t} - \dfrac{x-L}{2\left(t-\dfrac{L}{D}\right)}\right] \\[4mm] p = \dfrac{16}{27}\dfrac{\rho_0}{D}\left[\dfrac{x}{2t} - \dfrac{x-L}{2\left(t-\dfrac{L}{D}\right)}\right]^3 \end{cases} \qquad (2.36)$$

此方程组即为理想炸药爆轰产物复合波区（2 区）中状态参数密度 $\rho$ 和压力 $p$ 的时空分布规律。结合方程组（2.30）和（2.34），理想炸药爆轰产物一维等熵流域的状态参数分布规律可全部求解。

下面将应用爆轰产物一维等熵流动的特征线方法分析 $x=\dfrac{L}{2}$ 处爆轰产物状态参数随时间的变化规律，以及 $t=\dfrac{2L}{D}$ 时，爆轰产物状态参数沿 $x$ 轴的分布规律。

通过前面对爆轰产物流域的特征线分析可知，$x=\dfrac{L}{2}$ 处的状态参数变化规律可分为三部分：爆轰波到达之前的状态、爆轰过后的简单波区状态和复合波作用下的产物状态。当 $0<t<\dfrac{L}{2D}$ 时，爆轰波还没有到达炸药 $x=\dfrac{L}{2}$ 处，其状态参数可表示为

$$\begin{cases} u = 0 \\ \rho = \rho_0 \\ p = p_0 \end{cases} \qquad (2.37)$$

式中，$\rho_0$ 为炸药初始密度；$p_0$ 为炸药初始压力。

当 $\dfrac{L}{2D}<t<\dfrac{2L}{D}$ 时，爆轰波通过 $x=\dfrac{L}{2}$ 处，但左传稀疏波还没有达到，此处状态参数可表示为

$$\begin{cases} u = \dfrac{L}{4t} - \dfrac{1}{4}D \\[2mm] \rho = \dfrac{16}{9}\dfrac{\rho_0}{D}\left(\dfrac{L}{4t} + \dfrac{1}{4}D\right) \\[2mm] p = \dfrac{16}{27}\dfrac{\rho_0}{D}\left(\dfrac{L}{4t} + \dfrac{1}{4}D\right)^3 \end{cases} \tag{2.38}$$

当 $t > \dfrac{2L}{D}$ 时，$x = \dfrac{L}{2}$ 处受到左传稀疏波的影响，状态参数变为

$$\begin{cases} u = \dfrac{L}{4t} - \dfrac{L}{4\left(t - \dfrac{L}{D}\right)} \\[4mm] \rho = \dfrac{16}{9}\dfrac{\rho_0}{D}\left[\dfrac{L}{4t} + \dfrac{L}{4\left(t - \dfrac{L}{D}\right)}\right] \\[4mm] p = \dfrac{16}{27}\dfrac{\rho_0}{D}\left[\dfrac{L}{4t} + \dfrac{L}{4\left(t - \dfrac{L}{D}\right)}\right]^3 \end{cases} \tag{2.39}$$

现在取 $L=50$ mm 长的理想炸药药柱，爆速 $D=8$ mm/μs，炸药密度 $\rho_0 =1.8$ g/cm³。可以计算 $x = \dfrac{L}{2}$ 处的爆轰产物状态参数的分布规律，如图 2.4～2.6 所示。

从 $x = \dfrac{L}{2}$ 处爆轰产物粒子速度、密度和压强随时间的变化规律可以看到，当左传稀疏波到达 $x = \dfrac{L}{2}$ 处，即 $t = \dfrac{L}{D} + \dfrac{L}{2\left(\dfrac{D}{2}\right)} = 12.5$ μs 时，受到复合波作用的产物状态参数发生了变化。在 12.5 μs 前，爆轰产物粒子受到右传简单波的作用，速度很快衰减并逐渐变为向左侧运动，粒子向左运动的速度逐渐增加，左侧运动的最大速度到达

1 mm/μs；12.5 μs 后左传稀疏波到达，此时产物受到右传波和左传波的共同作用，爆轰产物粒子速度再次衰减并最终趋于零。对于 $x = \dfrac{L}{2}$ 处的产物密度，总体趋势是随时间增加而不断减小，但 12.5 μs 前后的衰减规律不同，12.5 μs 后受到复合波的作用，衰减速率加快。爆轰产物在 $x = \dfrac{L}{2}$ 处的压强变化规律与密度变化相近，总体趋势是压强随时间增加而不断减小，12.5 μs 后压强衰减速率加快。

下面将分析 $t = \dfrac{2L}{D}$ 时，爆轰产物状态参数沿 $x$ 轴的分布规律。当 $t = \dfrac{2L}{D}$ 时，炸药已反应完全，左传稀疏波将传至 $x = \dfrac{L}{2}$ 处。因此产物状态沿 $x$ 轴的分布可分为两段，在 $-L < x < \dfrac{L}{2}$ 范围内为简单波分布，在 $\dfrac{L}{2} < x < 2L$ 范围内为复合波分布。

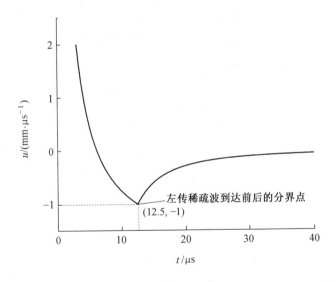

图 2.4　$x = \dfrac{L}{2}$ 处爆轰产物粒子速度随时间的变化规律

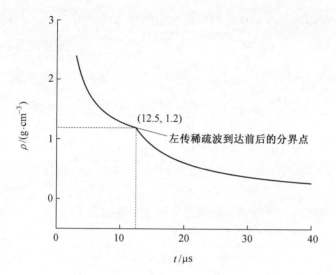

图 2.5　$x = \dfrac{L}{2}$ 处爆轰产物密度随时间的变化规律

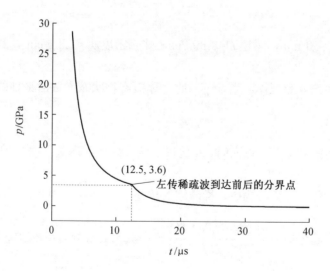

图 2.6　$x = \dfrac{L}{2}$ 处爆轰产物压强随时间的变化规律

$-L < x < \dfrac{L}{2}$ 范围内，产物状态参数沿 $x$ 轴的分布规律为

$$\begin{cases} u = \dfrac{Dx}{4t} - \dfrac{D}{4} \\[2mm] \rho = \dfrac{16}{9}\dfrac{\rho_0}{D}\left(\dfrac{Dx}{4t} + \dfrac{D}{4}\right) \\[2mm] p = \dfrac{16}{27}\dfrac{\rho_0}{D}\left(\dfrac{Dx}{4t} + \dfrac{D}{4}\right)^3 \end{cases} \tag{2.40}$$

$\dfrac{L}{2} < x < 2L$ 范围内，产物状态参数沿 $x$ 轴的分布规律为

$$\begin{cases} u = \dfrac{3Dx}{4L} - \dfrac{D}{2} \\[2mm] \rho = \dfrac{16}{9}\dfrac{\rho_0}{D}\left(\dfrac{D}{2} - \dfrac{Dx}{4L}\right) \\[2mm] p = \dfrac{16}{27}\dfrac{\rho_0}{D}\left(\dfrac{D}{2} - \dfrac{Dx}{4L}\right)^3 \end{cases} \tag{2.41}$$

同样，取 $L$=50 mm，爆速 $D$=8 mm/μs，炸药密度 $\rho_0$ =1.8 g/cm$^3$，计算 $t = \dfrac{2L}{D}$ 时爆轰产物状态参数分布规律。当 $t = \dfrac{2L}{D}$ 时，爆轰产物状态参数沿 $x$ 轴的分布规律如图 2.7～2.9 所示。

当爆轰波传播到炸药右端面时，左传稀疏波开始传入爆轰产物中，即在 $t = \dfrac{L}{D}$ 时左传稀疏波开始传入爆轰产物中，稀疏波的传播速度为 $\dfrac{D}{2}$，因此，$t = \dfrac{2L}{D}$ 时左传稀疏波传播至距离起爆面 $x = \left(\dfrac{2L}{D} - \dfrac{L}{D}\right) \cdot \left(\dfrac{D}{2}\right) = \dfrac{L}{2} = 25$ mm 处。从图 2.7～2.9 中爆轰产物状态参数沿 $x$ 轴的分布规律可以发现，$x$=25 mm 处是 $t = \dfrac{2L}{D}$ 时产物状态分布规律的分界点，分界点左侧产物受到简单波的作用，分界点右侧受到复合波的作用。

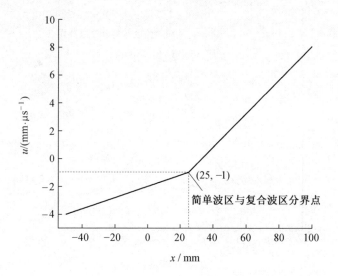

图 2.7　$t = \dfrac{2L}{D}$ 时产物粒子速度沿 $x$ 轴的变化规律

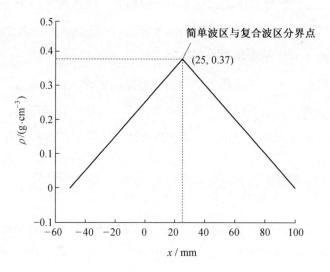

图 2.8　$t = \dfrac{2L}{D}$ 时产物密度沿 $x$ 轴的变化规律

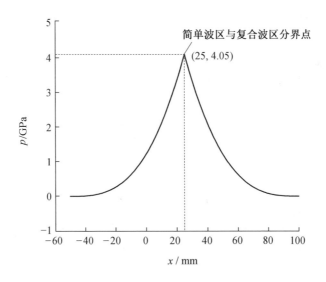

图 2.9　$t = \dfrac{2L}{D}$ 时产物压强沿 $x$ 轴的变化规律

产物粒子速度从右至左沿 $x$ 轴逐渐降低，到 25 mm 处开始粒子速度降低的趋势变缓；产物密度和压强沿 $x$ 轴的分布呈两边低中间高的趋势，最高点在 $x$=25 mm 处，原因是左传稀疏波的传入导致产物右侧爆轰高压区衰减。需要指出的是随着时间的推移，第一道左传稀疏波上的状态参数将逐渐降低，直至产物流动趋于稳定。

从以上分析可知，理想炸药爆轰产物的等熵流动理论是分析爆轰产物流动规律的有效方法，是从内部认识和研究产物流动规律不可或缺的理论基础。下面将应用理想炸药爆轰产物的等熵流动理论，对炸药爆轰驱动金属板的过程进行理论分析。

## 2.3　自由端引爆理想炸药驱动金属板的等熵线性特征线理论

上一小节通过爆轰产物一维等熵流动的特征线方法，研究了自由端引爆理想炸药时爆轰产物的流动规律。本节将在此基础上应用一维等熵流动的特征线方法，对自由端引爆理想炸药驱动金属板的问题进行理论分析，并计算金属板后爆轰产物流场的状态参数。

　　将炸药和金属板置于刚性管中，装药长为 $L$。装药左端面为起爆面，金属板的质量为 $M$，炸药爆轰产物驱动金属板的特征线示意图如图 2.10 所示。当爆轰波传到金属板表面后，金属板受到爆轰产物的推动而做一维运动。下面应用特征线方法求解金属板在炸药驱动条件下的运动规律，以及爆轰产物流场中状态参数的时空分布。为了简化计算，假设金属板为刚体，以后章节不做特殊说明的都依据此假设分析。

　　炸药引爆后，紧跟在爆轰波后有一束右传中心简单波向右传播，当 $t = \dfrac{L}{D}$ 时，爆轰波到达金属板的表面，此时从表面反射回的第一道压缩波开始向左方产物中传播。与此同时，金属板因受到爆轰产物的作用开始向右运动，后续的右传波不断赶上金属板，又不断地从移动着的金属板表面上反射回一系列的左传波。

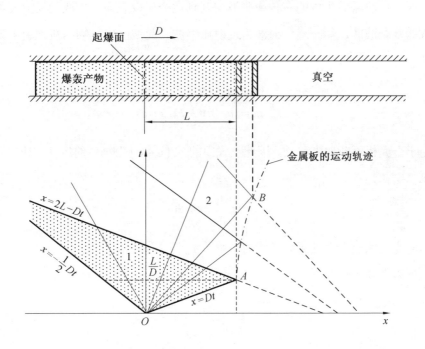

图 2.10　自由端引爆单层炸药爆轰驱动金属板运动的一维飞散示意图

（1 区为简单波区，2 区为复合波区）

整个爆轰产物流动的特征线如图 2.10 所示，其中曲线 $AB$ 段为金属板的运动轨迹，各波区的划分及分析具体如下：

1 区：由 $t$=0 时，起爆面生成的右传中心膨胀波生成的简单波区，其解为

$$\begin{cases} x = (u+c)t \\ u-c = -\dfrac{D}{2} \end{cases} \tag{2.42}$$

解得 1 区爆轰产物的状态参数为

$$\begin{cases} u = \dfrac{x}{2t} - \dfrac{D}{4} \\ c = \dfrac{x}{2t} + \dfrac{D}{2} \end{cases} \tag{2.43}$$

2 区：由起爆面生成的右传膨胀波与其到达金属板表面后生成的反射波共同作用生成的复合波区，第一道反射波为反射压缩波，此波区中产物的流动由下列方程组描述：

$$\begin{cases} x = (u+c)t \\ x = (u-c)t + F_2(u-c) \end{cases} \tag{2.44}$$

由于金属板不断向右移动，因此上式中的 $F_2(u-c)$ 由物体的运动规律决定。由牛顿第二定律知：

$$M\frac{\mathrm{d}v}{\mathrm{d}t} = A_{\mathrm{m}} p_{\mathrm{b}} \tag{2.45}$$

式中，$p_{\mathrm{b}}$ 为金属板表面处爆轰产物的压强；$A_{\mathrm{m}}$ 为金属板表面积。

由爆轰产物等熵关系

$$\frac{p_{\mathrm{b}}}{p_{\mathrm{H}}} = \left(\frac{c_{\mathrm{b}}}{c_{\mathrm{H}}}\right)^3$$

可得

$$p_{\mathrm{b}} = p_{\mathrm{H}}\left(\frac{c_{\mathrm{b}}}{c_{\mathrm{H}}}\right)^3$$

即

$$p_b = \frac{1}{4}\rho_0 D^2 \left(\frac{c_b}{\frac{3}{4}D}\right)^3 = \frac{16}{27} \cdot \frac{\rho_0}{D} c_b^3 \qquad (2.46)$$

式中，$c_b$ 为金属板表面处产物的声速。将式（2.46）代入式（2.45），得

$$\frac{dv}{dt} = \frac{16}{27} \cdot \frac{A_m \rho_0}{MD} c_b^3 = \frac{\eta c_b^3}{LD} \qquad (2.47)$$

式中，$\eta = \frac{16}{27}\frac{m}{M}$，$m$ 为炸药的质量，$m = A_m L \rho_0$，$M$ 为金属板质量。

每一道右传波都以各自的 $(u+c)$ 速度传播，并且沿特征线 $(u+c)$ 值保持不变，当其赶上运动着的金属板时，要发生波的反射，在此瞬间，爆炸产物的速度立即由 $u$ 降低为壁面处产物的速度 $u_b$，声速立即变为壁面处的声速 $c_b$，即

$$u + c = u_b + c_b \qquad (2.48)$$

另外，由于金属板表面处爆轰产物的速度 $u_b$ 与金属板的运动速度 $v$ 相等，并且 $\frac{dx}{dt} = v = u_b$，因此，将式（2.44）的第一式对 $t$ 微分可得到

$$-\frac{du_b}{dt} = -\frac{dv}{dt} = \frac{c_b}{t} + \frac{dc_b}{dt} \qquad (2.49)$$

将式（2.47）代入式（2.49），得

$$\frac{dc_b}{dt} + \frac{c_b}{t} + \frac{\eta c_b^3}{LD} = 0 \qquad (2.50)$$

令参数 $z = c_b \sqrt{t}$，则式（2.50）变为

$$\frac{dz}{d\ln t} = -\left(\frac{1}{2}z + \frac{\eta}{LD}z^3\right) \qquad (2.51)$$

解此方程得

$$\frac{1 + \left(\dfrac{2\eta c_b^2 t}{LD}\right)}{c_b^2 t^2} = C \qquad (2.52)$$

式中，$C$ 为常数。

利用初始条件和边界条件，即当 $t = \dfrac{l}{D}$ 时，$u_b = 0$，$c_b = D$，，代入式（2.52）可得

$$C = \frac{1 + \dfrac{2\eta}{LD} \cdot D^2 \cdot \dfrac{L}{D}}{D^2 \cdot \dfrac{L^2}{D^2}} = \frac{1 + 2\eta}{L^2} \tag{2.53}$$

将式（2.53）代入式（2.52），整理解得

$$c_b = \frac{L}{t}\theta \tag{2.54}$$

式中，$\theta = \left[1 + 2\eta\left(1 - \dfrac{L}{Dt}\right)\right]^{-\frac{1}{2}}$。

将式（2.54）代入式（2.47），得

$$\frac{\mathrm{d}v}{\mathrm{d}t} = \frac{\eta}{LD}\left(\frac{L\theta}{t}\right)^3 \tag{2.55}$$

将式（2.55）积分得

$$v = D\left(1 + \frac{\theta - 1}{\eta\theta} - \frac{L\theta}{Dt}\right) \tag{2.56}$$

根据式（2.56）计算炸药驱动下金属板的速度历程，其中药柱长 $L$=50 mm，炸药密度 $\rho_0$ =1.8 g/cm$^3$，炸药爆速 $D$=8 mm/μs，金属板厚度为 1 mm，金属板密度为 $\rho_m$=8.92 g/cm$^3$。计算结果如图 2.11 所示。

从计算结果可以看到，炸药驱动金属板的加速时间约为 1.7 μs，此后金属板的速度基本达到稳定。此计算结果很好地反映了炸药对金属板的驱动加速过程，炸药对金属板的加速时间与很多实验结果相近（实验测试结果显示一般炸药对物体的加速时间为 1.7～2 μs），因此，目前国内外均采用等熵流动理论来分析理想炸药爆轰产物对金属板驱动的问题。

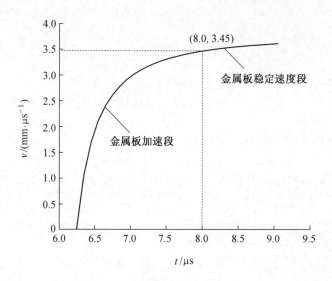

图 2.11　炸药驱动金属板的等熵流动理论计算结果

对于金属板后爆轰产物的流动规律，与自由端引爆条件下炸药爆轰产物的流动规律不同，主要原因是当产物中的波传播到金属板内表面时，波将发生反射，反射波将与产物中的右传波形成复合波区，影响产物中的状态变化。因此，金属板后的爆轰产物膨胀规律与金属板的运动规律有关。根据对炸药驱动条件下金属板的速度分析可知：

$$u_b = v, \quad c_b = \frac{L\theta}{t}$$

而沿着右传波特征线 $\left(\dfrac{dx}{dt}\right)_{I+} = u+c$，且 $u+c$ =常数，故：$u+c = u_b + c_b = \dfrac{x}{t}$，则可以得到 $u_b = \dfrac{x - L\theta}{t}$。

而沿着反射回来的左传波特征线 $\left(\dfrac{dx}{dt}\right)_{I-} = u-c$，$u-c$ =常数，则

$$u - c = u_b - c_b = \frac{x - 2L\theta}{t} \tag{2.57}$$

将式（2.57）与方程组（2.44）第二式比较得到

$$F_2(u-c) = 2L\theta \tag{2.58}$$

因此，复合波区 2 中产物参数的分布规律为

$$\begin{cases} x = (u+c)t \\ x = (u-c)t + 2L\theta \end{cases} \tag{2.59}$$

根据式（2.54）和式（2.56）可得到

$$u_b - c_b = D\left(1 + \frac{\theta-1}{\eta\theta} - \frac{L\theta}{Dt}\right) - \frac{L}{t}\theta = D\left(1 + \frac{\theta-1}{\eta\theta} - \frac{2L\theta}{Dt}\right) \tag{2.60}$$

将 $\theta = \left[1 + 2\eta\left(1 - \dfrac{L}{Dt}\right)\right]^{-\frac{1}{2}}$ 变换，得到

$$\frac{L}{Dt} = 1 + \frac{\theta^2 - 1}{2\eta\theta^2} \tag{2.61}$$

将式（2.61）代入式（2.60），得到

$$u_b - c_b = D\left(1 + \frac{1-\theta}{\eta} - 2\theta\right) \tag{2.62}$$

式（2.62）可变换为

$$\theta = \frac{D(1-\eta) - \eta(u_b - c_b)}{D(1+2\eta)} \tag{2.63}$$

将式（2.63）代入式（2.59），得到

$$\begin{cases} x = (u+c)t \\ x = (u-c)t + 2L\left[\dfrac{D(1-\eta) - \eta(u_b - c_b)}{D(1+2\eta)}\right] \end{cases} \tag{2.64}$$

根据式（2.64）可求出金属板后爆轰产物的状态变化规律：

$$
\begin{cases}
u = \dfrac{x}{2t} + \dfrac{1}{2}\dfrac{x - \dfrac{2L(\eta+1)}{2\eta+1}}{t - \dfrac{2\eta L}{D(2\eta+1)}} \\[4mm]
c = \dfrac{x}{2t} - \dfrac{1}{2}\dfrac{x - \dfrac{2L(\eta+1)}{2\eta+1}}{t - \dfrac{2\eta L}{D(2\eta+1)}} \\[4mm]
\rho = \dfrac{16}{9}\dfrac{\rho_0}{D}c \\[2mm]
p = \dfrac{16}{27}\dfrac{\rho_0}{D}c^3
\end{cases}
\tag{2.65}
$$

## 2.4　等熵流动理论对于含铝炸药的局限性

含铝炸药是典型的非理想炸药，其非理想特性主要是由于铝粉在爆轰产物膨胀过程中发生氧化反应并释放能量。与理想炸药相比，含铝炸药爆轰产物的膨胀过程更加复杂，除了铝粉的二次反应释放能量对产物流动的影响外，铝粉反应前与爆轰产物的相对运动引起的动量转化也可能对产物膨胀过程产生影响，这一问题将在第 3 章中研究。下面将对含铝炸药爆轰产物的膨胀过程进行热力学分析，计算铝粉反应释放的能量对爆轰产物熵的影响。

1950 年克劳修斯通过卡诺循环导出了如下关系式：

$$
\oint \frac{\mathrm{d}Q_{\mathrm{re}}}{T} = 0
\tag{2.66}
$$

显然对于可逆过程，$\dfrac{\mathrm{d}Q_{\mathrm{re}}}{T}$ 是一个状态量，克劳修斯把这个状态量定义为熵。但需要指出的是，只有在可逆状态下 $\dfrac{\mathrm{d}Q}{T}$ 才是熵；而对于不可逆过程，$\oint \dfrac{\mathrm{d}Q}{T} < 0$，$\dfrac{\mathrm{d}Q}{T}$ 不是状态量，也就不能被定义为熵。对于不可逆过程的熵变化，应设想一条可逆路径来计算。如图 2.12 所示，工质由状态 1 变化到状态 2，无论经过可逆过程 1B2 还是经过不可逆过程 1A2，其熵变均相等。

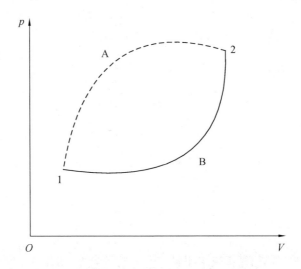

图 2.12 可逆与不可逆过程

对图 2.12 中的不可逆循环 1A2B1 求克劳修斯积分有

$$\oint_{1A2B1} \frac{\mathrm{d}Q}{T} = \int_{1(A)}^{2} \left(\frac{\mathrm{d}Q}{T}\right)_{\mathrm{ir}} + \int_{2(B)}^{1} \left(\frac{\mathrm{d}Q}{T}\right)_{\mathrm{re}} < 0 \qquad (2.67)$$

即有

$$S_2 - S_1 > \int_{1(A)}^{2} \left(\frac{\mathrm{d}Q}{T}\right)_{\mathrm{ir}} \qquad (2.68)$$

式中，$S_1$ 表示状态 1 处的熵值；$S_2$ 表示状态 2 处的熵值；下标 ir 表示不可逆过程；下标 re 表示可逆过程。

热力学将由热量的流进流出造成热力系的熵增称为熵流（注：没有限定可逆条件），记为 $S_f$，即

$$\mathrm{d}S_f = \frac{\mathrm{d}Q}{T} \qquad (2.69)$$

若过程可逆，则熵流就是总熵；若过程不可逆，如式（2.68）所示，熵流小于总熵。由此说明，对于不可逆过程，除了热量的流进流出对热力系造成的熵增（熵

流）外，还有其他因素造成的熵增。由于不可逆过程与可逆过程相比多了一个不可逆因素，因此认为这个熵增由不可逆因素引起，将不可逆因素造成的熵增称为熵产，记为 $S_g$。热力系的总熵变由熵流和熵产两部分组成，因此，热力系的总熵变为

$$dS = dS_f + dS_g \tag{2.70}$$

对于含铝炸药，其爆轰产物的膨胀过程很复杂，引起熵增的因素有很多，例如膨胀过程中的系统与外部环境的热传递、电磁效应和化学反应等。然而，考虑到含铝炸药爆轰产物的膨胀过程很快，热量来不及向外传递，而且相比化学反应引起的熵增，电磁效应引起的熵增可忽略不计。因此，为了分析引起爆轰产物熵增的主要因素，本节将对含铝炸药爆轰产物膨胀过程进行简化。

假设含铝炸药爆轰产物进行绝热膨胀，且产物不与外界发生联系，以爆轰产物为热力系，爆轰产物边界为热力系边界。热力系为孤立系统，对产物内部熵变进行分析。由于假设含铝炸药爆轰产物进行绝热膨胀，且热力系为孤立系统，产物与外界没有交换，因此爆轰产物的熵流为零，即

$$S_f = 0 \tag{2.71}$$

依据含铝炸药二次反应理论，含铝炸药爆轰产物膨胀初期，铝粉大部分没有开始反应。假设产物理想组分为理想气体，爆轰产物自由膨胀，由于膨胀过程绝热，且爆轰产物为孤立系统与外界没有交换，状态变量 $pdV$ 没有引发功的授受，因此，产物内部储能变化 $dU=0$（这里的内部储能忽略了分子间力，只有显能，因此体积变化不影响内部储能；注意：当考虑分子间力的作用（非理想气体），即内部储能包含潜能时，体积的变化就会引起内部储能的变化）。因此在铝粉开始反应之前，膨胀过程可以认为是等熵的。

当铝粉在爆轰产物中开始反应并释放化学能，产物的内部储能发生变化，其变化量 $dU=U_R-U_P \neq 0$（其中 $U_R$ 为反应物的储能，$U_P$ 为产物的储能），进而引起熵变。由化学反应放热引起的爆轰产物的熵变为

$$\Delta S_g = \int_{T_0}^{T} \frac{dU}{T} \tag{2.72}$$

忽略电磁效应，含铝炸药爆轰产物的熵变为

$$\Delta S = \Delta S_f + \Delta S_g = \int_{T_0}^{T} \frac{dU}{T} \tag{2.73}$$

由式（2.73）可以看出铝粉反应释放能量将引起爆轰产物的熵变，且熵变的大小与铝粉反应释放的能量多少有关。

铝粉燃烧释放的能量为 20～30 kJ/g，而一般炸药爆轰反应释放的能量为 5 kJ/g，铝粉反应的能量密度是炸药的 4～6 倍，显然在炸药中加入铝粉能显著提高炸药的能量密度。对于直径为微米级的铝粉而言，其反应主要发生在炸药爆轰反应之后，即 C-J 面后的爆轰产物膨胀过程中。Gogulya 等人对不同铝粉含量的 HMX 基含铝炸药爆轰产物的温度进行了实验研究，其中 20 μm 铝粉含铝炸药爆轰产物的温度测试结果如图 2.13 所示。

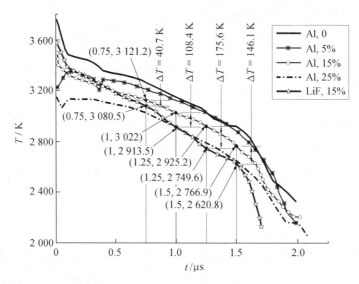

图 2.13　20 μm 铝粉含铝炸药爆轰产物温度测试结果

从以上实验结果可以看出，铝粉含量（质量分数）为 0 的炸药爆轰产物的初始温度最高，随着铝粉含量的增加，爆轰产物的初始温度逐渐降低。这是因为铝粉在爆轰产物中的反应速率远低于炸药组分，炸药组分已反应完全时，大部分铝粉还没有开始反应，铝粉含量增加意味着炸药含量减小，爆轰产物初始时刻的能量也随之减小，爆轰产物温度也就越低。但随着铝粉在爆轰产物中逐渐开始反应，爆轰产物的温度逐渐升高，铝粉含量 5% 的含铝炸药在爆轰完成 1 μs 后，其爆轰产物温度已与不含铝粉炸药的产物温度持平。这里需要指出，铝粉在爆轰产物中的反应因受到自身反应速率、约束条件、氧含量等很多因素的影响而往往不能完全反应，在炸药有效的驱动时间内（0～7 μs），铝粉的反应度一般为 6%～10%，因此，虽然铝粉的能量密度高，但其能量不一定完全释放。

对比铝粉含量 15% 的含铝炸药与含 15% LiF 炸药的爆轰产物温度，可用来分析铝粉反应释放能量对产物的热力学影响。需要指出，LiF 与铝的物理性质相似，但在炸药爆轰及产物膨胀过程中都表现为惰性，因此，LiF 可看作惰性铝粉。取典型时刻的爆轰产物温度进行比较，各点处的温度见表 2.1。

表 2.1 不同实验点处的爆轰产物温度

| 观测时刻/μs | 爆轰产物温度/K | | 温度增益/% |
| --- | --- | --- | --- |
| | 含铝炸药 | 含 LiF 炸药 | |
| 0.5 | 3 188.4 | 3 179.8 | 0.27 |
| 0.63 | 3 159.4 | 3 124.3 | 1.12 |
| 0.75 | 3 121.2 | 3 080.5 | 1.3 |
| 0.89 | 3 074.4 | 2 992.4 | 2.7 |
| 1 | 3 022 | 2 913.5 | 3.7 |
| 1.14 | 2 972 | 2 837.2 | 4.8 |
| 1.25 | 2 925.2 | 2 749.6 | 6.4 |
| 1.4 | 2 846.3 | 2 681.9 | 6.1 |
| 1.5 | 2 766.9 | 2 620.8 | 5.6 |

从表 2.1 中的数据可知，随着铝粉反应的进行，爆轰产物的温度增益逐渐增加，也就意味着爆轰产物内部热量 $Q$ 的增加。假定九个观测时刻对应的爆轰产物的比热容分别为 $c_{0.5}$、$c_{0.63}$、$c_{0.75}$、$c_{0.89}$、$c_1$、$c_{1.14}$、$c_{1.25}$、$c_{1.4}$、$c_{1.5}$，爆轰产物的质量为 $m_p$，铝粉反应引起的爆轰产物热量变化分别为 $\Delta Q_{0.5}=m_p c_{0.5}\Delta T_{0.5}$、$\Delta Q_{0.63}=m_p c_{0.63}\Delta T_{0.63}$、$\Delta Q_{0.75}=m_p c_{0.75}\Delta T_{0.75}$、$\Delta Q_{0.89}=m_p c_{0.89}\Delta T_{0.89}$、$\Delta Q_1=m_p c_1\Delta T_1$、$\Delta Q_{1.14}=m_p c_{1.14}\Delta T_{1.14}$、$\Delta Q_{1.25}=m_p c_{1.25}\Delta T_{1.25}$、$\Delta Q_{1.4}=m_p c_{1.4}\Delta T_{1.4}$ 和 $\Delta Q_{1.5}=m_p c_{1.5}\Delta T_{1.5}$，热量增益分别为 0.27%、1.12%、1.3%、2.7%、3.7%、4.8%、6.4%、6.1% 和 5.6%。根据热力学第二定律 $\Delta S = \dfrac{\Delta Q}{T}$，假设含 LiF 炸药爆轰产物的流动为等熵流动，以含 LiF 炸药爆轰产物的熵为基准点，那么在观测时刻铝粉反应引起的爆轰产物的熵增分别为 0.27%、1.12%、1.3%、2.7%、3.7%、4.8%、6.4%、6.1% 和 5.6%。含铝炸药爆轰产物和含 LiF 炸药爆轰产物的熵增对比如图 2.14 所示。

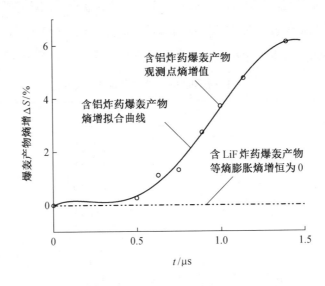

图 2.14 含铝炸药和含 LiF 炸药爆轰产物熵增对比

通过热力学分析可知，铝粉反应对爆轰产物的热力学影响是不可忽略的，即爆轰产物膨胀过程中的熵变是不可忽略的，这就使得理想炸药爆轰产物膨胀的等熵流动理论产生了局限性，主要包括以下两方面。

（1）非理想炸药与理想炸药的爆轰产物膨胀过程是完全不同的。

理想炸药爆轰产物膨胀的等熵流动理论描述的是炸药完全反应完成后，爆轰产物的自由膨胀过程；而对于含铝炸药而言，爆轰产物膨胀过程中包含铝粉的二次反应，铝粉反应释放能量必然会增加爆轰产物的内能，进而影响爆轰产物的压力、声速状态参数，增加了炸药的做功能力。观察图 2.14 可知，爆轰产物膨胀 1.5 μs 时，爆轰产物的熵增已经增加了 6% 左右，之后随着铝粉的反应还会继续增加，显然含铝炸药爆轰产物膨胀过程中的熵增是不可忽略的；而等熵流动理论无法描述铝粉反应对产物流动的影响及炸药做功的贡献。

（2）等熵理论分析不等熵过程是不科学的。

通过热力学分析可知，铝粉在爆轰产物中反应释放能量引起的熵变是不可忽略的，即含铝炸药爆轰产物的膨胀过程是非等熵过程，用等熵理论分析非等熵过程显然是不科学的。

通过对实验数据的计算和分析，经典理想炸药爆轰产物的等熵流动理论不适用于分析含铝炸药。为了理论分析铝粉反应对爆轰产物流动规律的影响和对炸药做功的贡献，需要建立适用于分析含铝炸药的分析模型。在建立含铝炸药爆轰产物的理论分析模型之前，首先要明确铝粉受到爆轰波作用后的动力学响应，这是建立含铝炸药爆轰产物分析模型的前提。对于铝粒子受到冲击后的动力学响应，已有很多学者做了相关方面的研究，但铝粒子在爆轰作用下呈现怎样的加速状态、加速时间，与炸药爆轰产物的相对运动是怎样的还有待进一步研究，这些响应规律都可能对含铝炸药爆轰产物的非等熵流动产生影响。为了更好地研究非理想炸药爆轰产物的非等熵流动规律，有必要开展铝粒子受到爆轰波作用后的动力学响应方面的研究。下一章节将研究铝粒子受到爆轰波作用后的动力学响应以及铝粒子的运动规律，为建立含铝炸药爆轰产物的非等熵流动模型打下基础。

## 2.5　本章小结

本章介绍了理想炸药爆轰产物的等熵流动理论，这一经典的理论是建立含铝炸药爆轰产物的非等熵流动理论的基础。

本章主要进行了以下几方面工作：

（1）从假设条件、爆轰产物状态方程和特征线方程组的建立这三个方面详细分析了理想炸药爆轰产物等熵流动理论的建模方法，为建立含铝炸药爆轰产物的非等熵流动模型打下了坚实的理论基础。

（2）应用等熵流动理论分析了自由端引爆理想炸药后，爆轰产物膨胀过程中的状态参数变化，得到了理想炸药爆轰产物流动的特征线方程组，并应用特征线方程组分别计算了特定位置、特定时刻爆轰产物状态参数随时间以及沿 $x$ 轴的分布规律。

（3）应用等熵流动理论分析了自由端引爆条件下，炸药对金属板的驱动过程，得到了金属板的运动方程以及金属板后爆轰产物流动的特征线方程组。通过等熵流动理论的应用以及对理想炸药爆轰产物流动的理论分析，加深了对等熵流动理论和理想炸药爆轰产物流动的认识。

（4）对比含铝炸药爆轰产物流动的二次反应特性，分析了等熵流动理论应用于含铝炸药时的局限性，这为建立含铝炸药爆轰产物的非等熵流动模型提供了思路。

总之，理想炸药爆轰产物的等熵流动理论是建立含铝炸药爆轰产物非等熵流动模型的理论基础，通过分析等熵流动理论的局限性，明确了建立非等熵流动模型的必要性。最后需要指出，建立含铝炸药爆轰产物的非等熵流动模型，首先要明确铝粉受到爆轰波作用后的动力学响应。针对这一问题，将在下一章对爆轰波作用下，铝粒子的动力学响应进行详细的研究。

# 第3章　铝粉受到爆轰波作用后的动力学响应研究

通过第 2 章的分析，发现了经典的等熵流动理论对于含铝炸药爆轰产物流动分析的局限性，明确了建立含铝炸药爆轰产物非等熵流动模型的必要性。但在建立含铝炸药爆轰产物的非等熵流动模型之前，需要明确铝粉受到爆轰波作用后的动力学响应情况。由于铝粉与炸药反应产物的密度不同，爆轰波过后铝粉与炸药反应产物的运动规律必然存在差异。这种差异将导致铝粉与炸药反应产物间的相互作用和相对运动，这种相互作用和相对运动的强弱可能对爆轰产物的流动产生两种结果：

（1）铝粉与炸药反应产物的相互作用和相对运动较弱，对爆轰产物的流动规律影响不大，则分析含铝炸药爆轰产物流动时可以忽略其相互作用对产物流动的影响；

（2）铝粉与炸药反应产物的相互作用和相对运动较强，对爆轰产物的流动规律产生了影响，那么分析含铝炸药爆轰产物流动时，则需要首先考虑爆轰产物中的相互作用和相对流动对产物流动的影响，建立描述铝粉和炸药反应物运动的动力学模型。

本书的主要目的是建立含铝炸药爆轰产物流动的理论分析模型，因此，分析铝粉受到爆轰波作用后的动力学响应是非常必要的，这也是建立含铝炸药爆轰产物非等熵流动模型的基础。

对于添加微米级铝粉的含铝炸药而言，大量宏观爆轰实验表明，铝粉在爆轰反应区几乎不发生化学反应，因此，在分析爆轰波作用下，铝粉的动力学响应时不考虑铝粉的化学反应，即铝粒子保持惰性，只发生物理变化。由于炸药爆轰过程极快同时具有很强的破坏性，而且炸药中包含的金属粉末为微米级，在这种前提下很难通过实验手段观察爆轰过程中金属粒子的动力学变化。但随着有限元技术的不断发展，数值计算已逐渐成为爆轰领域的有效研究手段，刘意等应用 AUTODYN 对 0.3 mm

单个钨金属粒子在爆轰波作用下的动力学响应进行了数值模拟。王仲琦等应用 AUTODYN 对含惰性金属颗粒的炸药爆轰传播过程进行了数值模拟，结果受到了广泛认可。有限元分析软件 AUTODYN 包含丰富的材料模型库和针对爆轰各类问题状态方程，这些材料参数和状态方程均经过验证，其计算结果具有说服力。

　　本章将采用理论分析和数值计算相结合的方法对炸药中铝粉的动力学响应进行研究。首先对冲击波作用铝材料的机理做定性分析，估算受到冲击后的铝的动力学响应，为精确分析铝粉受到爆轰波作用后的动力学响应提供理论依据。然后，建立计算模型，分析单个铝粒子和多个铝粒子受到爆轰波作用后的速度、内部压力和变形等情况，为建立含铝炸药爆轰产物的非等熵流动模型打下研究基础。

## 3.1　一维波与铝粒子相互作用理论计算

　　爆轰波在含铝炸药中传播，对于炸药中的铝粒子而言，爆轰波对铝粒子的初始作用，可以看作是冲击波对铝材料的冲击加载过程。因此，可建立一维冲击作用模型进行理论分析，对铝粒子界面入射压力和质点速度进行理论计算。为简化计算，将爆轰波对铝粒子的作用简化为冲击波对铝材料的冲击加载过程，一维理论模型示意图如图 3.1 所示。

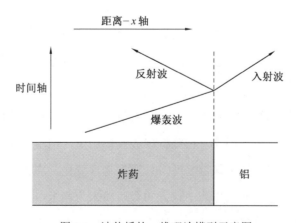

图 3.1　波传播的一维理论模型示意图

根据质量守恒、动量守恒和能量守恒定律，爆轰波基本关系式为

$$\rho_0 D = \rho_H (D - u_H) \tag{3.1}$$

$$p_H - p_0 = \rho_0 D u_H \tag{3.2}$$

$$e_H - e_0 = \frac{1}{2}(p_H + p_0)(v_0 - v_H) + Q_v \tag{3.3}$$

式中，$\rho_0$、$p_0$、$e_0$ 分别为炸药的初始密度、压力和比内能；$u_H$、$\rho_H$、$p_H$、$e_H$ 分别为爆轰波 C-J 面上的质点速度、密度、压力和比内能；$D$ 为爆速；$Q_v$ 表示炸药爆轰反应释放的化学能。

当爆轰波到达金属铝表面时，由于金属铝的冲击阻抗高于炸药的冲击阻抗，因此，沿爆轰波的相反方向会有反射波传入爆轰产物，这道反射波传过后爆轰产物的质点速度降低为 $u_x$，密度变为 $\rho_x$，将这道反射波的波速记为 $D_x$，根据上面提到的质量守恒和动量守恒基本关系式，可得到

$$\rho_x (D_x - u_x) = \rho_H (D_x - u_H) \tag{3.4}$$

$$p_H - p_x = \rho_x (D_x - u_x)(u_H - u_x) \tag{3.5}$$

联立式（3.4）和式（3.5）计算得到这道反射波传过后，爆轰产物的质点速度：

$$u_x = u_H - \sqrt{(p_H - p_x)(v_x - v_H)} \tag{3.6}$$

将凝聚炸药爆轰产物近似看作理想气体处理，其状态方程为 $pv=RT$，又根据热力学可知，爆轰产物的比内能为

$$e = c_V T \tag{3.7}$$

将爆轰产物的状态方程代入式（3.7），得到

$$e = \frac{pv}{R} c_V = \frac{c_V}{c_p - c_V} pv = \frac{1}{\gamma - 1} pv \tag{3.8}$$

式中，$R = c_p - c_V$，$\gamma = \dfrac{c_p}{c_V}$。需要指出，在爆轰波作用铝粉这种高压条件下，$\gamma$ 近似

看作为常数。

根据以上换算，反射冲击波的冲击绝热方程（Hugoniot 方程）可写为

$$\frac{p_H v_H}{\gamma - 1} - \frac{p_x v_x}{\gamma - 1} = \frac{1}{2}(p_H + p_x)(v_x - v_H) \tag{3.9}$$

经过变换整理得到

$$\frac{v_x}{v_H} = \frac{(\gamma + 1)p_H + (\gamma - 1)p_x}{(\gamma + 1)p_x + (\gamma - 1)p_H} = \frac{(\gamma - 1)\tau + (\gamma + 1)}{(\gamma + 1)\tau + (\gamma - 1)} \tag{3.10}$$

其中 $\tau = \dfrac{p_x}{p_H}$，代入式（3.6）得到

$$u_x = u_H - \sqrt{p_H v_H (\tau - 1)\left(1 - \frac{v_x}{v_H}\right)} = u_H - \sqrt{p_H v_H (\tau - 1)\left(1 - \frac{(\gamma - 1)\tau + (\gamma + 1)}{(\gamma + 1)\tau + (\gamma - 1)}\right)} \tag{3.11}$$

根据凝聚炸药爆轰产物的多方气体状态方程 $p = A\rho^\gamma$，可以得到爆轰波 C–J 面上的产物状态参数：

$$u_H = \frac{1}{\gamma + 1}D, \quad \rho_H = \frac{\gamma + 1}{\gamma}\rho_0, \quad p_H = \frac{1}{\gamma + 1}\rho_0 D^2, \quad c_H = \frac{\gamma}{\gamma + 1}D \tag{3.12}$$

将式（3.12）中的参数代入式（3.11），得到

$$u_x = \frac{D}{\gamma + 1}\left(1 - (\tau - 1)\sqrt{\frac{2\gamma}{(\gamma + 1)\tau + (\gamma - 1)}}\right) \tag{3.13}$$

根据在分界面熵产物和铝中所形成的冲击波的压力和质量速度连续条件，界面处介质的质点速度和压力的关系为

$$u_{Alx} - u_{Al0} = u_x = \sqrt{(p_{Alx} - p_{Al0})(v_{Al0} - v_{Alx})} \tag{3.14}$$

式中，$p_{Al0}$、$v_{Al0}$、$u_{Al0}$ 分别表示未受冲击的铝粒子的压力、比容和质点速度；$p_{Alx}$、$v_{Alx}$、$u_{Alx}$ 分别表示受到冲击后的铝粒子的压力、比容和质点速度。其中 $u_{Al0}=0$，而且由于 $p_{Al0} \ll p_{Alx}$，因此 $p_{Al0}$ 可以忽略。对于连续介质条件有 $u_x=u_{Alx}$，$p_x=p_{Alx}$，因此有

$$u_x = \sqrt{p_x(v_{Alx} - v_x)} \qquad (3.15)$$

$$p_x = \frac{u_{Alx} D_{Alx}}{v_{Alx}} \qquad (3.16)$$

对于铝的冲击压缩规律，采用 Hugoniot 方程有

$$D = c_0 + \Psi u \qquad (3.17)$$

其中，$\Psi$ 和 $c_0$ 的值与材料性质有关，将式（3.17）代入式（3.16）得到

$$p_x = \frac{u_x(c + \Psi u_x)}{v_{Al0}} \qquad (3.18)$$

联立式（3.13）和式（3.18）可以求出入射铝表面冲击波的入射压力和铝粒子质点速度。根据相关文献资料得到铝材料的冲击绝热线系数：$c = 5\,330$ m/s，$\Psi = 1.35$。取 $\gamma = 3$ 可计算得到入射铝材料的冲击压力为 42.9 GPa，铝表面速度为 1 981 m/s。从以上理论近似结果可以看出，在爆轰过程中铝粒子受到很强的冲击压缩，在此冲击压缩条件下，铝粒子的动力学响应对于分析含铝炸药爆轰产物的流动规律至关重要，下面将从细观角度对爆轰波与炸药中的铝粒子相互作用过程进行分析。

## 3.2　爆轰波作用单个铝粒子的动力学响应

对于均质凝聚炸药而言，经典爆轰理论认为，炸药爆轰成长区由前沿冲击波和紧跟其后的化学反应区组成，前沿冲击波冲击炸药引起炸药原子的振动、旋转以及电子激发，进而引起炸药的化学反应形成爆轰。在爆轰波作用铝粒子时，由于铝粒子氧化反应的速度相比炸药反应速度要慢很多，可近似认为含铝炸药中的铝粒子在爆轰反应区中始终保持惰性，只发生物理变化。在此假设的前提下，本节将对爆轰波作用单个铝粒子的动力学响应进行分析。考虑到炸药中铝粒子的尺寸、铝粒子在炸药中的位置以及炸药的种类都有可能对铝粒子的动力学响应造成影响，本节将针对上述提到的几方面影响因素，对爆轰波作用下的铝粒子的动力学响应进行全面的

分析。

### 3.2.1 炸药不同位置处铝粒子的动力学响应

炸药从起爆到稳定爆轰要经历爆轰成长期，在此阶段炸药爆轰产物流场的状态参数低于稳定爆轰时的状态参数，因此，炸药中铝粒子的动力学响应也与稳定爆轰阶段不同。本节将对距离起爆面不同位置的单个铝粒子进行分析，得出不同位置铝粒子在受到爆轰波作用后的动力学响应。

采用 Euler–Lagrange 耦合算法，对含有单个 5 μm 铝粒子的 HMX 炸药爆轰进行数值计算，分析距离起爆面不同位置铝粒子的动力学响应。相对单个微米级铝粉，可认为炸药域是无限大的，考虑到计算速度将应用无反射边界条件，实现无限大炸药域建模。本书将建立 1/2 模型，炸药域尺寸（长×宽）为 100 μm×10 μm，铝粒子的直径为 5 μm，炸药域网格尺寸为 0.1 μm，铝粒子的网格尺寸为 0.3 μm，模型如图 3.2 所示。

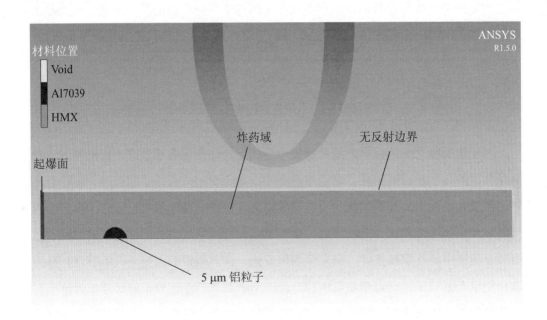

图 3.2　AUTODYN 数值计算模型

炸药选择 HMX，状态方程选择 JWL 状态方程。1956 年 Lee 在 Jones 和 Wilkins 工作的基础上将爆轰产物的等熵线方程进行了修正，并对参数的选择进行了系统的研究，给出了一系列炸药的 JWL 状态方程参数值。Lee 发现在较大的压力范围内，更好的 C-J 等熵线方程的形式为

$$p_s = Ae^{-R_1 V} + Be^{-R_2 V} + \frac{C}{V^{\omega+1}} \tag{3.19}$$

式中，$Ae^{-R_1 V}$、$Be^{-R_2 V}$ 和 $\frac{C}{V^{\omega+1}}$ 依次在高、中、低的压力范围内起主要作用。

由热力学关系：

$$e_s = -\int p_s dV \tag{3.20}$$

联立式（3.19）可得到等熵线上内能随相对比容 $V$ 的变化为

$$e_s = \frac{A}{R_1}e^{-R_1 V} + \frac{B}{R_2}e^{-R_2 V} + \frac{C}{\omega V^{\omega}} \tag{3.21}$$

将式（3.19）和式（3.21）代入 Gruneisen 状态方程 $p - p_s = \frac{\Gamma}{V}(e - e_s)$ 中，令 $\omega = \Gamma$，得到 JWL 状态方程的具体形式为

$$p = A\left(1 - \frac{\omega}{R_1 V}\right)e^{-R_1 V} + B\left(1 - \frac{\omega}{R_2 V}\right)e^{-R_2 V} + \frac{\omega e}{V} \tag{3.22}$$

式中，$p$ 为爆轰产物的压力；$V$ 为爆轰产物的相对比容；$e$ 为爆轰产物的比内能；$A$、$B$、$R_1$、$R_2$、$\omega$ 为待拟合的参数。计算中 HMX 炸药的 JWL 状态方程参数见表 3.1。

**表 3.1　JWL 状态方程参数**

| 炸药 | $\rho_0/(\text{g·cm}^{-3})$ | $D/(\text{m·s}^{-1})$ | $p_{\text{C-J}}/\text{GPa}$ | $e/\text{GPa}$ | $A/\text{GPa}$ | $B/\text{GPa}$ | $R_1$ | $R_2$ | $\omega$ |
|---|---|---|---|---|---|---|---|---|---|
| HMX | 1.891 | 9 110 | 42.0 | 10.5 | 778.3 | 7.1 | 4.2 | 1 | 0.3 |

铝粒子采用 Johnson-Cook 材料模型和 Shock 状态方程。Johnson-Cook 模型考虑了温度软化、应变率强化和应变强化等因素，被大量用来描述金属材料在高变形速率和高温下的行为特征。Johnson-Cook 模型材料应力和应变关系的一般形式为

$$\sigma=(A+B\varepsilon^n)(1+C\ln\varepsilon^*)[1-(T^*)^m] \tag{3.23}$$

式中，$A$ 为材料在准静态下的屈服强度；$B$ 为应变硬化模量；$C$ 为应变速率敏感指数；$n$ 为应变硬化指数；$m$ 为温度软化系数；$\varepsilon$ 为等效塑性应变；$\varepsilon^*$ 为归一化应变，即应变率与准静态应变率的比值；$T^*$ 为归一化温度。

$$\varepsilon^*=\frac{\dot{\varepsilon}}{\dot{\varepsilon}_0} \tag{3.24}$$

$$T^*=\frac{T-T_{\text{room}}}{T_{\text{melt}}-T_{\text{room}}} \tag{3.25}$$

式中，$\dot{\varepsilon}$ 为应变率；$\dot{\varepsilon}_0$ 为准静态应变率；$T_{\text{room}}$ 为环境温度；$T_{\text{melt}}$ 为材料熔点。铝材料的相关参数见表 3.2。

表 3.2　铝材料参数

| 密度/(g·cm$^{-3}$) | 熔化温度/K | 剪切模量/GPa | $A$/MPa | $B$/MPa | $n$ | $C$ | $m$ |
|---|---|---|---|---|---|---|---|
| 2.77 | 877 | 27.6 | 337 | 343 | 0.41 | 0.01 | 1 |

金属材料受到爆轰波作用的动力学响应采用 Shock 状态方程描述：

$$p_s=\left(\frac{\gamma_s}{v_s}\right)(e_s-e_H)+p_H \tag{3.26}$$

其中

$$p_H=\frac{c_{s0}^2(v_{s0}-v_s)}{[v_{s0}-s_{s0}(v_{s0}-v_s)]^2}\ ,\quad e_H=\frac{1}{2}p_H(v_{s0}-v_s)$$

式中，$e$ 为比内能；$v$ 为比容；$\gamma_s$ 为 Gruneisen 系数；$c_{s0}$ 和 $s_{s0}$ 为固体冲击波线性系数，且有 $D_s=c_{s0}+s_{s0}u_s$；下标 s 和 H 分别表示金属材料和 Hugoniot 状态。

基于上述模型和状态方程，计算距离起爆面不同距离的铝粒子受到爆轰波作用的速度变化规律。本节计算了距离起爆面 12 μm、25 μm、50 μm、75 μm 和 87 μm 处的单个铝粒子受爆轰波作用的速度变化规律，得到爆轰产物中单个铝粒子的时间-速度曲线如图 3.3 所示。

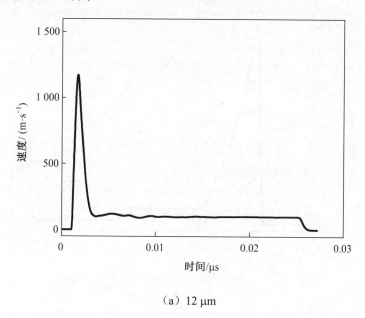

（a）12 μm

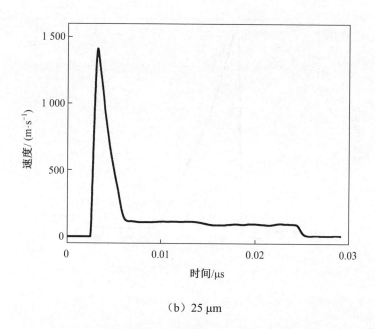

（b）25 μm

图 3.3　距离起爆面不同距离处铝粒子的速度变化规律

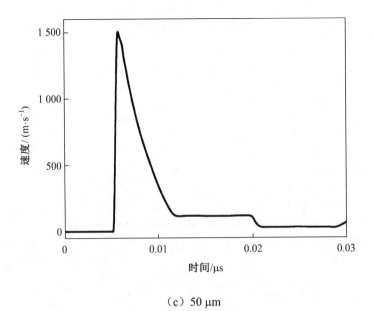

（c）50 μm

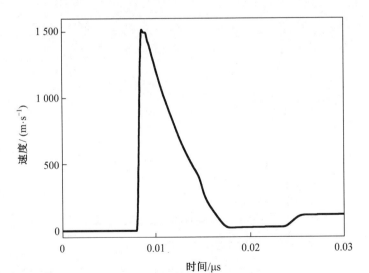

（d）75 μm

续图 3.3

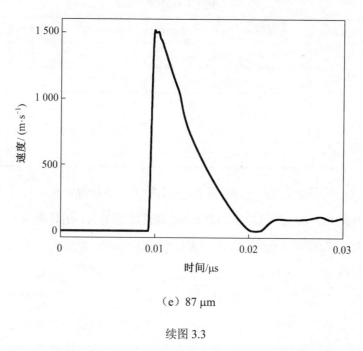

（e）87 μm

续图 3.3

　　从图 3.3 计算结果可以看到，不论铝粒子位于炸药的什么位置，铝粒子的运动规律都是开始迅速增加到某一峰值速度，之后又急剧衰减。当爆轰波到达铝粒子的左端面时，在爆轰波阵面处的高压作用下，铝粒子开始加速，由于铝粒子的直径为 5 μm，爆轰波很快穿过铝粒子，因此铝粒子速度很快到达峰值。当爆轰波到达铝粒子的右端面时，铝粒子处于负压强梯度中（爆轰波阵面处的压强最大），故又出现了急剧衰减。当爆轰波继续向前传播远离铝粒子时，其速度基本趋于稳定。通过对比距离起爆面不同位置处铝粒子的峰值速度（表 3.3）发现，距离起爆面 12 μm 处的铝粒子峰值速度达到 1 173 m/s，距离起爆面 25 μm 处的铝粒子峰值速度达到 1 411 m/s，距离起爆面 50 μm、75 μm 和 87 μm 处的铝粒子峰值速度分别为 1 500 m/s、1 510 m/s、1 503 m/s，这三处的铝粒子速度相差很小，可认为峰值速度达到稳定。

表 3.3　不同位置铝粒子速度

| 距起爆面距离/μm | 铝粒子直径/μm | 峰值速度/(m·s⁻¹) | 最小速度/(m·s⁻¹) |
|---|---|---|---|
| 12 | 5 | 1 173 | 0.986 |
| 25 | 5 | 1 411 | 9.54 |
| 50 | 5 | 1 500 | 55 |
| 75 | 5 | 1 510 | 21 |
| 87 | 5 | 1 503 | 0.18 |

观察图 3.4 所示爆轰波作用不同位置的铝粒子数值计算结果，发现其相互作用的时间均为 0.5~0.6 ns。在铝粒子上方 5 μm 处设置观测点，追踪爆轰波与铝粒子相互作用期间观测点的压力变化历程，结果如图 3.5 所示。从压力计算的结果可以看出，在距离起爆面 12 μm 和 25 μm 处观测点的压力到达峰值后，在之后一段时间出现了不同程度的衰减，而距离起爆面 50 μm、75 μm 和 87 μm 处的观测点则没有出现明显的衰减现象，这也正是 12 μm 和 25 μm 处铝粒子峰值速度偏低的原因。在近起爆面处，可能还没有达到稳定爆轰，且炸药反应不完全，可能是 12 μm 和 25 μm 观测点处压力出现明显衰减的原因。

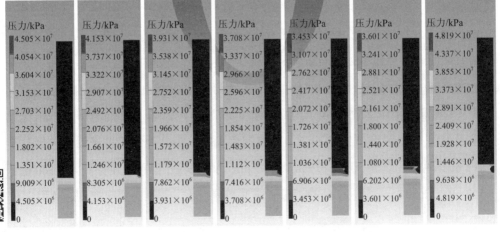

图 3.4　爆轰波作用不同位置单个铝粒子数值计算结果

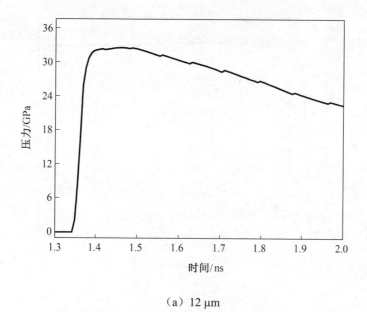

（a）12 μm

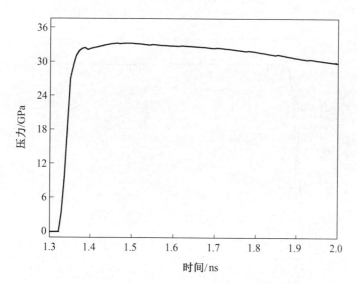

（b）25 μm

图 3.5　不同位置铝粒子周围压力变化规律

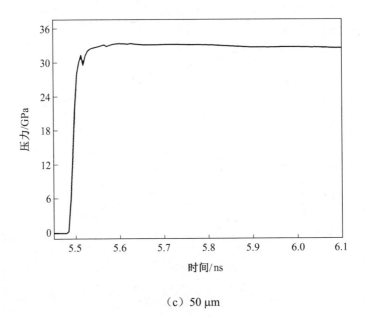

（c）50 μm

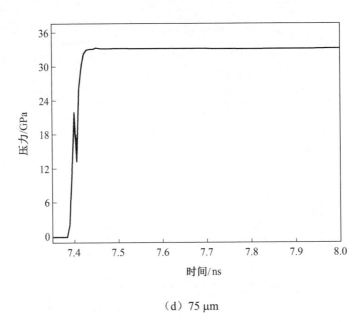

（d）75 μm

续图 3.5

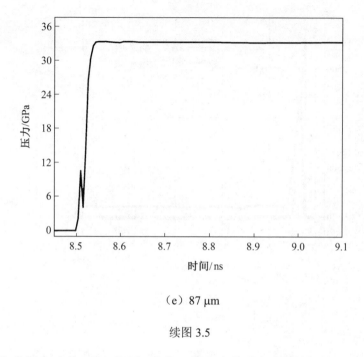

（e）87 μm

续图 3.5

　　含铝炸药爆轰产物不同于理想炸药，爆轰产物的初期膨胀过程包括炸药反应物流动和未反应的铝粉流动，炸药反应物和铝粉的密度和声阻抗不同，这必将引起两种物质流动规律的差异，通过数值计算研究了爆轰波作用后，同一截面处的爆轰产物和单一铝粒子的流动速度，结果如图 3.6 所示。

　　从图 3.6 中的结果可以看出，距离起爆面的轴向距离对爆轰产物的峰值速度影响不大，爆轰产物的流动速度均为 1 900 m/s 左右。然而在近起爆面（12 μm 和 25 μm）处，由于炸药未达到完全稳定爆轰以及受到稀疏波的影响，爆轰产物流动速度在 2～3 ns 内迅速衰减到稳定值。在近起爆面的铝粒子，其达到峰值速度的时间比爆轰产物晚 1～2 ns，且在 2～4 ns 内衰减到稳定值。在远起爆面（50 μm、75 μm 和 87 μm）处，爆轰产物的峰值速度将维持 1～2 ns，之后衰减到稳定值，相对近起爆面处衰减速度放缓。从以上结果可以看出，在距离起爆面 50 μm、75 μm 和 87 μm 处，爆轰产物和炸药中的铝粒子的加速衰减规律基本一致，即动力学响应机制相同。

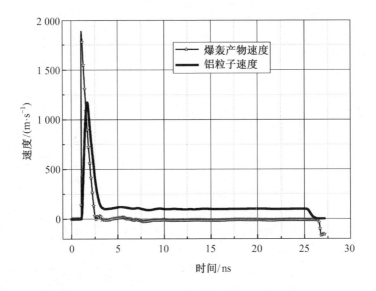

（a）12 μm

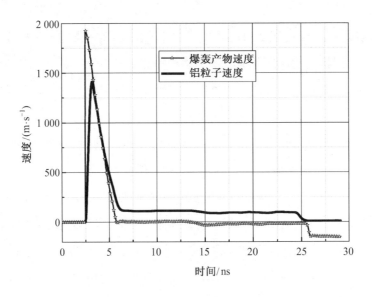

（b）25 μm

图 3.6　距离起爆面不同位置的单一铝粒子和爆轰产物速度对比

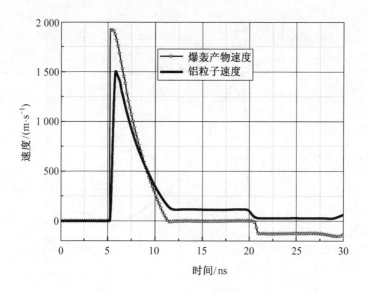

（c）50 μm

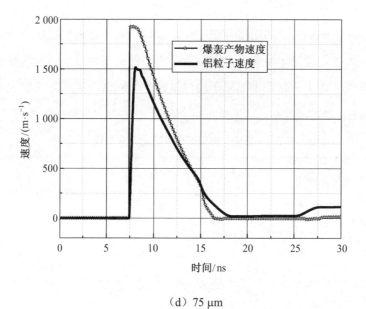

（d）75 μm

续图 3.6

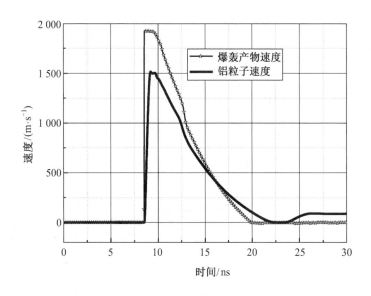

（e）87 μm

续图3.6

由于爆轰产物和铝粒子的密度存在差异，爆轰产物和炸药中铝粒子所达到的峰值速度不同，为了方便描述爆轰产物和铝粒子的峰值速度差异，引入速度比例因子的概念，即爆轰波作用后炸药中铝粒子的峰值速度与同截面处爆轰产物的峰值速度的比值，记为α。爆轰波过后，爆轰产物和铝粒子的动力学参数见表3.4。

表3.4　爆轰产物和铝粒子的动力学参数

| 距起爆面距离 /μm | 爆轰波阵面压力 /GPa | 爆轰产物 | | 铝粒子 | | 速度比例因子 α |
|---|---|---|---|---|---|---|
| | | 峰值速度 /(m·s⁻¹) | 稳定速度 /(m·s⁻¹) | 峰值速度 /(m·s⁻¹) | 最小速度 /(m·s⁻¹) | |
| 12 | 33 | 1 887.5 | −153 | 1 173 | 0.986 | 0.621 |
| 25 | 33 | 1 923.7 | −150 | 1 411 | 9.54 | 0.733 |
| 50 | 33 | 1 891.5 | −150.8 | 1 500 | 55 | 0.793 |
| 75 | 33 | 1 914.6 | 19 | 1 510 | 21 | 0.789 |
| 87 | 33 | 1 906.8 | 11.6 | 1 503 | 0.18 | 0.788 |

根据表 3.4 计算数据可知，当直径为 5 μm 的铝粒子位于近起爆面处时，铝粒子受到爆轰波作用后的峰值速度是爆轰产物流速的 60%～73%；当铝粒子位于远起爆面处时，铝粒子受到爆轰波作用后的峰值速度将稳定在爆轰产物流速的 79%左右。本小节主要对炸药中不同位置的铝粒子（直径 5 μm）受爆轰波作用的动力学过程及作用后的速度响应进行了数值模拟研究，得到了铝粒子在炸药中的空间位置对其动力学响应的影响规律，以及不同位置铝粒子受爆轰波作用后的速度变化规律。同时，对比了同截面处的爆轰产物流动速度，得出了速度比例因子，明确了爆轰波过后铝粒子和爆轰产物的相对运动关系。

## 3.2.2　不同微观尺度的铝粒子在爆轰过程中的动力学响应

上一节对 5 μm 铝粒子在炸药中不同位置的动力学特性进行了计算研究。考虑到不同规格含铝炸药中添加的铝粉直径不同，本节将对直径 50 nm、5 μm、10 μm 和 50 μm 的铝粒子受到爆轰波作用后的粒子运动、变形和粒子内部的压力分布进行研究。根据上节结论，可认为距离起爆面 50 μm 处炸药达到稳定爆轰，据此建立模型数值分析稳定爆轰条件下，爆轰波对不同直径铝粒子的动力学响应。

爆轰波作用后不同直径球形铝粒子的质心速度分布规律如图 3.7 所示。

从以上结果可以看出，爆轰波作用不同直径铝粒子后，铝粒子的质心速度及其同截面处爆轰产物的流动速度变化规律几乎一致，铝粒子的峰值速度均为 1 500 m/s 左右，其同截面处爆轰产物的流动速度均为 1 900 m/s 左右；而不同之处在于，铝粒子的直径不同导致爆轰波作用时间长短不同，进而使得铝粒子速度和爆轰产物流动速度衰减时间不同。

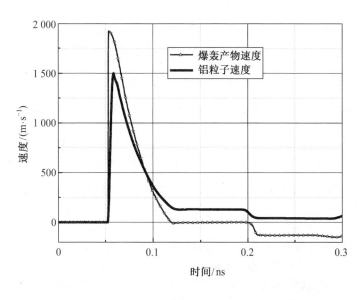

（a）50 nm

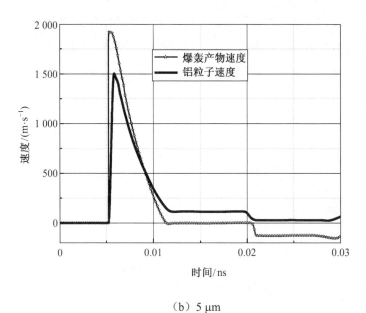

（b）5 μm

图 3.7　爆轰波作用后不同直径球形铝粒子的时间-速度曲线

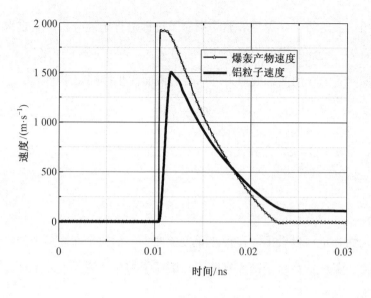

（c）10 μm

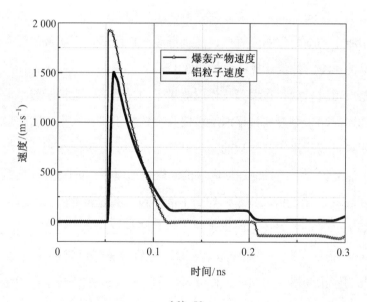

（d）50 μm

续图 3.7

应用牛顿第二定律，对爆轰波驱动铝粒子过程进行定性分析。假定爆轰波压力为 $P$，爆速为 $D$，金属粒子的半径为 $R$，密度为 $\rho$，金属粒子的速度为 $V_{Al}$，爆轰波沿轴向对金属粒子的作用面积近似为过球心的截面面积，根据牛顿第二定律有

$$P\pi R^2 t = mV_{Al} \tag{3.27}$$

其中，$t = \dfrac{2R}{D}$，$m = \rho\dfrac{4}{3}\pi R^3$，并代入式（3.27）得到

$$V_{Al} = \frac{3P}{2D\rho} \tag{3.28}$$

从以上定性分析可以看出，在稳定爆轰条件下，铝粒子在炸药中的峰值速度只与爆轰波压力、爆速和铝粒子密度有关，与铝粒子的尺寸无关，此定性分析与数值计算结果一致。

炸药中的铝粒子在爆轰波的作用下将发生压缩变形，下面将通过分析铝粒子轴向前沿和后沿的速度变化规律和受到爆轰波作用后的铝粒子内部的压力变化规律，研究炸药中铝粒子的动力学响应规律。受到爆轰波作用后，不同微观尺度的铝粒子的前沿和后沿的速度的数值计算结果如图3.8所示。

从以上结果可以看到，在爆轰波作用铝粒子的过程中，铝粒子前沿最先受到压缩作用开始加速；由于爆轰波传播速度极快且金属粒子尺寸很小，因此爆轰波通过铝粒子后，铝粒子的后沿才开始运动，后沿开始运动后会瞬间达到一个很高的峰值速度，此峰值速度比前沿的峰值速度高（前沿峰值速度为 1 900 m/s，后沿的峰值速度达到 2 200 m/s）。由此可以推断，炸药中的铝粒子在爆轰波的作用下，表现为先压缩后拉伸的力学过程。对比不同微观尺度铝粒子的这一力学过程，发现 5 μm、10 μm、50 μm 的铝粒子的力学响应基本一致，前后沿速度到 750 m/s 时达到一致，即铝粒子在此刻停止变形。相比前三种金属粒子，50 nm 的铝粒子的力学过程略有不同，后沿峰值速度为 2 100 m/s，相比其他尺度铝粒子略低，且前后沿速度到 500 m/s 左右时达到一致，铝粒子停止变形。总体而言，不同尺度的微观粒子在受到爆轰波作用后的力学过程基本一致，均表现为先压缩后拉伸，且压缩和拉伸过程相似。

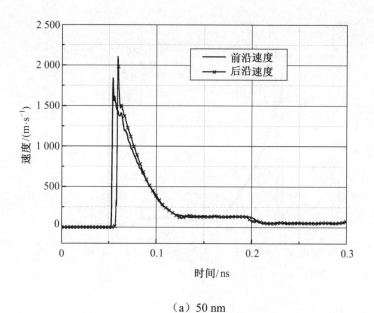

（a）50 nm

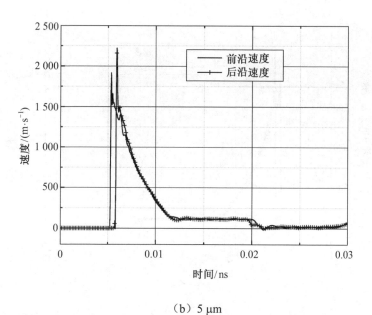

（b）5 μm

图 3.8　受爆轰波作用后不同直径金属粒子前后沿速度-时间曲线

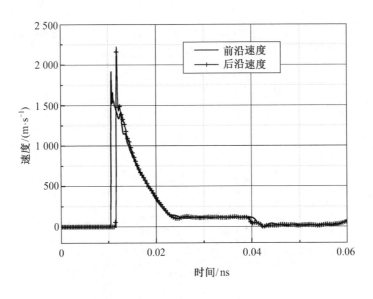

（c）10 μm

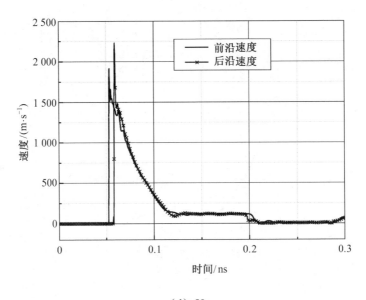

（d）50 μm

续图 3.8

为了更好地观察微观尺度的铝粒子在受到爆轰波作用后的动力学过程，下面将研究铝粒子内部的压力云图，进一步分析不同尺度微观铝粒子的力学过程。受爆轰波作用的铝粒子的内部压力云图如图 3.9 所示。

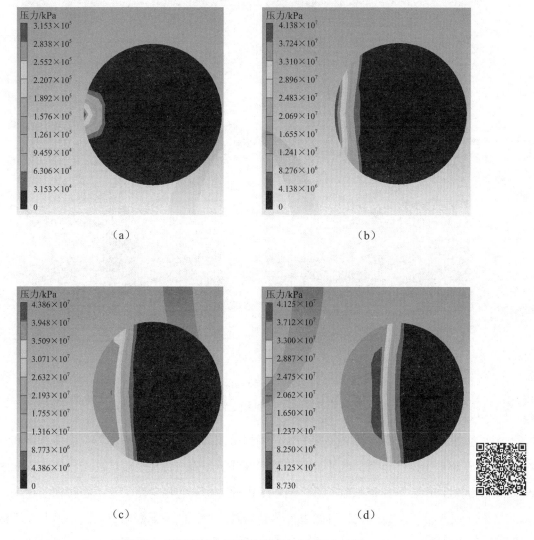

图 3.9　受爆轰波作用的铝粒子的内部压力云图

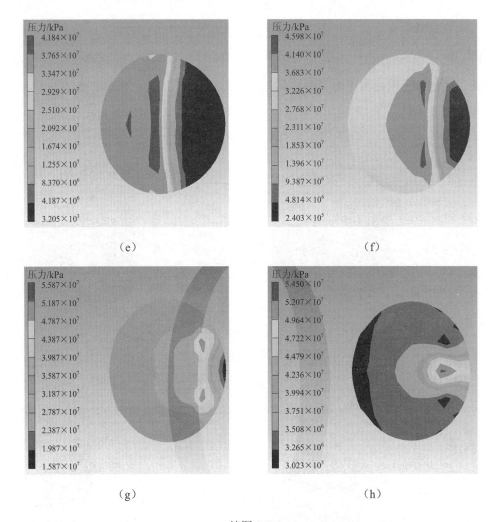

续图 3.9

上述压力云图时间间隔为 1 ns，当爆轰波到达铝粒子左端面时，右传冲击波开始在铝粒子内部传播，此冲击波传播速度低于爆轰波传播速度。冲击波传入铝粒子的同时，铝粒子开始压缩变形。铝粒子内部冲击波边沿速度大于中心传播的速度，因此冲击波面呈现凹形，且随着冲击波向右传播，凹形逐渐明显。冲击波在左半球的传播过程中，逐渐形成具有一定厚度的圆形高压而且紧跟冲击波向右传播，当冲击波开始在右半球传播时，受到铝粒子边沿的反射作用，高压区分为两部分且呈蟹爪状。当冲击波传播到铝粒子右端面时，稀疏波开始从右向左传入铝粒子形成复合波区，此时高压区集中于右半球中心，在此压力中心的作用下，铝粒子被小范围拉伸，因此，受到爆轰波作用的铝粒子的动力学过程是先压缩后拉伸。为了更详细地研究铝粒子受到爆轰波后的动力学响应，选取观测点分析其压力变化历程。取金属粒子的前沿、中心和后沿三个位置为压力观测点，观测点位置如图 3.10 所示。

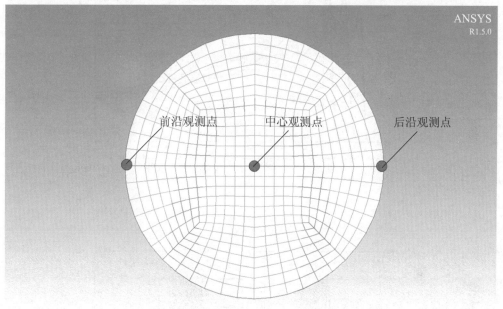

图 3.10　压力观测点设置

　　不同微观尺寸铝粒子受到爆轰波作用后，其观测点的压力变化规律如图 3.11 所示。当观测点出现正压力时，说明冲击波传入铝粒子，冲击波从左向右在铝粒子内部传播。前沿、中心和后沿观测点处的峰值压力由左向右依次升高，且 5 μm、10 μm 和 50 μm 铝粒子的峰值压力几乎完全相同，分别为 42 GPa、46.4 GPa 和 50 GPa；相比之下 50 nm 铝粒子的三个观测点峰值压力略小，分别为 36.8 GPa、43.9 GPa 和 46.7 GPa。观察 5 μm、10 μm 和 50 μm 金属粒子内部的压力变化，发现三种尺度铝粒子的压力分布规律也几乎完全相同，说明对于直径范围在 5～50 μm 铝粒子在爆轰波作用后，其内部的压力分布规律不受其几何尺寸的影响。直径为 50 nm 铝粒子中的压力分布规律则略有不同，整体压力均小于其他三种尺寸规格，且其压力的波动比其他三种尺寸略小。

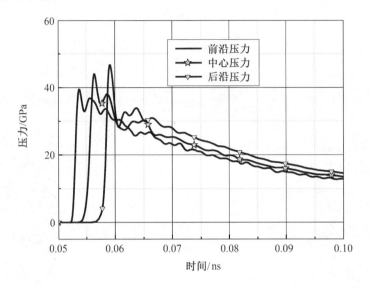

（a）50 nm

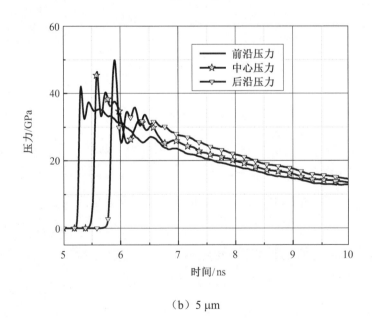

（b）5 μm

图 3.11　不同微观尺度铝粒子观测点的压力变化规律

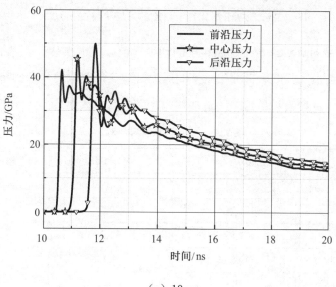

（c）10 μm

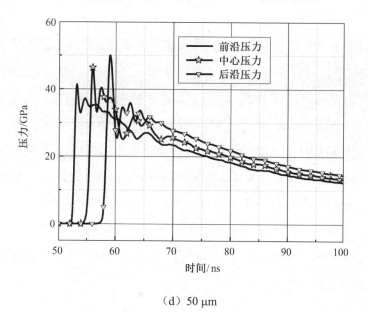

（d）50 μm

续图 3.11

### 3.2.3 不同炸药爆轰波作用 5 μm 铝粒子的动力学响应

前面讨论了 HMX 炸药中金属粒子的动力学响应，本小节将研究不同炸药中的铝粒子，在受到不同强度爆轰波作用下的运动规律。选取六种典型炸药，研究 5 μm 铝粒子在不同炸药爆轰波作用下的运动规律，其参数见表 3.5。

表 3.5    不同炸药的爆轰参数

| 炸药 | 密度/(g·cm$^{-3}$) | 爆压/GPa | 爆速/(m·s$^{-1}$) |
|---|---|---|---|
| TNT | 1.63 | 21 | 6 930 |
| Comp.B | 1.72 | 29.5 | 7 980 |
| Octol | 1.82 | 34.2 | 8 480 |
| PETN-0.88 | 0.88 | 6.2 | 5 170 |
| PETN-1.26 | 1.26 | 14 | 6 540 |
| PETN-1.5 | 1.5 | 22 | 7 450 |

不同类型炸药中铝粒子受到爆轰波作用的速度变化规律如图 3.12 所示。

三种不同类型的炸药 TNT、Comp.B 和 Octol，其密度、爆压和爆速依次升高，5 μm 铝粒子受到这三种炸药爆轰波的作用后，铝粒子峰值速度依次为 1 146.7 m/s、1 393.4 m/s 和 1 515.1 m/s，速度比例因子依次为 0.63、0.66 和 0.68；对比三种同类型不同密度的炸药 PETN-0.88、PETN-1.26、PETN-1.5 中 5 μm 铝粒子的速度变化规律，铝粒子的峰值速度依次为 513.9 m/s、880.5 m/s、1 162.1 m/s，速度比例因子依次为 0.47、0.55、0.60。从以上结果可以看出，炸药中铝粒子的速度规律与炸药类型关系不大，主要与炸药密度、爆速和爆压有关，速度比例因子随着这些炸药参数的降低而降低。而炸药爆速和爆压又与炸药密度有直接关系，因此可以认为铝粒子的速度比例因子与炸药密度有关。

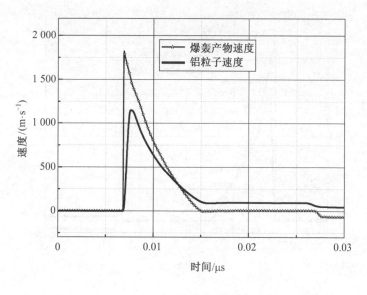

（a）TNT

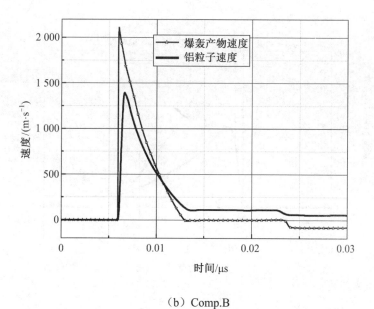

（b）Comp.B

图 3.12　不同类型炸药中铝粒子受到爆轰波作用的速度变化规律

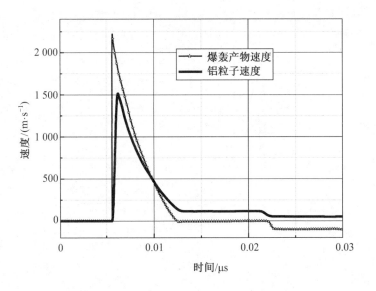

（c）Octol

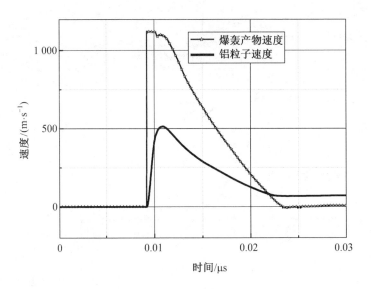

（d）PETN-0.88

续图 3.12

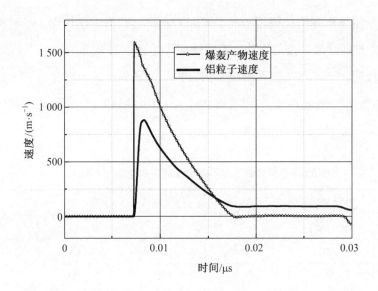

（e）PETN-1.26

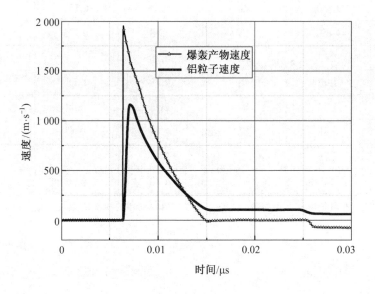

（f）PETN-1.5

续图 3.12

为了进一步分析速度比例因子的影响因素，通过数值方法计算了不同类型金属粒子在 HMX 炸药爆轰波作用下的动力学响应，计算结果见表 3.6。从计算结果可以发现，速度比例因子不仅与炸药密度有关，也与金属粒子的密度有关。因此，引入密度比例因子 $\beta$ 的概念，即炸药密度 $\rho_{explosive}$ 和金属粒子密度 $\rho_{metal}$ 的比值，$\beta = \dfrac{\rho_{explosive}}{\rho_{metal}}$。

表 3.6　不同炸药作用不同金属粒子的速度比例因子

| 炸药 | 炸药密度 /(g·cm$^{-3}$) | 金属粒子材料 | 金属密度 /(g·cm$^{-3}$) | 速度比例因子 $\alpha$ | 密度比例因子 $\beta$ |
|---|---|---|---|---|---|
| HMX | 1.891 | 镁 | 1.77 | 1.08 | 1.07 |
| HMX | 1.891 | 铍 | 1.87 | 1.00 | 1.011 |
| HMX | 1.891 | 铝 | 2.78 | 0.789 | 0.680 |
| HMX | 1.891 | 镍 | 8.86 | 0.307 | 0.213 |
| HMX | 1.891 | 铀 | 18.98 | 0.152 | 0.100 |
| HMX | 1.891 | 钨 | 19.3 | 0.173 | 0.098 |
| TNT | 1.63 | 铝 | 2.78 | 0.63 | 0.586 |
| Comp.B | 1.72 | 铝 | 2.78 | 0.66 | 0.619 |
| Octol | 1.82 | 铝 | 2.78 | 0.68 | 0.655 |
| PETN-0.88 | 0.88 | 铝 | 2.78 | 0.47 | 0.317 |
| PETN-1.26 | 1.26 | 铝 | 2.78 | 0.55 | 0.453 |
| PETN-1.5 | 1.5 | 铝 | 2.78 | 0.60 | 0.540 |

注：速度比例因子为金属粒子的峰值速度 $u_{metal}$ 与同截面处炸药粒子的速度 $u_{explosive}$ 的比值，即

$$\alpha = \frac{u_{metal}}{u_{explosive}} \, 。$$

根据表 3.6 中的数据，应用多项式拟合方法对数据进行拟合，拟合结果如图 3.13 所示。从拟合结果可以看出，炸药中的金属粒子受到爆轰波作用后，其速度比例因子与密度比例因子呈某种固定关系，金属粒子的运动规律并非只与炸药种类或者金属粒子的材料有关，而是炸药特性与金属粒子的材料属性一起决定了金属粒子受到

爆轰波作用后的运动规律。由此可以推断，当含铝炸药的密度较高时，可近似认为铝粉与爆轰产物一起运动。

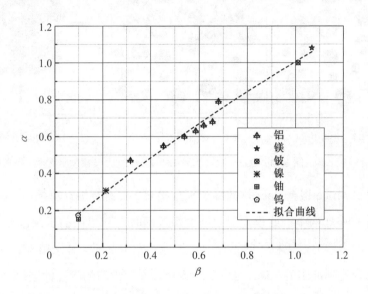

图 3.13　炸药中金属粒子的速度比例因子拟合结果

## 3.3　爆轰波作用多个铝粒子的动力学响应

前面小节中研究了爆轰波作用单个铝粒子的动力学响应，本节将在之前的研究基础上对爆轰波作用多个粒子的响应特点进行研究。从 20 世纪 90 年代开始，针对炸药的细观结构的模拟吸引了大量的学者。1998 年，Conley 和 Benson 利用图像处理技术，将炸药细观结构通过扫描电镜照片转换成为炸药细观结构的计算模型，反映了炸药颗粒和黏结剂的不规则形状和分布，但此模型只能以二维熵描述炸药的细观结构。2002 年，Baer 采用分子动力学计算方法，建立了炸药颗粒尺寸以及颗粒的随机分布的三维炸药细观模型，如图 3.14 所示，此模型描述了炸药细观结构的复杂性。

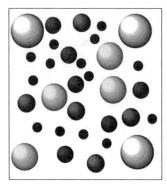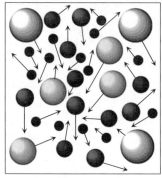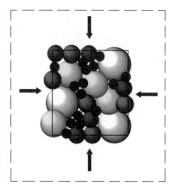

（a）随机分布　　　　　（b）碰撞动力学　　　　　（c）压缩空间

图 3.14　Baer 炸药复杂结构的分子动力学模型

2002 年，Milne 根据 Baer 炸药细观模型建立了二维细观计算模型，将铝粒子沿直线规则排布在炸药中，此模型可以研究爆轰流体与粒子间的复杂波作用。Zhang 等人假设在冲击波通过铝粒子的过程中，炸药不发生反应，并采用 Murnaghan 状态方程描述炸药受到冲击的状态，对两个及多个金属粒子的响应过程进行了计算分析，计算结果如图 3.15 所示。2006 年，Quidot 和 Chabin 建立了 PBXN109（RDX/Al）铝粒子与炸药力学响应的二维计算模型。Stewart 等人建立了三维细观计算模型，此模型中铝粒子简单排布在炸药中，通过对铝的尺寸选择来控制铝在炸药中的铝含量。

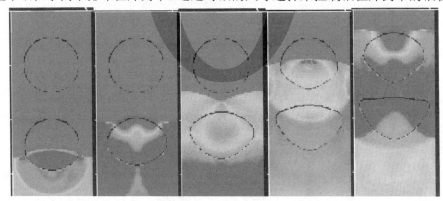

（a）爆轰波作用两个铝粒子的计算结果

图 3.15　Zhang 对爆轰波作用铝粒子的细观计算结果

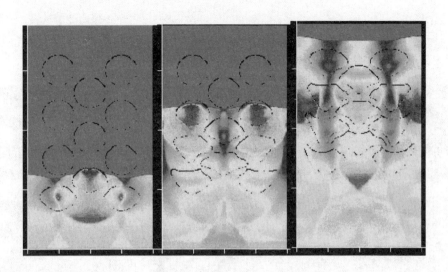

（b）爆轰波作用多个铝粒子的计算结果

续图 3.15

在之前学者的研究基础上，本节将应用 AUTODYN 建立爆轰波作用多个 5 μm 铝粒子的模型，计算多个铝粒子的动力学响应，研究炸药爆轰作用多个粒子的响应特点。炸药为 HMX，炸药中铝粉质量分数为 20%，假定铝粒子在炸药中均匀分布且粒子直径相同，根据质量比可计算得到炸药与铝粒子的体积比为 $\dfrac{V_{\text{explosive}}}{V_{\text{Al}}} = 20.4$，据此建立 1/2 计算模型，如图 3.16 所示。

图 3.16　炸药爆轰作用铝粒子的 1/2 计算模型

炸药爆轰作用多个直径 5 μm 的铝粒子后，爆轰波本身也将受到影响，本节将通过压力云图分析爆轰波的变化，压力云图如图 3.17 所示。

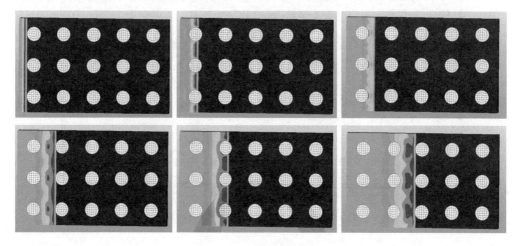

图 3.17　爆轰波压力云图

从以上爆轰波压力云图可以清晰地看到，爆轰波作用铝粒子后爆轰波厚度逐渐增加且不再为完全平面波，受到铝粒子的作用爆轰波面呈拉链状，但爆轰波波头仍保持平面向前传播。从仿真结果看，在受到铝粒子影响之前，爆轰波的厚度近似为 2 μm，而与铝粒子相互作用后其厚度逐渐增加，经过两排粒子后其厚度近似增加到 5 μm，到此爆轰波的厚度将不再增加。

之前分析了爆轰波作用后单个铝粒子的动力学响应，在此基础上将分析爆轰波作用后多个铝粒子的运动规律。爆轰波作用多个铝粒子后，粒子的速度分布规律如图 3.18 所示。

图 3.18 中测点 1、2、3、4、5 依次表示距离起爆面垂直距离 5.5 μm、16.5 μm、27.5 μm、38.5 μm、49.5 μm 的铝粒子。经计算发现平行于波阵面的三个铝粒子的运动规律完全一致，而距起爆面不同距离的铝粒子速度随距离增加速度也相应增加，但达到某一值后便不再随距离而增加，这一结果与爆轰波作用单个金属粒子的结果一致，其原因为初始阶段炸药并未达到完全爆轰，其爆轰参数相比完全爆轰参数要低一些，因此近起爆面处粒子的速度偏低。在此计算条件下，直径 5 μm 的铝粒子的

稳定峰值速度为 1 270.3 m/s，相比同条件下的单个铝粒子的峰值速度（1 500 m/s）有所降低。

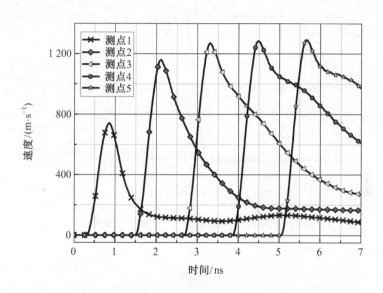

图 3.18　距离起爆面不同位置的 5 μm 铝粒子的速度-时间曲线

选取测点 3 中的某一铝粒子，对比分析铝粒子速度与其周围爆轰产物粒子的速度变化规律，其速度-时间曲线如图 3.19 所示。从图中可以得到，爆轰产物粒子的峰值速度为 1 680.9 m/s，速度比例因子 $\alpha$ 为 0.755。对比相同条件下，爆轰波作用单个铝粒子后，其周围爆轰产物粒子的峰值速度为 1 891.5 m/s，速度比例因子 $\alpha$ 为 0.793。可以发现随着炸药中铝粉含量的增加，铝粒子的速度、爆轰产物粒子的速度以及速度比例因子都发生了一定程度的降低。究其原因，可能由于在爆轰反应阶段铝粒子几乎为惰性，炸药反应释放的一部分能量转化为铝粒子的动能，随着铝粉含量的增加，炸药能量转换的动能也相应增加，因而爆轰产物粒子的速度便会降低，进而导致炸药爆速的降低。单个铝粒子对于整个炸药而言，其质量可以忽略不计，可认为铝粉含量为零，炸药中铝粉质量分数增加 20% 将导致金属粒子速度降低 15.3%，爆轰产物粒子速度降低 11.1%，速度比例因子降低 4.8%。

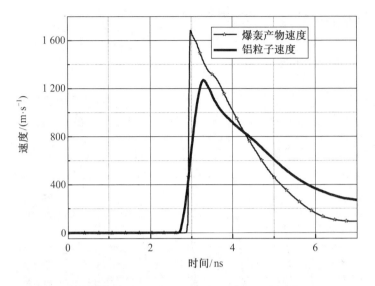

图 3.19　金属粒子与其周围爆轰产物粒子速度对比

## 3.4　本章小结

本章首先应用固体中的冲击波理论，定性分析了冲击波作用金属后的响应特性，受到冲击的金属将承受很强的冲击压力并且表面速度很高，据此推断炸药中的铝粉微粒在受到爆轰波作用后，将发生变形并且以某种规律在爆轰产物中运动。为了更精确地分析炸药中的铝粉微粒受到爆轰波作用后的动力学响应，应用 AUTODYN 对炸药中的单个铝粒子和多个铝粒子进行数值分析，分析内容如下：

（1）考虑含铝炸药中铝粉末所处的位置以及其颗粒大小不同，对距离起爆面12 μm、25 μm、50 μm、75 μm 和 87 μm 处的单个直径为 5 μm 的铝粒子进行了数值计算。分析不同位置铝粒子的速度-时间曲线发现，距离起爆面 12 μm、25 μm 和 50 μm 的铝粒子随着距离的增大金属粒子的速度也相应增大，但在 50 μm 处达到稳定，75 μm 和 87 μm 处的速度变化规律与 50 μm 处的规律基本相同。其原因可能为近起爆面处，炸药还没有达到稳定爆轰处于爆轰成长期，爆轰波阵面的参数小于稳定爆轰参数，爆轰波传播到 50 μm 处时已达到稳定爆轰，因此，之后铝粒子的速度变化规律基本保持不变。

（2）考虑到根据不同的需求，含铝炸药中会添加不同尺寸规格的铝粉，本章对炸药中不同直径的单个铝粒子进行了数值模拟研究。分析计算结果发现，对于直径为 5 μm、10 μm 和 50 μm 的铝粒子，受到爆轰波作用后的速度响应几乎完全相同，通过定性分析发现铝粒子的速度变化规律只与炸药的爆速、爆压和金属粒子的密度有关，粒子小范围的尺寸变化对其速度变化规律没有影响。为了分析炸药爆轰后，铝粒子与爆轰产物的相对运动关系，对比了铝粒子与其周围爆轰产物粒子的速度变化，通过对比发现爆轰产物粒子的峰值速度高于铝粒子，但爆轰产物粒子的衰减速度比铝粒子快，对于含有单个铝粒子的炸药，其速度比例因子为 0.793。为了研究含铝炸药中速度比例因子的影响因素，计算了不同材料金属粒子受到爆轰波作用后的动力学响应。分析结果发现速度比例因子与 $\rho_{explosive}/\rho_{metal}$ 呈某种固定关系。

（3）在单个金属粒子的动力学响应研究基础上，本章计算了爆轰波作用多个铝粒子的动力学响应，分析结果发现随着炸药中铝粉含量的增加，爆轰产物中铝粒子的速度、铝粒子周围爆轰产物的速度以及速度比例因子都有不同程度的降低，降低幅度分别为 15.3%、11.1%和 4.8%。

通过详细分析铝粒子受到爆轰波作用后的动力学响应，得到了爆轰产物中铝粉与炸药产物的相对运动规律以及铝粉受到爆轰波作用后的变形。对于添加 20%微米级铝粉的含铝炸药，铝粉与炸药反应产物流动的速度比例因子（铝粒子峰值速度与粒子周围炸药反应产物的峰值速度）为 0.755，且随着铝粉含量的增加，速度比例因子会小幅减小。爆轰波作用后，铝粒子和炸药反应产物的速度开始衰减，虽然峰值速度不同，但两者几乎同时衰减为稳定速度，衰减时间与粒子的直径和炸药爆速有关。对于直径 5～50 μm 铝粉衰减时间为 0.01～0.1 μs；稳定流动过程中，铝粒子的速度高于炸药产物的速度，速度差为 100～200 m/s。含铝炸药爆轰产物膨胀做功过程一般持续 10 μs 左右，因此，在含铝炸药爆轰产物的非等熵膨胀过程中，可近似认为铝粉与爆轰产物一起运动，即铝粉与炸药反应物的相互作用效应可忽略不计。

通过分析铝粒子受到爆轰波作用后的内部压力变化，了解了铝粒子的变形情况。

结果显示，铝粒子受到爆轰波作用后，其动力学响应表现为先压缩后拉伸并最终保持稳定。由于铝粒子尺寸小且爆轰波传播速度快，爆轰波作用铝粒子的时间短，因此，铝粒子的变形程度不大。为了简化问题，在建立含铝炸药爆轰产物的非等熵流动模型时，可近似认为铝粒子为球形且不发生变形。

综上所述，通过对受到爆轰波作用后的铝粉的动力学响应研究，为建立含铝炸药爆轰产物的非等熵流动模型打下了坚实的动力学基础，为科学简化复杂问题提供了有力的支撑。

# 第4章　含铝炸药爆轰产物流动的非等熵理论研究

根据炸药自身的爆轰特性，可将炸药分为理想炸药和非理想炸药两类。含铝炸药是典型的非理想炸药，具有低爆速、低爆压、高爆热和相比理想炸药更强的做功能力等特点，被广泛应用于对空武器弹药及水中兵器。含铝炸药爆轰产物的流动过程中包含铝粉的氧化放热反应，这是与理想炸药最大的不同。由于单位体积铝粉反应释放的能量是同体积炸药反应释放能量的4～6倍，而且铝粉反应主要发生在爆轰产物膨胀驱动过程中，铝粉反应释放的能量将对爆轰产物膨胀驱动过程中的状态参数产生影响，经典的理想炸药爆轰产物等熵流动理论已不适合分析含铝炸药爆轰产物的流动规律。因此，有必要针对含铝炸药爆轰产物的膨胀驱动过程建立一种新的模型，从理论上更加科学合理地描述含铝炸药爆轰产物的非等熵流动过程。

在第2章，通过对理想炸药爆轰产物的等熵流动分析，以及研究铝粉反应对含铝炸药爆轰产物膨胀过程的热力学影响，得出了爆轰产物等熵流动理论对于含铝炸药的局限性。第3章详细研究了铝粉反应前，受到炸药爆轰波作用后的动力学响应，得到了铝粉与炸药反应产物之间的相对运动关系及铝粉的变形情况。在之前的研究基础上，本章将根据第2章中理想炸药爆轰产物等熵流动理论的建模思想，以及第3章中铝粉与炸药反应产物的相对运动关系，提出含铝炸药爆轰产物膨胀过程的相关重要假设，并建立含铝炸药爆轰产物的非等熵流动模型，为从理论上分析含铝炸药爆轰驱动性能提供一种新的方法。同时，应用含铝炸药爆轰产物的非等熵流动模型，分析了端面引爆条件下含铝炸药爆轰产物的非等熵流动规律。

## 4.1　含铝炸药爆轰产物非等熵流动模型的必要假设

### 4.1.1　含铝炸药爆轰反应机理假设

含铝炸药是典型的非理想炸药，其爆轰机理较复杂，目前主流的普遍认可的观点是：微米级以及粒度更大的铝粉在爆轰反应区基本不参加反应，铝粉反应主要发生在爆轰产物膨胀驱动过程中。北京理工大学的薛再清和徐更光研究了含铝炸药（90%B 炸药和 10%铝）的爆炸过程特性及铝粉对炸药反应的影响。他们发现铝粉在爆轰反应区内不参加反应或极少反应，铝粉主要在 C-J 面后才与爆轰产物进行二次反应释放能量。北京理工大学的陈朗等，对铝粉直径从几十纳米到几十微米，铝粉质量分数为 20%的含铝炸药 RDX/Al 和含 LiF 炸药 RDX/LiF 进行了小尺寸装药条件下炸药驱动金属板实验，并通过激光干涉仪测量了金属板自由面速度。实验结果表明，在相同装药条件下，较大尺寸铝粉的含铝炸药能量释放相对缓慢且持续时间长，铝粉主要在炸药爆轰反应后期参加反应。国外学者也对含铝炸药做了大量实验研究，Kim 等设计并研究了混合炸药 RDX/Al（65/35）的柱型装药实验（铝粒子直径为微米级），研究发现大部分铝粒子不参与爆轰反应，反应主要发生于爆轰波阵面后的爆轰产物流动区。相关研究还有很多，这里不一一列举。

根据以上调研分析以及二次反应理论对含铝炸药爆轰机理的论述，本节认为对于含有微米级或微米级以上铝粉的含铝炸药，铝粉在爆轰反应区不发生化学反应或只有很少量铝粉发生反应，因此，本节在建立含铝炸药爆轰产物的非等熵流动模型时，假设铝粉在炸药爆轰反应区完全不发生化学反应，即铝粉在炸药爆轰反应区表现为惰性；铝粉放热反应发生在炸药爆轰产物膨胀过程中，即铝粉反应发生在 C-J 面后。

## 4.1.2　铝粉在炸药爆轰产物中的状态假设

### 1. 铝粉均匀分布于炸药中

为了使含铝炸药达到其应有的性能，含铝炸药的制备需要严格按照工艺流程操作，其制备过程包括预混、溶解、捏合、造粒、抛光、烘干、筛选和压药等主要工序。通过预混过程将炸药和铝粉按照含铝炸药性能要求均匀混合，结合溶解、捏合和造粒过程制备出含铝炸药小药粒，最后将抛光、烘干、筛选后的小药粒压制成相应规格的含铝炸药，这些精密的制备过程大大降低了含铝炸药中铝粉的不均匀性，因此，本节在理论分析含铝炸药爆轰产物膨胀过程时，认为铝粉均匀分布于炸药中。

### 2. 含铝炸药爆轰波阵面后的铝粉与爆轰产物以相同的速度运动

第 3 章研究了铝粉受到爆轰波作用后的动力学响应，发现对于直径 5～50 μm 的铝粉受到爆轰波作用后，经过 0.01～0.1 μs 的速度衰减后趋于稳定，且与其周围的炸药反应物流速相差不多，因此，在建立含铝炸药爆轰产物的非等熵流动模型时，假设含铝炸药爆轰波阵面后的铝粉与爆轰产物以相同的速度运动。

对于爆轰波阵面后的微米级铝粉，可认为铝粉以气相形式燃烧。

## 4.1.3　含铝炸药爆轰产物流动的局部等熵假设

第 2 章 2.4 节对含铝炸药爆轰产物的熵变进行了热力学分析，分析了引起含铝炸药爆轰产物熵变的主要因素是爆轰产物中的铝粉氧化反应。考虑到爆轰产物中铝粉的氧化反应速率相对较慢，一般可持续反应 1～3 ms，若将含铝炸药爆轰产物的膨胀过程沿时间轴划分为许多微小的时间域，在每个微小时间域内，爆轰产物中铝粉反应量较少且爆轰产物体积膨胀较小，那么在每个微小时间域内可近似认为爆轰产物膨胀过程是等熵的，据此本节提出了分析含铝炸药爆轰产物流动的局部等熵假设，其主要假设包括以下内容：

（1）假设铝粉在爆轰反应区内不发生化学反应，即铝粉在炸药爆轰反应区表现为惰性；铝粉氧化反应发生在爆轰产物膨胀过程中，即在 C-J 面后铝粉才开始与爆轰产物发生反应。铝粉反应释放的能量不支持爆轰的传播。为了描述方便，本节将炸药组分称为理想组分，铝粉称为非理想组分，若没有特殊定义，下文将沿用此定义。

（2）将含铝炸药爆轰产物的膨胀过程沿时间轴分割为无数小段，在每个小时间段内，爆轰产物按照各自的规律膨胀，即含铝炸药爆轰产物的膨胀过程由无数个不同时间段内的微小膨胀过程组成，将这些微小时间段称为微时间域。

（3）假设铝粉反应对爆轰产物的影响具有一定的弛豫效应，也就是说铝粉反应释放的能量需要一段时间后才会对爆轰产物参数（包括当地声速、压强和产物密度）产生影响。为了方便分析，在铝粉反应对产物状态产生影响之前，认为铝粉的反应度不变。

（4）假设在任意微时间域内，铝粉反应释放的能量没有立刻对周围爆轰产物状态参数产生影响，因此，可认为任意微时间域内铝粉的反应度不变，爆轰产物可近似为等熵膨胀（第 2 章中 2.1 节有详细分析）。

（5）铝粉反应对爆轰产物状态参数的影响体现在下一微时间域的初始时刻。

（6）相邻两个微时间域的交界处，即前一微时间域的末端时刻和后一微时间域的起始时刻，受铝粉反应的影响，爆轰产物的压强、密度和声速将产生变化，交界处产物粒子速度不变（产物内能的微小变化不影响爆轰产物粒子速度）。

下面将在局部等熵假设的基础上，分析铝粉反应对爆轰产物特征线和熵变的影响，阐述含铝炸药爆轰产物流动的非等熵特性。以爆轰产物中的任意一条特征线为研究对象，对比铝粉反应和不反应条件下特征线的变化，分析铝粉反应对爆轰产物特征线和产物状态参数的影响，其特征线对比示意图如图 4.1 所示。

当爆轰产物中的铝粉不发生反应时，根据铝粉在炸药爆轰产物中的状态假设，对于微米级铝粉可认为铝粉与炸药反应物一起运动，即忽略铝粉与炸药反应物的相互作用对产物流动的影响。在铝粉不发生反应的条件下，爆轰产物绝热膨胀过程中没有额外的热量产生，可应用等熵特征线理论分析爆轰产物的流动规律。当铝粉在爆轰产物中发生反应时，由于受到铝粉反应放热的影响，沿特征线的爆轰产物状态参数将不再是常数，爆轰产物的熵也不再是固定值。为了分析铝粉反应对爆轰产物的影响，在局部等熵假设的基础上，对微时间域进行分析（每个微时间域的时间间隔很小）。

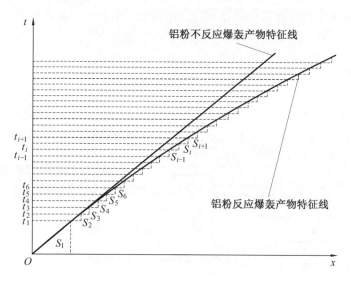

图 4.1　铝粉反应和不反应情况下的特征线对比示意图

（1）在微时间域 1 内（0~$t_1$ 时间段内），假设铝粉还没有开始反应或铝粉反应还没有对爆轰产物参数产生影响，因此，在绝热膨胀条件下，微时间域 1 内的爆轰产物熵值为 $S_1$ 且恒定不变。对于铝粉不反应条件下的爆轰产物膨胀而言，爆轰产物的熵值在任意微时间域内均为 $S_1$，且特征线为直线，沿特征线的产物状态参数压强 $p_1$、密度$\rho_1$、声速 $c_1$ 和温度 $T_1$ 也恒定不变。

（2）在微时间域 2 内（$t_1$~$t_2$ 时间段内），铝粉反应对爆轰产物的状态参数产生影响。在 $t_1$ 时刻，即两个微时间域的交界时刻，产物状态参数变为 $p_2$、$\rho_2$、$c_2$ 和 $T_2$。同时，根据局部等熵假设，在微时间域 2 内，沿特征线爆轰产物的状态将维持 $p_2$、$\rho_2$、$c_2$ 和 $T_2$ 不变。由于爆轰产物状态参数发生变化，因此，微时间域 2 内的特征线斜率相比微时间域 1 发生了变化，这就意味着受铝粉反应的影响，不仅产物状态参数发生了变化，爆轰产物状态的传播规律也发生了变化。在微时间域 2 内，受铝粉反应的影响，爆轰产物的熵值变为 $S_2$，相邻微时间域的熵变 $\Delta S = S_2 - S_1 = \dfrac{\Delta U_1}{T_1}$，其

中 $\Delta U_1$ 表示铝粉反应释放的能量。

同理，可依次分析其他微时间域内的爆轰产物状态参数沿特征线的变化，以及对应的产物熵变化。取图 4.1 中的 6 个微时间域，来说明铝粉反应对产物熵变的影响示意图如图 4.2 所示。

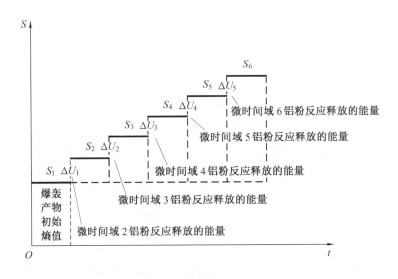

图 4.2　铝粉反应对产物熵变的影响示意图

## 4.2　含铝炸药爆轰产物的非等熵流动模型

含铝炸药爆轰产物的流动规律相比理想炸药更加复杂，为了从理论上分析含铝炸药爆轰产物的非等熵流动过程，需要建立简化的含铝炸药爆轰产物流动模型。本节将从理想炸药的等熵流动模型出发，并结合本节提出的局部等熵假设，建立含铝炸药爆轰产物的非等熵流动模型。

### 4.2.1　含铝炸药爆轰产物的状态方程

假设含铝炸药处于无限长刚性圆管中，炸药两侧为真空，因此爆轰产物流动可视为一维流动。基于理想炸药一维等熵流动理论，含铝炸药爆轰产物的理想组分流动规律符合理想气体流动规律；根据第 3 章研究结果，假设在 C-J 面后铝粉与爆轰产物以相同的速度运动，忽略了铝粉与理想组分的相互作用，因此，含铝炸药爆轰产物中的理想组分的状态方程可以表示为

$$P_{explosive} = b\rho RT \tag{4.1}$$

式中，$P_{explosive}$ 为炸药反应贡献的压力；$b$ 为含铝炸药中炸药组分的初始质量分数；$R$ 为气体常数。

第 4.1 节提出的关于含铝炸药爆轰产物中非理想组分的燃烧假设中指出，铝粉的燃烧状态近似表现为气相燃烧，且铝粉均匀分布于爆轰产物中，因此，铝粉燃烧对压力的贡献可表示为

$$P_{Al} = \frac{a\lambda_{Al}\rho RT}{1 - nA_n} \tag{4.2}$$

式中，$\lambda_{Al}$ 为已经反应了的铝粉质量分数；$\rho$ 为含铝炸药爆轰产物密度；$a$ 为含铝炸药中铝粉的初始质量分数；$n$ 为单位体积的摩尔数；$A_n$ 为经验系数且是一个常数。

应用标准混合准则，含铝炸药爆轰产物的状态方程可表示为

$$P_{total} = P_{explosive} + P_{Al} = \left(b + a\frac{\lambda_{Al}}{1 - nA_n}\right)\rho RT = A(\lambda_{Al}) \cdot \rho RT \tag{4.3}$$

其中，$A(\lambda_{Al}) = \left(b + a\dfrac{\lambda_{Al}}{1 - nA_n}\right)$。

考虑到局部等熵假设提到的微时间域内为局部等熵过程，需要推导得到状态方程（4.3）在微时间域内的等熵方程。为了更好地理解含铝炸药爆轰产物在微时间域内的等熵方程，将从热力学基本关系进行介绍。

在一般热力学过程中，系统内分子中的电子能和核能通常是不易被激发的，所有系统内能主要由分子热运动和相互作用势能构成。其中分子运动动能主要与温度有关，同时也受密度影响；分子相互作用势能则表现为压强的高低，主要与比容（密度）有关。因此，内能可视为比容 $v$ 和温度 $T$ 的函数，一般表示为

$$e = e(v, T) \tag{4.4}$$

取微分后得到

$$de = \left(\frac{\partial e}{\partial v}\right)_T dv + \left(\frac{\partial e}{\partial T}\right)_v dT \tag{4.5}$$

式中，$\left(\dfrac{\partial e}{\partial v}\right)_T$ 代表等温过程中的内能随比容的变化率；而 $\left(\dfrac{\partial e}{\partial T}\right)_v$ 代表定容过程中内能随温度的变化率，换言之，$\left(\dfrac{\partial e}{\partial T}\right)_v$ 表示在定容过程中，温度提高或降低一个微小量所吸收或放出的热量，此即为质量定容热容（或比定容热容）的概念。因此

$$\left(\frac{\partial e}{\partial T}\right)_v = c_V \tag{4.6}$$

实验证明，对于理想气体，$\left(\dfrac{\partial e}{\partial v}\right)_T$ 表明理想气体内能的变化与比容变化无关，而只取决于温度。由于 $\left(\dfrac{\partial e}{\partial v}\right)_T = 0$ ，则式（4.5）可写为

$$de = c_V dT \tag{4.7}$$

在定压过程中，温度提高或降低一个微小量时单位质量物质吸收或放出的热量，定义为质量定压热容 $c_p$，由此定义可以得到

$$c_p = \left(\frac{\partial q}{\partial T}\right)_p \tag{4.8}$$

根据热力学第一定律可以得到以下关系式

$$dq = de + Pdv \tag{4.9}$$

由于 $de = c_V dT$ ， $Pdv = d(Pv) - vdP$ ，因此上式可变为

$$dq = c_V dT + d(Pv) - vdP \tag{4.10}$$

在定压条件下， $dP = 0$ ，则可以得到质量定压热容和质量定容热容的关系：

$$\left(\frac{\partial q}{\partial T}\right)_p = c_p = c_V + \frac{d(Pv)}{dT} \tag{4.11}$$

引入热力学中的另一个状态量，热焓。其定义为

$$h = e + Pv \tag{4.12}$$

引入热焓的定义后，方程（4.11）可变为

$$\mathrm{d}h = c_V \mathrm{d}T + \mathrm{d}(Pv) = c_p \mathrm{d}T \tag{4.13}$$

注意只有在定压过程中 $\mathrm{d}h = \mathrm{d}q$ ，否则 $\mathrm{d}h = \mathrm{d}q + v\mathrm{d}P$ 。

将含铝炸药爆轰产物的状态方程（4.3）代入方程（4.11）中，得到

$$c_p = c_V + \frac{\mathrm{d}\left[\left(b + a\dfrac{\lambda_{\mathrm{Al}}}{1 - nA_{\mathrm{n}}}\right)RT\right]}{\mathrm{d}T} \tag{4.14}$$

根据上节提到的局部等熵假设，在微时间域内铝粉的反应度近似不变，这种情况下反应度可认为是常数，因此在任意微时间域 $i$ 有

$$c_{pi} = c_{Vi} + \left(b + a\frac{\lambda_{\mathrm{Al}i}}{1 - nA_{\mathrm{n}}}\right)R \tag{4.15}$$

式中，$\lambda_{\mathrm{Al}i}$ 表示第 $i$ 时间域的铝粉反应度。

爆轰产物的质量定压热容与质量定容热容之比，称为爆轰产物的绝热指数。因此有

$$\gamma = \frac{c_p}{c_V} \tag{4.16}$$

将方程（4.16）代入方程（4.15），化简得到：

$$c_{pi} = \frac{\gamma_i}{\gamma_i - 1}\left(b + a\frac{\lambda_{\mathrm{Al}i}}{1 - nA_{\mathrm{n}}}\right)R \tag{4.17}$$

根据热力学第二定律可以得到方程 $\mathrm{d}S = \mathrm{d}S_{\mathrm{f}} + \mathrm{d}S_{\mathrm{g}}$，结合含铝炸药爆轰产物的局部等熵假设中提到的微时间域内铝粉反应度近似为常数，在微时间域内产物的流动可忽略铝粉反应的影响，因此，在等熵过程前提下，热力学第二定律可变为

$$dS = \frac{dq}{T} = \frac{c_p dT}{T} - \frac{v}{T}dP \tag{4.18}$$

将方程（4.3）代入方程（4.18），可得到任意微时间域 $i$ 内的熵变为

$$dS_i = \frac{c_{pi}dT}{T} - \frac{\left(b + a\dfrac{\lambda_{Ali}}{1-nA_n}\right)R}{P}dP \tag{4.19}$$

将方程（4.17）代入方程（4.19），得到

$$dS_i = \frac{c_{pi}dT}{T} - \frac{\gamma_i - 1}{\gamma_i}c_{pi}\frac{dP}{P} \tag{4.20}$$

根据局部等熵假设，在微时间域 $i$ 内 $dS_i = 0$，因此，求解方程（4.20）得到

$$\frac{T}{P^{\frac{\gamma_i - 1}{\gamma_i}}} = C_i \tag{4.21}$$

将方程（4.21）代入方程（4.3）中，得到微时间域 $i$ 内含铝炸药爆轰产物的等熵方程

$$\frac{P_{\text{total}}}{\rho^{\gamma_i}} = \left[\left(b + a\frac{\lambda_{Ali}}{1-nA_n}\right)C_i R\right]^{\gamma_i} \tag{4.22}$$

式中，$C_i$ 为常数；$\lambda_{Ali}$ 为时间域 $i$ 内的铝粉反应度；下标 $i$ 表示第 $i$ 时间域。

## 4.2.2 含铝炸药爆轰产物非等熵流动的非线性特征线法

考虑到含铝炸药爆轰产物流动过程的复杂性，为了能够对含铝炸药爆轰产物的非等熵流动进行理论分析，本书做了一些假设。假设含铝炸药置于无限长刚性圆管中，炸药两端为真空，爆轰产物的流动可视为一维流动。本书将基于理想炸药爆轰产物等熵流动理论，建立含铝炸药爆轰产物的一维非等熵流动的特征线方程组。同时，忽略爆轰产物流动过程中的热传递，因此，爆轰产物平面绝热运动的流体动力学方程组为

$$\begin{cases} \dfrac{\partial \rho}{\partial t} + u\dfrac{\partial \rho}{\partial x} + \rho\dfrac{\partial u}{\partial x} = 0 \\[2mm] \dfrac{\partial u}{\partial t} + u\dfrac{\partial u}{\partial x} + \dfrac{1}{\rho}\dfrac{\partial p}{\partial x} = 0 \\[2mm] \dfrac{\partial S}{\partial t} + u\dfrac{\partial S}{\partial x} = 0 \end{cases} \tag{4.23}$$

状态方程形式取 $p = p(\rho, S)$，对状态方程取全微分：

$$\mathrm{d}p = \left(\frac{\partial p}{\partial \rho}\right)_S \mathrm{d}\rho + \left(\frac{\partial p}{\partial S}\right)_\rho \mathrm{d}S \tag{4.24}$$

将 $\left(\dfrac{\partial p}{\partial S}\right)_\rho$ 表示为温度 $T$ 与内能 $e$ 的函数，推导过程如下：

$$\left(\frac{\partial p}{\partial S}\right)_\rho = \left(\frac{\partial p}{\partial e}\right)_\rho \left(\frac{\partial e}{\partial S}\right)_\rho = T\left(\frac{\partial p}{\partial e}\right)_\rho \tag{4.25}$$

同时，流体声速为 $c = \sqrt{\left(\dfrac{\partial p}{\partial \rho}\right)_S}$，将其与式（4.25）代入方程（4.24）得到

$$\mathrm{d}p = c^2\mathrm{d}\rho + \left(\frac{\partial p}{\partial e}\right)_\rho T\mathrm{d}S \tag{4.26}$$

将方程（4.26）与方程组（4.23）第一式联立，得到

$$\frac{\mathrm{d}p}{\mathrm{d}t} - \left(\frac{\partial p}{\partial E}\right)_\rho\left(\frac{T\mathrm{d}S}{\mathrm{d}t}\right) + \rho c^2\frac{\partial u}{\partial x} = 0 \tag{4.27}$$

引入系数 $\chi$，联立方程组（4.23）第二式与方程（4.27）得到

$$\chi\left[\frac{\partial u}{\partial t} + \left(u + \frac{\rho c^2}{\chi}\right)\frac{\partial u}{\partial x}\right] + \left[\frac{\partial p}{\partial t} + \left(u + \frac{\chi}{\rho}\right)\frac{\partial p}{\partial x}\right] - \left(\frac{\partial p}{\partial E}\right)_\rho\left(\frac{T\mathrm{d}S}{\mathrm{d}t}\right) = 0 \tag{4.28}$$

令 $\chi = \pm\rho c$，得到

$$\pm\rho c\left(\frac{\partial u}{\partial t} + (u \pm c)\frac{\partial u}{\partial x}\right) + \left(\frac{\partial p}{\partial t} + (u \pm c)\frac{\partial p}{\partial x}\right) - \left(\frac{\partial p}{\partial E}\right)_\rho\left(\frac{T\mathrm{d}S}{\mathrm{d}t}\right) = 0 \tag{4.29}$$

当 $\dfrac{\mathrm{d}x}{\mathrm{d}t} = u \pm c$ 时，方程（4.29）可转换为

$$
\begin{cases}
\dfrac{\mathrm{d}x}{\mathrm{d}t} = u \pm c \\[2mm]
\dfrac{\mathrm{d}p}{\mathrm{d}t} \pm \rho c \left( \dfrac{\mathrm{d}u}{\mathrm{d}t} \right) - \left( \dfrac{\partial p}{\partial E} \right)_{\rho} \left( \dfrac{T\mathrm{d}S}{\mathrm{d}t} \right) = 0
\end{cases}
\tag{4.30}
$$

根据含铝炸药爆轰产物的局部等熵假设，在每个微时间域内，爆轰产物的流动规律可近似认为是等熵流动，因此对于微时间域 $i$，方程组（4.30）可表示为

$$
\begin{cases}
\dfrac{\mathrm{d}x}{\mathrm{d}t} = u_i \pm c_i \\[2mm]
\mathrm{d}u_i \pm \dfrac{1}{\rho_i c_i} \mathrm{d}p_i = 0
\end{cases}
\tag{4.31}
$$

对方程组（4.31）第二式求积分，得到

$$
u_i \pm \int \frac{\mathrm{d}p}{\rho c} = u_i \pm \int \frac{c\mathrm{d}\rho}{\rho}
\tag{4.32}
$$

根据爆轰产物的等熵方程（4.22），声速为 $c_i^2 = \gamma_i \left[ \left( b + a\dfrac{\lambda_{\mathrm{Al}i}}{1-nA_{\mathrm{n}}} \right) C_i R \right]^{\gamma_i} \rho_i^{\gamma_i-1}$，于是可以得到

$$
\int \frac{c_i \mathrm{d}\rho_i}{\rho_i} = \int \frac{2}{\gamma_i-1} \mathrm{d}c_i = \frac{2}{\gamma_i-1} c_i
\tag{4.33}
$$

由此可以得到爆轰产物的特征线方程：

$$
\begin{cases}
\dfrac{\mathrm{d}x}{\mathrm{d}t} = u_i \pm c_i \\[2mm]
u_i \pm \dfrac{2}{\gamma_i-1} c_i = \mathrm{const}
\end{cases}
\tag{4.34}
$$

式中，$u_i$ 和 $c_i$ 分别表示微时间域 $i$ 内爆轰产物的粒子速度和当地声速，由于在微时间域 $i$ 内产物流动是局部等熵的，因此，沿特征线 $u_i$ 和 $c_i$ 的值保持不变。但在相邻微时间域之间，由于受到铝粉反应释放能量的影响，爆轰产物声速将不再是定值，即 $c_i \neq c_{i+1}$，同时特征线斜率将发生变化，这意味着沿特征线的产物状态传播规律也将

发生变化，通过以上分析可知铝粉反应对爆轰产物的熵、爆轰产物的状态参数和状态参数的传播规律都产生了影响。为了更直观地描述铝粉反应对爆轰产物的影响，将结合含铝炸药爆轰产物的非线性特征线进行说明，含铝炸药爆轰产物非线性特征线示意图如图 4.3 所示。

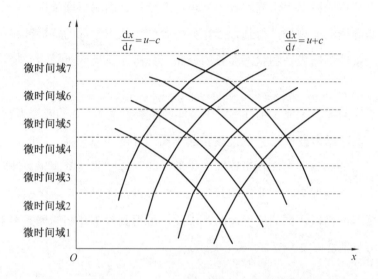

图 4.3　含铝炸药爆轰产物非线性特征线示意图

从图中可以看到，在局部等熵假设的条件下，每个微时间域内含铝炸药爆轰产物的特征线为直线；但由于受到铝粉反应释放能量的影响，每个微时间域之间的特征线斜率不同，斜率不同就代表爆轰产物状态参数受铝粉反应的影响发生了变化，而且产物状态沿特征线的传播规律也发生了变化。显然，这与理想炸药爆轰产物的特征线分布是不同的，理想炸药爆轰产物等熵膨胀状态参数沿特征线不发生变化。通过以上分析，铝粉反应对爆轰产物流动规律的影响是多方面的，包括对产物状态参数、热力学熵以及产物状态参数沿特征线的传播规律三方面的影响，由此可见爆轰产物等熵流动理论对于含铝炸药有很大的局限性，同时也突显了含铝炸药爆轰产物非等熵流动模型的重要性。

### 4.2.3　自由端面起爆条件下含铝炸药爆轰产物的状态参数分析

前面小节针对含铝炸药爆轰产物的非等熵流动特性，提出了含铝炸药爆轰产物非等熵流动的局部等熵假设，在此假设的基础上建立了含铝炸药爆轰产物的非等熵流动模型，结合非线性特征线方法得到了含铝炸药爆轰产物非等熵流动的非线性特征线方程。本节将应用以上研究内容，从理论上分析自由端引爆条件下，含铝炸药爆轰产物的非等熵流动规律，得到含铝炸药爆轰产物状态参数的解析解。对比铝粉反应和不反应条件下爆轰产物状态参数的分布，分析铝粉反应对爆轰产物状态参数的影响规律。

假设含铝炸药置于无限长刚性圆管中，炸药装药长为 $L$，炸药两端为真空环境。左端面引爆炸药，爆轰波以 $D_{Al}$ 的速度由起爆面沿炸药向右传播。同时，爆轰波阵面（C-J 面）后的高压爆轰产物迅速向左飞散，即一簇膨胀波紧跟爆轰波阵面向右传播。根据含铝炸药爆轰产物非等熵膨胀的相关假设，在爆轰反应区铝粉表现为惰性且铝粉与爆轰产物以相同的速度运动，因此，可得到含铝炸药的爆轰参数方程组（详细推导可见第 2 章 2.1 节）：

$$\begin{cases} D_{Al} = v_0 \sqrt{\dfrac{p_H - p_0}{v_0 - v_H}} \\[3mm] u_H = (v_0 - v_H)\sqrt{\dfrac{p_H - p_0}{v_0 - v_H}} \\[3mm] e_H - e_0 = \dfrac{1}{2}(p_H + p_0)(v_0 - v_H) + Q_v \\[3mm] \dfrac{p_H - p_0}{v_0 - v_H} = -\left(\dfrac{\partial p}{\partial v}\right) \text{或} D = u_H + c_H \\[3mm] \dfrac{p}{\rho^\gamma} = \left[\left(b + a\dfrac{\lambda_{Ali}}{1 - nA_n}\right)C_i R\right]^\gamma \end{cases} \tag{4.35}$$

根据含铝炸药爆轰参数方程组，可求解出爆轰波阵面上的产物粒子速度和当地声速：

$$\begin{cases} u_{\mathrm{H}} = \dfrac{1}{\gamma+1}D_{\mathrm{Al}} \\[2mm] c_{\mathrm{H}} = \dfrac{\gamma}{\gamma+1}D_{\mathrm{Al}} \\[2mm] \rho_{\mathrm{H}} = \dfrac{\gamma+1}{\gamma}\rho_0 \\[2mm] p_{\mathrm{H}} = \dfrac{1}{\gamma+1}\rho_0 D_{\mathrm{Al}}^2 \end{cases}$$ （4.36）

以上结果即为含铝炸药爆轰产物流动的初始参数，再结合含铝炸药的特征线方程组即可得出爆轰产物的流动规律。下面将根据含铝炸药爆轰产物非等熵流动的非线性特征线方法，分析自由端面引爆条件下含铝炸药爆轰产物的状态参数。含铝炸药爆轰产物非等熵流动的特征线示意图如图 4.4 所示。

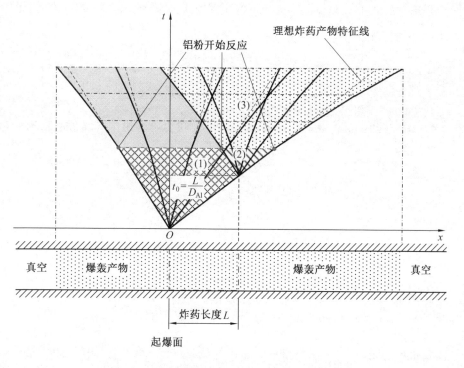

图 4.4　含铝炸药爆轰产物非等熵流动的特征线示意图

由于假设含铝炸药爆轰产物在刚性圆管中膨胀，产物没有受到侧向稀疏波的影响，可近似认为爆轰产物在相对较长的时间里处于高压状态，因此有 $\gamma \approx 3$。当炸药理想组分未反应完，即爆轰波还没有到达炸药右端面时，爆轰产物没有受到左传稀疏波的影响，爆轰产物中只有一簇右传膨胀波，此右传膨胀波为一簇简单波，是以 $t=0$，$x=0$ 为始发点的一簇中心膨胀波。爆轰产物膨胀的初始阶段，铝粉还没有开始反应，因此爆轰产物的膨胀规律可近似认为符合理想炸药爆轰产物膨胀规律，即等熵膨胀。假设在 $t_1$ 时刻，铝粉开始反应或铝粉反应对爆轰产物的贡献开始体现，含铝炸药爆轰产物的流动规律可分为四个波区：理想简单波区、理想复合波区、铝热简单波区和铝热复合波区。结合图 4.4 对这四个波区的爆轰产物状态参数进行理论分析。

1 区：理想简单波区。所谓理想简单波区是指，在 $t_1$ 时刻之前，即铝粉在爆轰产物中开始反应之前，只受到右传简单波作用的区域，理想简单波区对应于图 4.4 中的（1）区域。1 区中，爆轰产物流动的控制方程为

$$\begin{cases} x = (u+c)t \\ u - c = -\dfrac{1}{2}D_{Al} \end{cases} \tag{4.37}$$

结合含铝炸药爆轰产物的状态方程（4.22），可以求解出 1 区爆轰产物的状态参数：

$$\begin{cases} u = \dfrac{x}{2t} - \dfrac{1}{4}D_{Al} \\[2mm] c = \dfrac{x}{2t} + \dfrac{1}{4}D_{Al} \\[2mm] \rho = \dfrac{16}{9}\dfrac{\rho_0}{D_{Al}}\left(\dfrac{x}{2t} + \dfrac{1}{4}D_{Al}\right) \\[2mm] p = \dfrac{16}{27}\dfrac{\rho_0}{D_{Al}}\left(\dfrac{x}{2t} + \dfrac{1}{4}D_{Al}\right)^3 \end{cases} \tag{4.38}$$

需要指出的是，当 $\dfrac{L}{D_{Al}} < t < t_1$ 时，左传稀疏波将传入爆轰产物中，因此第一道左传稀疏波将决定简单波区的右边界。

2 区：理想复合波区。上面提到，当 $\dfrac{L}{D_{Al}} < t < t_1$ 时，同样是铝粉反应之前，左传稀疏波将传入爆轰产物。第一道稀疏波将成为简单波区和复合波区的分界线，其右侧即为理想复合波区，对应于图 4.4 中的（2）区域。2 区中爆轰产物流动的控制方程为

$$\begin{cases} x = (u+c)t \\ x = (u-c)t + \left[ L - (u-c)\dfrac{L}{D_{Al}} \right] \end{cases} \tag{4.39}$$

复合波区（2）的控制方程推导可见第 2 章 2.2 节。

同样，结合含铝炸药爆轰产物的状态方程（4.22），可以求解出（2）区的爆轰产物状态参数：

$$\begin{cases} u = \dfrac{x}{2t} + \dfrac{x-L}{2\left( t - \dfrac{L}{D_{Al}} \right)} \\[4mm] c = \dfrac{x}{2t} - \dfrac{x-L}{2\left( t - \dfrac{L}{D_{Al}} \right)} \\[4mm] \rho = \dfrac{16}{9}\dfrac{\rho_0}{D_{Al}}\left[ \dfrac{x}{2t} - \dfrac{x-L}{2\left( t - \dfrac{L}{D_{Al}} \right)} \right] \\[4mm] p = \dfrac{16}{27}\dfrac{\rho_0}{D_{Al}}\left[ \dfrac{x}{2t} - \dfrac{x-L}{2\left( t - \dfrac{L}{D_{Al}} \right)} \right]^3 \end{cases} \tag{4.40}$$

3 区：铝热简单波区。顾名思义铝热简单波区就是指受到铝粉反应释放能量影响的简单波区。当 $t > t_1$ 时，铝粉反应开始对爆轰产物流动产生影响，爆轰产物的状态参数发生变化，同时特征线也将由线性变为非线性。结合图 4.4 对（3）区的产物

流动过程进行分析，根据局部等熵假设，取 $0\sim t_1$、$t_1\sim t_2$、$t_2\sim t_3$ 和 $t_3\sim t_4$ 四个微时间域，分别称为微时间域 1、微时间域 2、微时间域 3 和微时间域 4，对应的铝粉反应度为 $\lambda_{Al1}$、$\lambda_{Al2}$、$\lambda_{Al3}$ 和 $\lambda_{Al4}$，其中 $\lambda_{Al1}=0$；爆轰产物的状态参数分别表示为爆轰产物粒子速度 $u_i$、声速 $c_i$、密度 $\rho_i$ 和压强 $p_i$，其中下标 $i$ 表示对应的微时间域 $i$。由于铝粉的反应，状态方程将发生变化，（3）区中不同微时间域中产物的状态将随着铝粉反应度的变化而变化，因此，（3）区的特征线控制方程也将随着铝粉反应而变化。以微时间域 2 为例进行分析。在微时间域 2 内，爆轰产物状态方程可变换为

$$P_{\text{total}} = P_{\text{explosive}} + P = \left( b + a\frac{\lambda_{Al2}}{1-nA_n} \right) \cdot \rho RT = A(\lambda_{Al2}) \cdot \rho RT \tag{4.41}$$

依据局部等熵假设，在相邻微时间域的相交时刻，微时间域 1 内沿特征线的状态参数 $\rho_1$ 和 $T_1$ 为微时间域 2 的初始状态，由此可以得出微时间域 2 和微时间域 1 的压强关系：

$$\frac{p_2}{p_1} = \frac{A(\lambda_{Al2})}{A(\lambda_{Al1})} \tag{4.42}$$

根据局部等熵假设，微时间域 2 内产物流动符合等熵流动规律（但产物熵值与微时间域 1 不同），根据爆轰产物状态参数的等熵关系，得到微时间域 2 内沿特征线的产物状态参数为

$$\begin{cases} p_2 = \dfrac{A(\lambda_{Al2})}{A(\lambda_{Al1})} p_1 \\[2mm] \rho_2 = \left( \dfrac{A(\lambda_{Al2})}{A(\lambda_{Al1})} \right)^{\frac{1}{3}} \rho_1 \\[2mm] u_2 = u_1 \\[2mm] c_2 = \sqrt{\gamma \dfrac{p_2}{\rho_2}} \end{cases} \tag{4.43}$$

依次类推可以得到 $i$ 时间域的爆轰产物参数：

$$
\begin{cases}
p_i = \dfrac{A(\lambda_{\mathrm{Al}i})}{A(\lambda_{\mathrm{Al}i-1})} p_{i-1} \\[3mm]
\rho_i = \left( \dfrac{A(\lambda_{\mathrm{Al}i})}{A(\lambda_{\mathrm{Al}i-1})} \right)^{\frac{1}{3}} \rho_{i-1} \\[3mm]
u_i = u_{i-1} \\[3mm]
c_i = \sqrt{\gamma \dfrac{p_i}{\rho_i}}
\end{cases}
\tag{4.44}
$$

受到铝粉反应释放能量的影响，爆轰产物的声速和压强将发生变化。由于（3）为简单波区，特征线方程组将变为

$$
\begin{cases}
x = (u_2 + c_2)t + F_2(x) \\
u_2 - c_2 = U_2
\end{cases}
\tag{4.45}
$$

下面将根据铝粉反应引起的产物参数变化和相邻微时间域的特征线关系，求出 $F_2(x)$ 和 $U_2$。对于简单波而言，稀疏波传过后 $(u-c)$ 保持不变。在微时间域 1 中，稀疏波传过后，$u_1 - c_1 = u_{\mathrm{H}} - c_{\mathrm{H}} = \dfrac{1}{4}D_{\mathrm{Al}} - \dfrac{3}{4}D_{\mathrm{Al}} = -\dfrac{1}{2}D_{\mathrm{Al}}$。在微时间域 2 中，由于受到铝粉反应的影响，产物声速将变为

$$
c_2 = \left( \frac{A(\lambda_{\mathrm{Al}2})}{A(\lambda_{\mathrm{Al}1})} \right)^{\frac{1}{3}} c_1
\tag{4.46}
$$

因此，$U_2 = u_2 - c_2 = \dfrac{1}{4}D_{\mathrm{Al}} - \dfrac{3}{4}D_{\mathrm{Al}} \left( \dfrac{A(\lambda_{\mathrm{Al}2})}{A(\lambda_{\mathrm{Al}1})} \right)^{\frac{1}{3}}$。

结合图 4.4，在微时间域 1 和微时间域 2 的交界时刻 $t_1$，特征线方程有以下关系：

$$
(u_2 + c_2)t_1 + F_2(x) = (u_1 + c_1)t_1
\tag{4.47}
$$

局部等熵假设认为产物粒子速度不受影响，因此有

$$
F_2(x) = (c_1 - c_2)t_1 = \left[ 1 - \left( \frac{A(\lambda_{\mathrm{Al}2})}{A(\lambda_{\mathrm{Al}1})} \right)^{\frac{1}{3}} \right] c_1 t_1
\tag{4.48}
$$

根据方程（4.38）可以求出 $t_1$ 时刻，产物声速随 $x$ 的变化规律：

$$c_1(t_1) = \frac{x}{2t_1} + \frac{1}{4}D_{Al} \tag{4.49}$$

将式（4.49）代入式（4.48）得到

$$F_2(x) = (c_1 - c_2)t_1 = \left[1 - \left(\frac{A(\lambda_{Al2})}{A(\lambda_{Al1})}\right)^{\frac{1}{3}}\right]\left(\frac{x}{2} + \frac{1}{4}D_{Al}t_1\right) \tag{4.50}$$

根据以上分析，可以求出微时间域 2 内，3 区铝热简单波区的爆轰产物状态参数如下：

$$\begin{cases} u_2 = \dfrac{x - F_2(x)}{2t} + \dfrac{U_2}{2} \\[2mm] c_2 = \dfrac{x - F_2(x)}{2t} - \dfrac{U_2}{2} \\[2mm] \rho_2 = \dfrac{16}{9}\dfrac{\rho_0}{D_{Al}}\left(\dfrac{x - F_2(x)}{2t} - \dfrac{U_2}{2}\right) \\[2mm] p_2 = \dfrac{16}{27}\dfrac{\rho_0}{D_{Al}}\left(\dfrac{x - F_2(x)}{2t} - \dfrac{U_2}{2}\right)^3 \end{cases} \tag{4.51}$$

依次类推可以求出任意微时间域 $i$ 内，爆轰产物的状态参数：

$$\begin{cases} u_i = \dfrac{x - F_i(x)}{2t} + \dfrac{U_i}{2} \\[2mm] c_i = \dfrac{x - F_i(x)}{2t} - \dfrac{U_i}{2} \\[2mm] \rho_i = \dfrac{16}{9}\dfrac{\rho_0}{D_{Al}}\left(\dfrac{x - F_i(x)}{2t} - \dfrac{U_i}{2}\right) \\[2mm] p_i = \dfrac{16}{27}\dfrac{\rho_0}{D_{Al}}\left(\dfrac{x - F_i(x)}{2t} - \dfrac{U_i}{2}\right)^3 \end{cases} \tag{4.52}$$

其中

$$F_i(x) = F_{i-1}(x) + \left[1 - \left(\frac{A(\lambda_{Ali})}{A(\lambda_{Ali-1})}\right)^{\frac{1}{3}}\right]c_{i-1}t_{i-1} = F_{i-1}(x) + \left[1 - \left(\frac{A(\lambda_{Ali})}{A(\lambda_{Ali-1})}\right)^{\frac{1}{3}}\right]\left(\frac{x - F_{i-1}(x)}{2} + \frac{U_{i-1}}{2}t_{i-1}\right)$$

$$U_i = \frac{1}{4}D_{Al} - \frac{3}{4}D_{Al}\left[\frac{A(\lambda_{Al i})}{A(\lambda_{Al 1})}\right]^{\frac{1}{3}}$$

同时，需要指出 $F_1(x) = 0$，$U_1 = -\frac{1}{2}D_{Al}$。

4 区：铝热复合波区。所谓铝热复合波区，是指受到铝粉反应放热影响的复合波区。当 $t > t_1$ 时，4 区受到左传波、右传波和铝粉反应的三重影响。为了研究方便，同样先以微时间域 2 的产物状态为分析对象。在微时间域 2 内，4 区铝热复合波的特征线控制方程形式为

$$\begin{cases} x = (u_2 + c_2)t + F_2(x) \\ x = (u_2 - c_2)t + \left[L - (u_2 - c_2)\dfrac{L}{D_{Al}}\right] + F_2'(x) \end{cases} \quad (4.53)$$

同样，根据铝粉反应引起的产物参数变化和相邻微时间域的特征线关系，可以得到

$$(u_2 - c_2)t_1 + \left[L - (u_2 - c_2)\frac{L}{D_{Al}}\right] + F_2'(x) = (u_1 - c_1)t_1 + \left[L - (u_1 - c_1)\frac{L}{D_{Al}}\right] \quad (4.54)$$

化简得到

$$\begin{aligned} F_2'(x) &= (c_2 - c_1)t_1 - (c_2 - c_1)\frac{L}{D_{Al}} = \\ &\left[\left(\frac{A(\lambda_{Al 2})}{A(\lambda_{Al 1})}\right)^{\frac{1}{3}} - 1\right]\left(c_1 t_1 - c_1 \frac{L}{D_{Al}}\right) = \\ &\left[\left(\frac{A(\lambda_{Al 2})}{A(\lambda_{Al 1})}\right)^{\frac{1}{3}} - 1\right]\left(\frac{x}{2t_1} + \frac{1}{4}D_{Al}\right)\left(t_1 - \frac{L}{D_{Al}}\right) \end{aligned} \quad (4.55)$$

根据以上分析，微时间域 2 内，爆轰产物状态参数可表示为

$$\begin{cases} u_2 = \dfrac{x - F_2(x)}{2t} + \dfrac{x - F_2'(x) - L}{2\left(t - \dfrac{L}{D_{Al}}\right)} \\[4mm] c_2 = \dfrac{x - F_2(x)}{2t} - \dfrac{x - F_2'(x) - L}{2\left(t - \dfrac{L}{D_{Al}}\right)} \\[4mm] \rho_2 = \dfrac{16}{9}\dfrac{\rho_0}{D_{Al}}\left[\dfrac{x - F_2(x)}{2t} - \dfrac{x - F_2'(x) - L}{2\left(t - \dfrac{L}{D_{Al}}\right)}\right] \\[4mm] p_2 = \dfrac{16}{27}\dfrac{\rho_0}{D_{Al}}\left[\dfrac{x - F_2(x)}{2t} - \dfrac{x - F_2'(x) - L}{2\left(t - \dfrac{L}{D_{Al}}\right)}\right]^3 \end{cases} \qquad (4.56)$$

依次类推，可以得到任意微时间域 $i$ 内，产物的状态参数：

$$\begin{cases} u_i = \dfrac{x - F_i(x)}{2t} + \dfrac{x - F_i'(x) - L}{2\left(t - \dfrac{L}{D_{Al}}\right)} \\[4mm] c_i = \dfrac{x - F_i(x)}{2t} - \dfrac{x - F_i'(x) - L}{2\left(t - \dfrac{L}{D_{Al}}\right)} \\[4mm] \rho_i = \dfrac{16}{9}\dfrac{\rho_0}{D_{Al}}\left[\dfrac{x - F_i(x)}{2t} - \dfrac{x - F_i'(x) - L}{2\left(t - \dfrac{L}{D_{Al}}\right)}\right] \\[4mm] p_i = \dfrac{16}{27}\dfrac{\rho_0}{D_{Al}}\left[\dfrac{x - F_i(x)}{2t} - \dfrac{x - F_i'(x) - L}{2\left(t - \dfrac{L}{D_{Al}}\right)}\right]^3 \end{cases} \qquad (4.57)$$

其中

$$F_i'(x) = (c_i - c_{i-1})t_1 - (c_i - c_{i-1})\frac{L}{D_{Al}} + F_{i-1}'(x) = \left[\left(\frac{A(\lambda_{Ali})}{A(\lambda_{Ali})}\right)^{\frac{1}{3}} - 1\right]\left(c_{i-1}t_{i-1} - c_{i-1}\frac{L}{D_{Al}}\right) + F_{i-1}'(x) =$$

$$\left[\left(\frac{A(\lambda_{Ali})}{A(\lambda_{Ali-1})}\right)^{\frac{1}{3}} - 1\right]\left[\frac{x - F_{i-1}(x)}{2t_{i-1}} - \frac{x - F_{i-1}'(x) - L}{2\left(t_{i-1} - \frac{L}{D_{Al}}\right)}\right]\left(t_{i-1} - \frac{L}{D_{Al}}\right) + F_{i-1}'(x)$$

下面将应用含铝炸药爆轰产物非等熵流动的非线性特征线方法，分别分析铝粉发生反应和不发生反应条件下，$x = \dfrac{L}{2}$ 处爆轰产物状态参数随时间的变化规律。

前面提到，在 $t = t_1$ 时铝粉开始反应，这里假设在 $t = \bar{t}$（$\bar{t} > t_1$）时，左传稀疏波到达 $x = \dfrac{L}{2}$ 处，也就是说左传稀疏波到达 $x = \dfrac{L}{2}$ 处前，铝粉已经开始反应。结合图 4.4 分析该问题，可知 $x = \dfrac{L}{2}$ 处的产物流动规律将受到三个波区的控制：理想简单波区、铝热简单波区和铝热复合波区。

当 $0 < t < \dfrac{L}{2D}$ 时，爆轰波还没有传播到炸药 $x = \dfrac{L}{2}$ 处，因此状态参数即为炸药初始参数：

$$\begin{cases} c = c_0 \\ \rho = \rho_0 \\ p = p_0 \end{cases} \tag{4.58}$$

式中，$c_0$ 为炸药初始声速；$\rho_0$ 为炸药初始密度；$p_0$ 为炸药初始压力。

当 $\dfrac{L}{2D} < t < t_1$ 时，爆轰波已通过 $x = \dfrac{L}{2}$ 处，但此时爆轰产物中的铝粉还没有开始反应，因此爆轰产物只受到理想简单波的影响，状态参数可表示为

$$\begin{cases} c = \dfrac{L}{4t} + \dfrac{1}{4}D_{Al} \\[3mm] \rho = \dfrac{16}{9}\dfrac{\rho_0}{D_{Al}}\left(\dfrac{L}{4t} + \dfrac{1}{4}D_{Al}\right) \\[3mm] p = \dfrac{16}{27}\dfrac{\rho_0}{D_{Al}}\left(\dfrac{L}{4t} + \dfrac{1}{4}D_{Al}\right)^3 \end{cases} \qquad (4.59)$$

这里需要指出，当 $t = t_1$ 时理想复合波还没有传播到 $x = \dfrac{L}{2}$ 处，因此在 $x = \dfrac{L}{2}$ 处爆轰产物将不受到简单复合波的影响。

当 $t_1 < t < \bar{t}$ 时，铝粉已经反应，且第一道左传稀疏波还没有传播到 $x = \dfrac{L}{2}$ 处，此时爆轰产物状态参数受到铝热简单波区的影响，控制方程为

$$\begin{cases} c_i = \dfrac{\dfrac{L}{2} - F_i\left(\dfrac{L}{2}\right)}{2t} - \dfrac{U_i}{2} \\[5mm] \rho_i = \dfrac{16}{9}\dfrac{\rho_0}{D_{Al}}\left[\dfrac{\dfrac{L}{2} - F_i\left(\dfrac{L}{2}\right)}{2t} - \dfrac{U_i}{2}\right] \\[5mm] p_i = \dfrac{16}{27}\dfrac{\rho_0}{D_{Al}}\left[\dfrac{\dfrac{L}{2} - F_i\left(\dfrac{L}{2}\right)}{2t} - \dfrac{U_i}{2}\right]^3 \end{cases} \qquad (4.60)$$

其中，$F_i\left(\dfrac{L}{2}\right) = \left[1 - \left(\dfrac{A(\lambda_{Ali})}{A(\lambda_{Ali-1})}\right)^{\frac{1}{3}}\right]\left[\dfrac{x - F_{i-1}\left(\dfrac{L}{2}\right)}{2} + \dfrac{U_{i-1}}{2}t_{i-1}\right] + F_{i-1}\left(\dfrac{L}{2}\right)$，$F_1\left(\dfrac{L}{2}\right) = 0$，

$U_i = \dfrac{1}{4}D_{Al} - \dfrac{3}{4}D_{Al}\left(\dfrac{A(\lambda_{Ali})}{A(\lambda_{Al1})}\right)^{\frac{1}{3}}$。

当 $t > \bar{t}$ 时，$x = \dfrac{L}{2}$ 处爆轰产物受到铝热复合波区的影响，状态参数变化可表示为

$$
\begin{cases}
c_i = \dfrac{x - F_i\left(\dfrac{L}{2}\right)}{2t} - \dfrac{x - F_i'\left(\dfrac{L}{2}\right) - L}{2\left(t - \dfrac{L}{D_{Al}}\right)} \\[4mm]
\rho_i = \dfrac{16}{9}\dfrac{\rho_0}{D_{Al}}\left[\dfrac{x - F_i\left(\dfrac{L}{2}\right)}{2t} - \dfrac{x - F_i'\left(\dfrac{L}{2}\right) - L}{2\left(t - \dfrac{L}{D_{Al}}\right)}\right] \\[4mm]
p_i = \dfrac{16}{27}\dfrac{\rho_0}{D_{Al}}\left[\dfrac{x - F_i\left(\dfrac{L}{2}\right)}{2t} - \dfrac{x - F_i'\left(\dfrac{L}{2}\right) - L}{2\left(t - \dfrac{L}{D_{Al}}\right)}\right]^3
\end{cases}
\tag{4.61}
$$

其中

$$
F_i'\left(\frac{L}{2}\right) = \left[\left(\frac{A(\lambda_{Ali})}{A(\lambda_{Ali-1})}\right)^{\frac{1}{3}} - 1\right]\left[\frac{x - F_{i-1}\left(\dfrac{L}{2}\right)}{2t_{i-1}} - \frac{x - F_{i-1}'\left(\dfrac{L}{2}\right) - L}{2\left(t_{i-1} - \dfrac{L}{D_{Al}}\right)}\right]\left(t_{i-1} - \frac{L}{D_{Al}}\right) + F_{i-1}'\left(\frac{L}{2}\right)
$$

取 $L$=20 mm，爆速 $D_{Al}$=7.6 mm/μs，炸药密度 $\rho_0$=1.8 g/cm$^3$，炸药铝粉质量分数为 20%。在计算中，假设铝粉的反应度随时间线性变化。取三种不同的铝粉反应速率，分析铝粉反应量的不同对产物状态的影响。应用含铝炸药爆轰产物的非等熵流动模型，分别计算了不同铝粉反应度条件下，$x = \dfrac{L}{2}$ 处的爆轰产物状态参数分布规律，如图 4.5～图 4.7 所示。

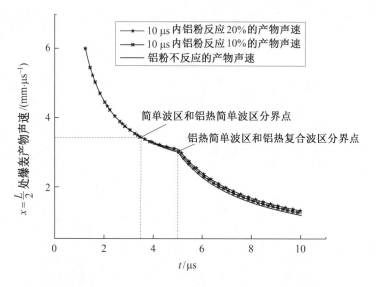

图 4.5 $x = \dfrac{L}{2}$ 处爆轰产物声速随时间的变化规律

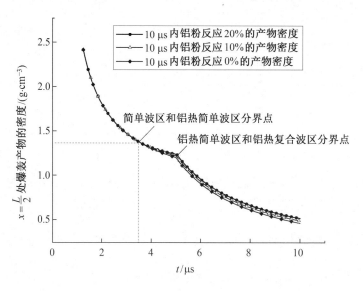

图 4.6 $x = \dfrac{L}{2}$ 处爆轰产物密度随时间的变化规律

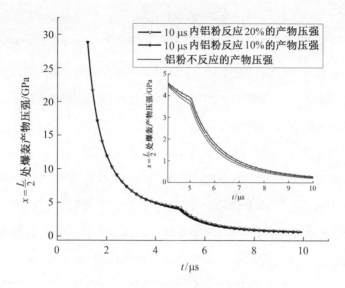

图 4.7　$x = \dfrac{L}{2}$ 处爆轰产物压强随时间的分布

从图 4.5 的计算结果可知，当 $x = \dfrac{L}{2}$ 处的爆轰产物处于简单波区时，爆轰产物的状态参数都没有受到铝粉的影响，因此，爆轰产物的声速变化规律完全相同。当爆轰产物处于铝热简单波区时，爆轰产物状态参数开始受到铝粉反应的影响，有铝粉反应的声速衰减较慢，且铝粉反应程度越高，声速衰减越慢。

对比 $x = \dfrac{L}{2}$ 处爆轰产物的声速变化，发现图 4.6 的分布规律与图 4.5 完全相同，这是因为在局部等熵条件下，产物密度和声速呈正比关系。铝粉反应程度对产物密度的影响规律是铝粉反应程度越高，产物的密度衰减速度越慢。

从图 4.7 可知，铝粉在爆轰产物中的反应，减缓了爆轰产物压力的衰减速度，且随着铝粉反应量的增加，爆轰产物的压强衰减速率进一步减慢。需要指出，由于假设铝粉在爆轰产物中的反应度呈线性分布，因此，以上计算结果只能定性分析铝粉反应对爆轰产物状态的影响。

## 4.3　本章小结

本章在第 2 章和第 3 章的研究基础上，针对含铝炸药爆轰产物的膨胀驱动规律，提出了含铝炸药爆轰产物非等熵流动的局部等熵假设，并在此假设的基础上建立了爆轰产物非等熵流动的非线性特征线模型。

应用含铝炸药爆轰产物非等熵流动的非线性特征线模型，分析了自由端面引爆条件下，含铝炸药爆轰产物的状态参数变化规律。根据铝粉在爆轰产物开始反应的时间，将含铝炸药爆轰产物的流动划分为四个区：理想简单波区、理想复合波区、铝热简单波区和铝热复合波区。在理想简单波区，爆轰产物只受到右传稀疏波的影响；在理想复合波区，爆轰产物受到右传波和左传波的共同作用，但不受铝粉反应的影响；在铝热简单波区和铝热复合波区，爆轰产物受到铝粉反应释放能量的影响，开始非等熵膨胀。通过分析四个波区中爆轰产物的流动规律，得到了不同波区内爆轰产物的流动方程以及状态参数方程。

本章提出了含铝炸药爆轰产物非等熵流动的局部等熵假设，并在此假设的基础上建立了含铝炸药爆轰产物的非等熵流动，为分析含铝炸药爆轰产物的膨胀驱动过程提供了理论依据。

# 第 5 章　含铝炸药爆轰驱动问题的非线性特征线法研究

第 4 章在含铝炸药爆轰产物局部等熵假设的基础上，建立了含铝炸药爆轰产物的非等熵膨胀模型，结合非线性特征线方法得到了含铝炸药爆轰产物膨胀过程中的状态参数方程，分析了爆轰产物膨胀过程中铝粉反应对产物状态参数的影响以及产物非等熵流动规律。在之前的研究基础上，本章将应用含铝炸药非等熵流动模型分析炸药的驱动问题。

## 5.1　含铝炸药爆轰驱动金属板的非线性特征线方法分析

假设长为 $L$ 的含铝炸药和质量为 $M$ 的金属板置于无限长刚性圆管中，炸药两侧为真空环境。采用一侧端面引爆炸药，炸药对金属平板驱动的特征线图如图 5.1 所示。

设含铝炸药引爆时刻为 0 时刻，当 $t = \dfrac{L}{D_{Al}}$ 时，爆轰波到达金属板壁面，此时从壁面反射回的第一道压缩波开始向左方爆轰产物中传播，同时金属板受到爆轰产物的作用开始向右运动，后续的右传波不断赶上金属板，又不断地从移动着的物体壁面上反射回一系列的左传波。金属板后爆轰产物的流动方程可表示为

$$\begin{cases} x = (u_i + c_i)t + F_i \\ x = (u_i - c_i)t + F_i' \end{cases} \tag{5.1}$$

式中，$u$ 为爆轰产物的粒子速度；$c$ 为爆轰产物的当地声速；$i$ 表示产物状态参数所

处的微时间域；$F_i$ 为与铝粉反应度相关的特征线参数；$F_i'$ 为与铝粉反应度和金属板运动相关的特征线参数。对于上述参数的计算方法，将在含铝炸药爆轰产物驱动金属板的理论计算中说明。下面将应用含铝炸药爆轰产物流动的非等熵流动模型分析炸药对金属板的驱动规律。

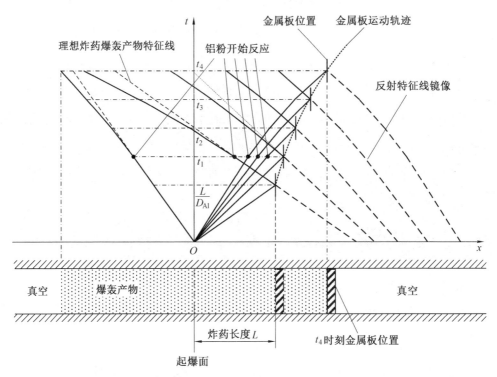

图 5.1  含铝炸药爆轰产物对金属板驱动的特征线示意图

根据经典力学牛顿第二定理可知：

$$M \frac{\mathrm{d}V}{\mathrm{d}t} = A_r p_m \qquad (5.2)$$

式中，$M$ 为金属板的质量；$V$ 为金属板的速度；$A_r$ 为金属板横截面面积；$p_m$ 为金属板内表面处爆轰产物的压强。根据含铝炸药爆轰产物的局部等熵假设，将含铝炸药爆轰产物的膨胀过程沿时间轴划分为有限数量的微时间域，在任意一个微时间域内，爆轰产物中的铝粉反应度近似为常数，爆轰产物的膨胀过程近似为等熵膨胀，而任意两个时间域内产物膨胀流动的熵值均不等，换言之局部等熵假设将含铝炸药爆轰产物的非等熵膨胀过程简化近似为无数个熵值不等的等熵膨胀过程的集合。在微时间域 $i$ 内，根据爆轰产物的等熵方程可以得到

$$\frac{p_\mathrm{m}}{p_i} = \left(\frac{c_\mathrm{m}}{c_i}\right)^\gamma \tag{5.3}$$

式中，$p_\mathrm{m}$ 和 $c_\mathrm{m}$ 分别为紧挨金属板内表面处爆轰产物的压强和当地声速；$p_i$ 和 $c_i$ 分别为微时间域 $i$ 内右传波到达金属板内表面前爆轰产物的初始压强和当地声速。将式（5.3）代入式（5.2），得到

$$\frac{\mathrm{d}V}{\mathrm{d}t} = \frac{A_\mathrm{r}p_i}{Mc_i^\gamma}c_\mathrm{m}^\gamma \tag{5.4}$$

爆轰产物中的每一道右传波都以各自的 $u+c$ 速度传播，并且在微时间域内沿特征线传播速度保持不变。当右传波追赶上运动的金属板时，右传波将发生反射，在此瞬间，爆轰产物的粒子速度立即由 $u_i$ 降低为金属板壁面的速度 $u_\mathrm{m}$，声速也立即由 $c_i$ 变为金属板后产物的声速 $c_\mathrm{m}$，从而得到

$$u_i + c_i = u_\mathrm{m} + c_\mathrm{m} \tag{5.5}$$

对方程组（5.1）中的第一式对时间 $t$ 求导得到

$$\frac{\mathrm{d}x}{\mathrm{d}t} = (u_\mathrm{m} + c_\mathrm{m}) + \left(\frac{\mathrm{d}u_\mathrm{m}}{\mathrm{d}t} + \frac{\mathrm{d}c_\mathrm{m}}{\mathrm{d}t}\right)t \tag{5.6}$$

这里需要指出，求导过程只针对每个时间域内的特征线方程，不是对爆轰产物膨胀全过程进行求导。另外，由于金属板内表面处的产物速度 $u_\mathrm{m}$ 与金属板运动的速度 $V$ 相等，并且 $\frac{\mathrm{d}x}{\mathrm{d}t} = V = u_\mathrm{m}$，因此将式（5.4）代入式（5.6），得到

$$\frac{\mathrm{d}c_\mathrm{m}}{\mathrm{d}t} + \frac{c_\mathrm{m}}{t} + \psi c_\mathrm{m}^\gamma = 0 \tag{5.7}$$

其中，$\psi = \dfrac{A_r p_i}{M c_i^\gamma}$。考虑到炸药处于无限长刚性圆管中，可认为爆轰产物在短时间内始终处于高压状态，因此有 $\gamma \approx 3$。应用第 2 章中提到的参数变换法求解微分方程（5.7），得到

$$\frac{1 + 2\psi c_m^2 t}{c_m^2 t^2} = \vartheta_1 = \text{const} \tag{5.8}$$

在微时间域 1，即 $0 \sim t_1$ 时间段内，当第一道右传波到达金属板内表面时，金属板后的爆轰产物的初始状态参数为

$$\begin{cases} p_1 = p_H = \dfrac{1}{4}\rho_0 D_{Al}^2 \\ c_1 = c_H = \dfrac{3}{4}D_{Al} \end{cases} \tag{5.9}$$

其边界条件为

$$\begin{cases} t = \dfrac{L}{D_{Al}} \\ u_m = 0 \\ c_m = D_{Al} \end{cases} \tag{5.10}$$

式中，$\rho_0$ 为含铝炸药的初始密度；$p_H$ 和 $c_H$ 为爆轰波阵面上产物的压力和声速；$L$ 为炸药的长度；$D_{Al}$ 为含铝炸药的爆速。将边界条件（5.10）代入式（5.8），得到

$$\vartheta_1 = \frac{1 + \eta}{L^2} = \text{const} \tag{5.11}$$

式中，$\eta = \dfrac{32}{27}\dfrac{m}{M}$，$m$ 为炸药质量，$m = A_r L \rho_0$。

将式（5.11）代入式（5.8），得到

$$c_m = \frac{L}{t}\xi_1 \tag{5.12}$$

式中，$\xi_1 = \left[1 + \eta\left(1 - \dfrac{L}{D_{Al} t}\right)\right]^{-0.5}$。

将式（5.12）代入式（5.4），并积分得到

$$V = D_{\mathrm{Al}} \left[ 1 + \frac{2(\xi_1 - 1)}{\eta \xi_1} - \frac{L\xi_1}{Dt} \right] \tag{5.13}$$

此式表示在微时间域 1 内含铝炸药对质量为 $M$ 的金属板的驱动规律。在微时间域 1 内，爆轰产物中的铝粉还没有反应或还没有对产物的流动产生影响；但在微时间域 2 内，铝粉的反应度为 $\lambda_{\mathrm{Al2}}$，铝粉放热反应将对爆轰产物的状态参数产生影响。在微时间域 2 的初始阶段 $t_1$ 时刻，金属板后爆轰产物的状态参数为（推导见第 4 章 4.3.1）

$$\begin{cases} p_{2t_1} = \dfrac{A(\lambda_{\mathrm{Al2}})}{A(\lambda_{\mathrm{Al1}})} p_{1t_1} \\[3mm] \rho_{2t_1} = \left( \dfrac{A(\lambda_{\mathrm{Al2}})}{A(\lambda_{\mathrm{Al1}})} \right)^{\frac{1}{3}} \rho_{1t_1} \\[3mm] u_{2t_1} = u_{1t_1} \\[3mm] c_{2t_1} = \left( \dfrac{A(\lambda_{\mathrm{Al2}})}{A(\lambda_{\mathrm{Al1}})} \right)^{\frac{1}{3}} c_{1t_1} \end{cases} \tag{5.14}$$

在微时间域 2 内，根据含铝炸药爆轰产物的等熵状态方程可得到如下关系：

$$\frac{p_{\mathrm{m}}}{p_{2t_1}} = \left( \frac{c_{\mathrm{m}}}{c_{2t_1}} \right)^3 \tag{5.15}$$

联立式（5.14）和式（5.15），得到

$$p_{\mathrm{m}} = \frac{p_{2t_1}}{c_{2t_1}^3} c_{\mathrm{m}}^3 = \frac{p_{1t_1}}{c_{1t_1}^3} c_{\mathrm{m}}^3 \tag{5.16}$$

在微时间域 1 内，有如下关系：

$$\frac{p_{1t_1}}{p_{\mathrm{H}}} = \left( \frac{c_{1t_1}}{c_{\mathrm{H}}} \right)^3 \tag{5.17}$$

式中，$p_H$ 和 $c_H$ 代表爆轰波阵面上的压力和声速。因此，式（5.16）可变换为

$$p_m = \frac{16}{27} \frac{\rho_0}{D_{Al}} c_m^3 \tag{5.18}$$

在微时间域 2 内，$t_1$ 时刻金属板后爆轰产物的状态参数可根据微时间域 1 中 $t_1$ 时刻的状态参数得到。根据式（5.13）可得到微时间域 2 内，$t_1$ 时刻金属板的速度，金属板的速度即为金属板后产物粒子的速度，再根据式（5.12）和方程组（5.14）第四式计算得到微时间域 2 内，$t_1$ 时刻金属板后产物的声速，因此，微时间域 2 的边界条件为

$$\begin{cases} t = t_1 \\ u_m = D_{Al} \left[ 1 + \frac{2(\xi_1(t_1) - 1)}{\eta \xi_1(t_1)} - \frac{L\xi_1(t_1)}{D_{Al} t_1} \right] \\ c_m = \left( \frac{A(\lambda_{Al2})}{A(\lambda_{Al1})} \right)^{\frac{1}{3}} \frac{L}{t_1} \xi_1(t_1) \end{cases} \tag{5.19}$$

将微时间域 2 的边界条件（5.19）代入式（5.8），得到

$$\vartheta_2 = \frac{1 + \frac{\eta c_m^2(t_i) t_i}{L D_{Al}}}{c_m^2(t_i) t_i^2} = const \tag{5.20}$$

将式（5.20）代入式（5.8），其中 $\psi = \frac{A_r}{M} \frac{p_{2t_1}}{c_{2t_1}^3} = \frac{A_r}{M} \frac{16}{27} \frac{\rho_0}{D_{Al}}$，经过变换得到

$$c_m = \frac{L}{t} \xi_2 \tag{5.21}$$

其中，$\xi_2 = \left( L^2 \vartheta_2 - \frac{\eta L}{D_{Al} t} \right)^{-0.5}$。

将式（5.21）代入式（5.4）得到

$$\frac{\mathrm{d}V}{\mathrm{d}t} = \frac{1}{2}\frac{\eta}{D_{\mathrm{Al}}L}\left(\frac{L}{t}\xi_2\right)^3 \tag{5.22}$$

将上式积分，得到

$$V - V(t_1) = \left(-\frac{L}{t}\xi_2 - \frac{2D_{\mathrm{Al}}}{\eta\xi_2}\right)\Big|_{t_1}^{t} \tag{5.23}$$

上式即为微时间域 2 内，含铝炸药对金属板的驱动速度计算式。根据对微时间域 1 和微时间域 2 内炸药驱动金属板的驱动速度的计算结果，可以看出金属板的运动速度与铝粉在爆轰产物的关系，理论上体现了铝粉反应对炸药做功能力的贡献。结合以上计算方法可以得到任意微时间域 $i$ 内，爆轰产物对金属板的驱动速度：

$$\begin{cases} V - V(t_{i-1}) = \left[\dfrac{L\xi_i(t_{i-1})}{t_{i-1}} + \dfrac{2D_{\mathrm{Al}}}{\eta}\dfrac{1}{\xi_i(t_{i-1})} - \dfrac{L\xi_i}{t} - \dfrac{2D_{\mathrm{Al}}}{\eta\xi_i}\right] \\[2mm] \xi_i = \left(L^2\vartheta_i - \dfrac{\eta L}{D_{\mathrm{Al}}t}\right)^{-0.5} \\[2mm] \vartheta_i = \dfrac{1 + \dfrac{\eta c_{\mathrm{m}}^2(t_{i-1})t_{i-1}}{LD_{\mathrm{Al}}}}{c_{\mathrm{m}}^2(t_{i-1})t_{i-1}^2} = \mathrm{const}_i \end{cases} \tag{5.24}$$

式中，$t_{i-1}$ 为微时间域 $i$ 的起始时刻；$V(t_{i-1})$ 为微时间域 $i$ 的起始时刻金属板的速度。

## 5.2　含铝炸药爆轰产物的非等熵流动规律分析

金属板后爆轰产物的流动规律会受到金属板运动规律的影响，与炸药两端为真空条件下的爆轰产物流动规律不同且更复杂。应用含铝炸药爆轰产物的非等熵流动模型，分析了含铝炸药对金属板的爆轰驱动过程，得到了含铝炸药驱动下金属板的运动方程。在此基础上，对金属板后爆轰产物的非等熵流动进行非线性特征线分析。金属板后爆轰产物流域的特征线和波区分布示意图如图 5.2 所示。

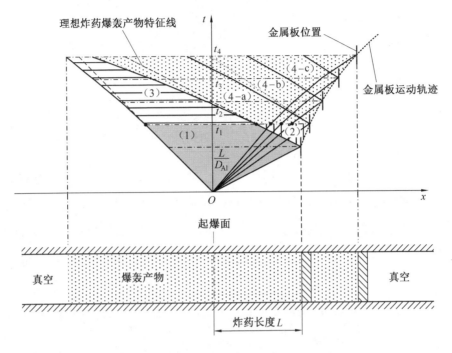

图 5.2 金属板后爆轰产物流域的特征线和波区分布示意图

含铝炸药左端面引爆时刻 $t=0$，起爆面位置 $x=0$。设 $t=t_1$ 时刻，铝粉开始反应或对爆轰产物的状态开始产生影响。随着爆轰产物的膨胀、金属板的加速运动和铝粉反应释放能量，爆轰产物流域将受到多方面因素的影响，据此，可将金属板后爆轰产物流域分为四个波区：简单波区、复合波区、铝热简单波区和铝热复合波区。结合图 5.2 对以上四个波区进行分析：

1 区：简单波区。从图 5.2 可以看出，在此区域内，爆轰产物只受到右传简单波的影响，爆轰产物流动的特征线方程为

$$\begin{cases} x = (u+c)t \\ u-c = -\dfrac{1}{2}D_{\mathrm{Al}} \end{cases} \tag{5.25}$$

根据方程（5.25）可求解出简单波区任意时间和空间处的爆轰产物状态参数，爆轰产物参数方程为

$$\begin{cases} u = \dfrac{x}{2t} - \dfrac{1}{4}D_{Al} \\[2mm] c = \dfrac{x}{2t} + \dfrac{1}{4}D_{Al} \\[2mm] \rho = \dfrac{16}{9}\dfrac{\rho_0}{D_{Al}}\left(\dfrac{x}{2t} + \dfrac{1}{4}D_{Al}\right) \\[2mm] p = \dfrac{16}{27}\dfrac{\rho_0}{D_{Al}}\left(\dfrac{x}{2t} + \dfrac{1}{4}D_{Al}\right)^3 \end{cases} \tag{5.26}$$

2 区：复合波区。当 $t = \dfrac{L}{D_{Al}}$ 时，右传波到达金属板内表面，此时波将发生反射，在此瞬间爆轰产物中的粒子速度 $u$ 变为金属板的速度 $u_m$，声速 $c$ 立即变为金属板内表面处爆轰产物的声速 $c_m$，而沿特征线 $u+c = $const，因此得到

$$u + c = u_m + c_m = \dfrac{x}{t} \tag{5.27}$$

在 2 区铝粉还没开始反应，因此金属板内表面处的声速 $c_m = \dfrac{L}{t}\xi_1$，其中 $\xi_1 = \left[1 + \eta\left(1 - \dfrac{L}{D_{Al}t}\right)\right]^{-0.5}$，将 $c_m$ 代入式（5.27）得到

$$u_m = \dfrac{x - L\xi_1}{t} \tag{5.28}$$

进而得到反射波的特征方程：

$$u_m - c_m = u - c = \dfrac{x - 2L\xi_1}{t} \tag{5.29}$$

右传波和反射波共同作用构成复合波区，因此 2 区的爆轰产物特征线方程组为

$$\begin{cases} x = (u+c)t \\ x = (u-c) + 2L\xi_1 \end{cases} \tag{5.30}$$

根据方程组（5.30），可得到 2 区中爆轰产物的状态参数：

$$\begin{cases} u = \dfrac{x - L\xi_1}{t} \\[3mm] c = \dfrac{L\xi_1}{t} \\[3mm] \rho = \dfrac{16}{9}\dfrac{\rho_0}{D_{Al}}\dfrac{L\xi_1}{t} \\[3mm] p = \dfrac{16}{27}\dfrac{\rho_0}{D_{Al}}\left(\dfrac{L\xi_1}{t}\right)^3 \end{cases} \quad (5.31)$$

3 区：铝热简单波区。当 $t > t_1$ 时，铝粉反应开始影响爆轰产物的状态参数，此时受到铝粉反应的影响，爆轰产物特征线将由线性变为非线性。3 区的爆轰产物特征线方程需结合局部等熵假设，通过微时间域逐个求解。设微时间域 $i$ 内的爆轰产物粒子速度、声速、密度和压强分别表示为 $u_i$、$c_i$、$\rho_i$ 和 $p_i$，根据第 4 章关于铝热简单波区的分析结果，3 区爆轰产物特征线方程组为

$$\begin{cases} x = (u_i + c_i)t + F_i(x) \\ u_i - c_i = U_i \end{cases} \quad (5.32)$$

其中

$$F_i(x) = F_{i-1}(x) + \left[1 - \left(\frac{A(\lambda_{Ali})}{A(\lambda_{Ali-1})}\right)^{\frac{1}{3}}\right] c_{i-1}t_{i-1} = F_{i-1}(x) + \left[1 - \left(\frac{A(\lambda_{Ali})}{A(\lambda_{Ali-1})}\right)^{\frac{1}{3}}\right]\left(\frac{x - F_{i-1}(x)}{2} + \frac{U_{i-1}}{2}t_{i-1}\right)$$

$$U_i = \frac{1}{4}D_{Al} - \frac{3}{4}D_{Al}\left(\frac{A(\lambda_{Ali})}{A(\lambda_{Al1})}\right)^{\frac{1}{3}}$$

根据特征线方程组（5.32）可得到 3 区爆轰产物状态参数：

$$\begin{cases} u_i = \dfrac{x - F_i(x)}{2t} + \dfrac{U_i}{2} \\[3mm] c_i = \dfrac{x - F_i(x)}{2t} - \dfrac{U_i}{2} \\[3mm] \rho_i = \dfrac{16}{9}\dfrac{\rho_0}{D_{Al}}\left(\dfrac{x - F_i(x)}{2t} - \dfrac{U_i}{2}\right) \\[3mm] p_i = \dfrac{16}{27}\dfrac{\rho_0}{D_{Al}}\left(\dfrac{x - F_i(x)}{2t} - \dfrac{U_i}{2}\right)^3 \end{cases} \quad (5.33)$$

4 区：铝热复合波区。当 $t > t_1$ 时，即铝粉反应对爆轰产物状态参数产生影响时，由右传膨胀波和金属板反射的左传波共同作用的爆轰产物流域，称为铝热复合波区。金属板后的铝热复合区受到铝热反应放热的影响，其解析解远比金属板后理想炸药爆轰产物复合波区对应的解析解复杂。由于理想炸药爆轰产物的流动过程中没有其他能量释放，因此爆轰产物状态参数沿特征线是不变的，也就是说理想炸药爆轰产物特征线是线性的；当波传播到金属板内表面时发生反射，反射波也是线性的，因此反射波具有统一的表达式。但对于含铝炸药爆轰产物，由于铝粉在爆轰产物膨胀过程中发生二次反应，对爆轰产物状态参数产生影响，对应的特征线是非线性的，因此，不同微时间域内的反射波具有不同的表达式。举例来说，对于图 5.2 中的微时间域 2（$t_1 \sim t_2$），反射波的特征线方程为 $x = (u_2 - c_2)t + 2\xi_2 L$；微时间域 3（$t_2 \sim t_3$）的反射波特征线方程为 $x = (u_3 - c_3)t + 2\xi_3 L$。在铝热复合波区，又可以根据微时间的大小，将铝热复合波区分为（4-a）区、（4-b）区和（4-c）区，但微时间域的时间跨度会根据铝粉反应速率和计算的精度而做出调整，因此对于铝热反应区很难得到唯一的参数控制方程。需要强调的是，得不到统一的表达式并不等于非线性特性方法不能求解该问题。下面以（4-b）区为例，对该区爆轰产物的特征线方程进行分析。

在微时间域 2（$t_1 \sim t_2$）内，（4-b）区的特征线方程为

$$\begin{cases} x = (u_2 + c_2)t + F_2(x) \\ x = (u_2 - c_2)t + 2\xi_2 L \end{cases} \tag{5.34}$$

在微时间域 2（$t_1 \sim t_2$）内，（4-b）区的爆轰产物状态参数为

$$\begin{cases} u_2 = \dfrac{x - F_2(x) - 2\xi_2 L}{2t} \\[2mm] c_2 = \dfrac{2\xi_2 L - F_2(x)}{2t} \\[2mm] \rho_2 = \dfrac{16}{9}\dfrac{\rho_0}{D_{Al}}\left(\dfrac{2\xi_2 L - F_2(x)}{2t}\right) \\[2mm] p_2 = \dfrac{16}{27}\dfrac{\rho_0}{D_{Al}}\left(\dfrac{2\xi_2 L - F_2(x)}{2t}\right)^3 \end{cases} \tag{5.35}$$

在微时间域 3（$t_2 \sim t_3$）内，（4-b）区的特征线方程为

$$\begin{cases} x = (u_3 + c_3)t + F_3(x) \\ x = (u_3 - c_3)t + 2\xi_2 L + F_3'(x) \end{cases} \tag{5.36}$$

根据微时间域 2 和微时间域 3 交界处 $t_2$ 时刻的关系，可得到

$$(u_3 + c_3)t_2 + F_3(x) = (u_2 + c_2)t_2 + F_2(x) \tag{5.37}$$

化简得到

$$F_3(x) = \left(1 - \left(\frac{A(\lambda_3)}{A(\lambda_2)}\right)^{\frac{1}{3}}\right)c_2 t_2 + F_2(x) = \left(1 - \left(\frac{A(\lambda_3)}{A(\lambda_2)}\right)^{\frac{1}{3}}\right)\left(\frac{2\xi_2 L - F_2(x)}{2}\right) + F_2(x) \tag{5.38}$$

同理，可得到

$$F_3'(x) = \left(\left(\frac{A(\lambda_3)}{A(\lambda_2)}\right)^{\frac{1}{3}} - 1\right)c_2 t_2 + F_2'(x) = \left(\left(\frac{A(\lambda_3)}{A(\lambda_2)}\right)^{\frac{1}{3}} - 1\right)\left(\frac{2\xi_2 L - F_2(x)}{2}\right) + F_2'(x) \tag{5.39}$$

依次类推可得到在微时间域 $i$（$t_1 \sim t_2$）内，（4-b）区的特征线方程组：

$$\begin{cases} x = (u_i + c_i)t + F_i(x) \\ x = (u_i - c_i)t + 2\xi_2 L + F_i'(x) \end{cases} \tag{5.40}$$

其中

$$F_i(x) = \left(1 - \left(\frac{A(\lambda_i)}{A(\lambda_{i-1})}\right)^{\frac{1}{3}}\right)\left(\frac{2\xi_2 L - F_{i-1}(x)}{2}\right) + F_{i-1}(x)$$

$$F_i'(x) = \left(\left(\frac{A(\lambda_i)}{A(\lambda_{i-1})}\right)^{\frac{1}{3}} - 1\right)\left(\frac{2\xi_2 L - F_{i-1}(x)}{2}\right) + F_{i-1}'(x)$$

根据方程组（5.40），可求出爆轰产物在（4-b）区的状态参数。金属板后的铝热复合波区的状态参数分析与第 4 章中关于铝热复合波区的分析相似（可参考第 4 章），而且本章的主要内容是含铝炸药的爆轰驱动问题，对于金属板后爆轰产物的流动规律，这里不再做进一步讨论。

## 5.3　含铝炸药爆轰驱动金属板的非线性特征线计算

　　本节将应用含铝炸药爆轰产物的非等熵流动模型，分析铝粉反应对金属板驱动的贡献、铝粉含量对炸药驱动能力的影响以及铝粉反应度对炸药驱动能力的影响。选取主流的 RDX 基和 HMX 基含铝炸药，分别计算铝粉含量（铝粉含量指铝粉质量分数，下同）为 10%、20%、30%和 40%的两种炸药对 1 mm 厚金属板的驱动过程。含铝炸药的基本参数见表 5.1。

表 5.1　含铝炸药的基本参数

| 炸药成分 | 密度/(g·cm$^{-3}$) | 实验爆速/(mm·μs$^{-1}$) | 炸药尺寸/mm |
|---|---|---|---|
| RDX/Al(90/10) | 1.68 | 8.030 | $\phi 50 \times 50$ |
| RDX/Al(80/20) | 1.73 | 7.770 | $\phi 50 \times 50$ |
| RDX/Al(70/30) | 1.79 | 7.580 | $\phi 50 \times 50$ |
| RDX/Al(60/40) | 1.84 | 7.200 | $\phi 50 \times 50$ |
| HMX/Al(90/10) | 1.76 | 8.300 | $\phi 50 \times 50$ |
| HMX/Al(80/20) | 1.82 | 8.300 | $\phi 50 \times 50$ |
| HMX/Al(70/30) | 1.86 | 8.000 | $\phi 50 \times 50$ |
| HMX/Al(60/40) | 1.94 | 7.700 | $\phi 50 \times 50$ |

### 5.3.1　RDX 基含铝炸药驱动金属板的非线性特征线计算结果

　　应用非线性特征线方法，分别计算铝粉含量为 10%、20%、30%和 40%的 RDX 基含铝炸药在铝粉参加反应和不参加反应情况下对 1 mm 厚铜板的驱动。计算中假设铝粉反应度随时间呈线性分布，且有效驱动时间内铝粉的最大反应度为 10%。这里的有效驱动时间指从金属板开始运动以后的 6～8 μs，因为实际的炸药驱动过程中，爆轰产物受到侧向稀疏波的作用，不可能一直对金属板产生驱动作用，一般金属板从开始运动后的 6～8 μs 达到最大速度，因此称这段驱动时间称为有效驱动时间。

　　含 10%铝粉的 RDX 基含铝炸药驱动 1 mm 厚铜板的非线性特征线计算结果见表 5.2，含 10%铝粉（铝粉不反应）的 RDX 基炸药驱动 1 mm 厚铜板的非线性特征线计算结果见表 5.3。其他铝粉含量的计算结果见附录。

表 5.2　含 10%铝粉的 RDX 基含铝炸药驱动 1 mm 厚铜板的非线性特征线计算结果

| 微时间域 | $t/\mu s$ | $\vartheta_i$ | $\xi_i$ | 金属板后产物声速 /(mm·μs⁻¹) | 金属板速度 /(mm·μs⁻¹) | 金属板后产物压强 /GPa |
|---|---|---|---|---|---|---|
| 1 | 6.23 | 0.017 1 | 1.000 0 | 8.03 | 0.00 | 64.19 |
| | 6.33 | 0.017 1 | 0.921 2 | 7.06 | 0.62 | 43.70 |
| 2 | 6.33 | 0.017 1 | 0.921 5 | 7.07 | 0.62 | 43.74 |
| | 6.43 | 0.017 1 | 0.863 7 | 6.34 | 1.05 | 31.55 |
| | 6.53 | 0.017 1 | 0.819 3 | 5.76 | 1.37 | 23.72 |
| 3 | 6.53 | 0.017 1 | 0.819 7 | 5.77 | 1.37 | 23.76 |
| | 6.63 | 0.017 1 | 0.784 3 | 5.30 | 1.62 | 18.43 |
| | 6.73 | 0.017 1 | 0.755 3 | 4.91 | 1.81 | 14.64 |
| 4 | 6.73 | 0.017 1 | 0.756 0 | 4.91 | 1.81 | 14.68 |
| | 6.83 | 0.017 1 | 0.731 8 | 4.58 | 1.96 | 11.90 |
| | 6.93 | 0.017 1 | 0.711 3 | 4.29 | 2.09 | 9.80 |
| 5 | 6.93 | 0.017 1 | 0.712 1 | 4.30 | 2.09 | 9.84 |
| | 7.03 | 0.017 1 | 0.69 44 | 4.05 | 2.19 | 8.22 |
| | 7.13 | 0.017 1 | 0.679 0 | 3.83 | 2.28 | 6.94 |
| 6 | 7.13 | 0.017 1 | 0.680 0 | 3.83 | 2.28 | 6.97 |
| | 7.23 | 0.017 1 | 0.666 4 | 3.63 | 2.36 | 5.95 |
| | 7.33 | 0.017 1 | 0.654 4 | 3.46 | 2.42 | 5.13 |
| 7 | 7.33 | 0.017 1 | 0.655 6 | 3.46 | 2.42 | 5.15 |
| | 7.43 | 0.017 1 | 0.644 8 | 3.30 | 2.48 | 4.47 |
| | 7.53 | 0.017 1 | 0.635 1 | 3.16 | 2.53 | 3.91 |
| 8 | 7.53 | 0.017 0 | 0.636 5 | 3.17 | 2.53 | 3.94 |
| | 7.63 | 0.017 0 | 0.627 7 | 3.03 | 2.57 | 3.46 |
| | 7.73 | 0.017 0 | 0.619 7 | 2.91 | 2.61 | 3.06 |
| 9 | 7.73 | 0.017 0 | 0.621 2 | 2.92 | 2.61 | 3.08 |
| | 7.83 | 0.017 0 | 0.613 8 | 2.81 | 2.64 | 2.74 |
| | 7.93 | 0.017 0 | 0.607 1 | 2.70 | 2.67 | 2.45 |

续表 5.2

| 微时间域 | $t/\mu s$ | $\vartheta_i$ | $\xi_i$ | 金属板后产物声速 /(mm·μs⁻¹) | 金属板速度 /(mm·μs⁻¹) | 金属板后产物压强 /GPa |
|---|---|---|---|---|---|---|
| 10 | 7.93 | 0.016 9 | 0.608 7 | 2.71 | 2.67 | 2.47 |
|  | 8.03 | 0.016 9 | 0.602 5 | 2.61 | 2.70 | 2.22 |
|  | 8.13 | 0.016 9 | 0.596 8 | 2.53 | 2.72 | 2.00 |
| 11 | 8.13 | 0.016 9 | 0.598 5 | 2.53 | 2.72 | 2.01 |
|  | 8.23 | 0.016 9 | 0.593 2 | 2.45 | 2.75 | 1.82 |
|  | 8.33 | 0.016 9 | 0.588 2 | 2.37 | 2.77 | 1.65 |
| 12 | 8.33 | 0.016 8 | 0.590 1 | 2.38 | 2.77 | 1.67 |
|  | 8.43 | 0.016 8 | 0.585 5 | 2.31 | 2.79 | 1.52 |
|  | 8.53 | 0.016 8 | 0.581 1 | 2.24 | 2.80 | 1.39 |
| 13 | 8.53 | 0.016 7 | 0.583 2 | 2.24 | 2.80 | 1.40 |
|  | 8.63 | 0.016 7 | 0.579 1 | 2.18 | 2.82 | 1.28 |
|  | 8.73 | 0.016 7 | 0.575 2 | 2.12 | 2.83 | 1.18 |
| 14 | 8.73 | 0.016 7 | 0.577 4 | 2.13 | 2.83 | 1.19 |
|  | 8.83 | 0.016 7 | 0.573 7 | 2.07 | 2.85 | 1.10 |
|  | 8.93 | 0.016 7 | 0.570 3 | 2.01 | 2.86 | 1.01 |
| 15 | 8.93 | 0.016 6 | 0.572 7 | 2.02 | 2.86 | 1.02 |
|  | 9.03 | 0.016 6 | 0.569 4 | 1.97 | 2.87 | 0.95 |
|  | 9.13 | 0.016 6 | 0.566 3 | 1.92 | 2.88 | 0.88 |
| 16 | 9.13 | 0.016 5 | 0.568 6 | 1.93 | 2.88 | 0.89 |
|  | 9.23 | 0.016 5 | 0.565 6 | 1.88 | 2.89 | 0.82 |
|  | 9.33 | 0.016 5 | 0.562 8 | 1.83 | 2.90 | 0.76 |
| 17 | 9.33 | 0.016 4 | 0.565 1 | 1.84 | 2.90 | 0.77 |
|  | 9.43 | 0.016 4 | 0.562 4 | 1.80 | 2.91 | 0.72 |
|  | 9.53 | 0.016 4 | 0.559 9 | 1.76 | 2.92 | 0.67 |
| 18 | 9.53 | 0.016 3 | 0.562 2 | 1.76 | 2.92 | 0.68 |
|  | 9.63 | 0.016 3 | 0.559 7 | 1.72 | 2.92 | 0.64 |
|  | 9.73 | 0.016 3 | 0.557 4 | 1.69 | 2.93 | 0.60 |

**续表 5.2**

| 微时间域 | $t/\mu s$ | $\vartheta_i$ | $\xi_i$ | 金属板后产物声速 /(mm·μs$^{-1}$) | 金属板速度 /(mm·μs$^{-1}$) | 金属板后产物压强 /GPa |
|---|---|---|---|---|---|---|
| 19 | 9.73 | 0.016 2 | 0.559 7 | 1.69 | 2.93 | 0.60 |
| | 9.83 | 0.016 2 | 0.557 4 | 1.66 | 2.94 | 0.56 |
| | 9.93 | 0.016 2 | 0.555 2 | 1.62 | 2.94 | 0.53 |
| 20 | 9.93 | 0.016 1 | 0.557 5 | 1.63 | 2.94 | 0.54 |
| | 10.03 | 0.016 1 | 0.555 4 | 1.60 | 2.95 | 0.50 |
| | 10.13 | 0.016 1 | 0.553 4 | 1.56 | 2.96 | 0.47 |
| 21 | 10.13 | 0.016 0 | 0.555 7 | 1.57 | 2.96 | 0.48 |
| | 10.23 | 0.016 0 | 0.553 8 | 1.54 | 2.96 | 0.45 |
| | 10.33 | 0.016 0 | 0.551 9 | 1.51 | 2.97 | 0.43 |
| 22 | 10.33 | 0.015 9 | 0.554 2 | 1.52 | 2.97 | 0.43 |
| | 10.43 | 0.015 9 | 0.552 4 | 1.49 | 2.97 | 0.41 |
| | 10.53 | 0.015 9 | 0.550 6 | 1.46 | 2.98 | 0.38 |
| 23 | 10.53 | 0.015 8 | 0.552 9 | 1.46 | 2.98 | 0.39 |
| | 10.63 | 0.015 8 | 0.551 2 | 1.44 | 2.98 | 0.37 |
| | 10.73 | 0.015 8 | 0.549 6 | 1.41 | 2.99 | 0.35 |
| 24 | 10.73 | 0.015 7 | 0.551 9 | 1.42 | 2.99 | 0.35 |
| | 10.83 | 0.015 7 | 0.550 3 | 1.39 | 2.99 | 0.33 |
| | 10.93 | 0.015 7 | 0.548 8 | 1.37 | 2.99 | 0.32 |
| 25 | 10.93 | 0.015 6 | 0.551 1 | 1.37 | 2.99 | 0.32 |
| | 11.03 | 0.015 6 | 0.549 6 | 1.35 | 3.00 | 0.31 |
| | 11.13 | 0.015 6 | 0.548 2 | 1.33 | 3.00 | 0.29 |
| 26 | 11.13 | 0.015 5 | 0.550 4 | 1.33 | 3.00 | 0.29 |
| | 11.23 | 0.015 5 | 0.549 0 | 1.31 | 3.00 | 0.28 |
| | 11.33 | 0.015 5 | 0.547 7 | 1.29 | 3.01 | 0.27 |

注：$\vartheta_i$ 和 $\xi_i$ 分别表示微时间域 $i$ 内的常数和变量，推导见 5.1 节。

表 5.3　含 10%铝粉（铝粉不反应）的 RDX 基炸药驱动 1 mm 厚铜板的非线性特征线计算结果

| 数据点编号 | $t/\mu s$ | $\vartheta_i$ | $\xi_i$ | 金属板后产物声速 /(mm·μs⁻¹) | 金属板速度 /(mm·μs⁻¹) | 金属板后产物压强 /GPa |
|---|---|---|---|---|---|---|
| 1 | 6.23 | 0.017 1 | 1.000 0 | 8.03 | 0.00 | 64.19 |
| 2 | 6.33 | 0.017 1 | 0.921 2 | 7.06 | 0.62 | 43.70 |
| 3 | 6.43 | 0.017 1 | 0.863 5 | 6.34 | 1.05 | 31.52 |
| 4 | 6.53 | 0.017 1 | 0.819 1 | 5.76 | 1.37 | 23.70 |
| 5 | 6.63 | 0.017 1 | 0.783 7 | 5.29 | 1.62 | 18.39 |
| 6 | 6.73 | 0.017 1 | 0.754 8 | 4.90 | 1.81 | 14.61 |
| 7 | 6.83 | 0.017 1 | 0.730 7 | 4.57 | 1.96 | 11.85 |
| 8 | 6.93 | 0.017 1 | 0.710 3 | 4.29 | 2.09 | 9.76 |
| 9 | 7.03 | 0.017 1 | 0.692 7 | 4.04 | 2.19 | 8.16 |
| 10 | 7.13 | 0.017 1 | 0.677 4 | 3.82 | 2.28 | 6.89 |
| 11 | 7.23 | 0.017 1 | 0.664 0 | 3.62 | 2.35 | 5.89 |
| 12 | 7.33 | 0.017 1 | 0.652 1 | 3.45 | 2.42 | 5.07 |
| 13 | 7.43 | 0.017 1 | 0.641 5 | 3.29 | 2.47 | 4.41 |
| 14 | 7.53 | 0.017 1 | 0.632 0 | 3.14 | 2.52 | 3.85 |
| 15 | 7.63 | 0.017 1 | 0.623 4 | 3.01 | 2.56 | 3.39 |
| 16 | 7.73 | 0.017 1 | 0.615 5 | 2.89 | 2.60 | 3.00 |
| 17 | 7.83 | 0.017 1 | 0.608 4 | 2.78 | 2.63 | 2.67 |
| 18 | 7.93 | 0.017 1 | 0.601 9 | 2.68 | 2.66 | 2.39 |
| 19 | 8.03 | 0.017 1 | 0.595 9 | 2.59 | 2.69 | 2.14 |
| 20 | 8.13 | 0.017 1 | 0.590 3 | 2.50 | 2.71 | 1.93 |
| 21 | 8.23 | 0.017 1 | 0.585 2 | 2.42 | 2.73 | 1.75 |
| 22 | 8.33 | 0.017 1 | 0.580 4 | 2.34 | 2.75 | 1.59 |
| 23 | 8.43 | 0.017 1 | 0.576 0 | 2.27 | 2.77 | 1.45 |
| 24 | 8.53 | 0.017 1 | 0.571 8 | 2.20 | 2.79 | 1.32 |
| 25 | 8.63 | 0.017 1 | 0.567 9 | 2.14 | 2.80 | 1.21 |
| 26 | 8.73 | 0.017 1 | 0.564 3 | 2.08 | 2.82 | 1.11 |

续表 5.3

| 数据点编号 | $t/\mu s$ | $\vartheta_i$ | $\xi_i$ | 金属板后产物声速 /(mm·μs⁻¹) | 金属板速度 /(mm·μs⁻¹) | 金属板后产物压强 /GPa |
|---|---|---|---|---|---|---|
| 27 | 8.83 | 0.017 1 | 0.560 9 | 2.02 | 2.83 | 1.02 |
| 28 | 8.93 | 0.017 1 | 0.557 7 | 1.97 | 2.84 | 0.95 |
| 29 | 9.03 | 0.017 1 | 0.554 6 | 1.92 | 2.85 | 0.87 |
| 30 | 9.13 | 0.017 1 | 0.551 8 | 1.87 | 2.86 | 0.81 |
| 31 | 9.23 | 0.017 1 | 0.549 0 | 1.82 | 2.87 | 0.75 |
| 32 | 9.33 | 0.017 1 | 0.546 5 | 1.78 | 2.88 | 0.70 |
| 33 | 9.43 | 0.017 1 | 0.544 0 | 1.74 | 2.89 | 0.65 |
| 34 | 9.53 | 0.017 1 | 0.541 7 | 1.70 | 2.89 | 0.61 |
| 35 | 9.63 | 0.017 1 | 0.539 5 | 1.66 | 2.90 | 0.57 |
| 36 | 9.73 | 0.017 1 | 0.537 4 | 1.63 | 2.91 | 0.53 |
| 37 | 9.83 | 0.017 1 | 0.535 4 | 1.59 | 2.91 | 0.50 |
| 38 | 9.93 | 0.017 1 | 0.533 4 | 1.56 | 2.92 | 0.47 |
| 39 | 10.03 | 0.017 1 | 0.531 6 | 1.53 | 2.92 | 0.44 |
| 40 | 10.13 | 0.017 1 | 0.529 8 | 1.50 | 2.93 | 0.42 |
| 41 | 10.23 | 0.017 1 | 0.528 2 | 1.47 | 2.93 | 0.39 |
| 42 | 10.33 | 0.017 1 | 0.526 5 | 1.44 | 2.94 | 0.37 |
| 43 | 10.43 | 0.017 1 | 0.525 0 | 1.41 | 2.94 | 0.35 |
| 44 | 10.53 | 0.017 1 | 0.523 5 | 1.39 | 2.95 | 0.33 |
| 45 | 10.63 | 0.017 1 | 0.522 1 | 1.36 | 2.95 | 0.31 |
| 46 | 10.73 | 0.017 1 | 0.520 7 | 1.34 | 2.95 | 0.30 |
| 47 | 10.83 | 0.017 1 | 0.519 4 | 1.31 | 2.96 | 0.28 |
| 48 | 10.93 | 0.017 1 | 0.518 1 | 1.29 | 2.96 | 0.27 |
| 49 | 11.03 | 0.017 1 | 0.516 9 | 1.27 | 2.96 | 0.25 |
| 50 | 11.13 | 0.017 1 | 0.515 7 | 1.25 | 2.97 | 0.24 |
| 51 | 11.23 | 0.017 1 | 0.514 5 | 1.23 | 2.97 | 0.23 |
| 52 | 11.33 | 0.017 1 | 0.513 4 | 1.21 | 2.97 | 0.22 |
| 53 | 11.43 | 0.017 1 | 0.512 4 | 1.19 | 2.97 | 0.21 |

注：$\vartheta_i$ 和 $\xi_i$ 分别表示微时间域 $i$ 内的常数和变量，推导见 5.1 节。

## 5.3.2　HMX 基含铝炸药驱动金属板的非线性特征线计算结果

应用非线性特征线方法，分别计算铝粉含量为 10%、20%、30% 和 40% 的 HMX 基含铝炸药在铝粉参加反应和不参加反应情况下对 1 mm 厚铜板的驱动。与 5.3.1 节中一样，计算中假设铝粉反应度随时间呈线性分布，且有效驱动过程中铝粉的最大反应度为 10%。含 10% 铝粉的 HMX 基含铝炸药驱动 1 mm 厚铜板的非线性特征线计算结果见表 5.4，含 10% 铝粉（铝粉不反应）的 HMX 基炸药驱动 1 mm 厚铜板的非线性特征线计算结果见表 5.5。其他铝粉含量的计算结果见附录。

表 5.4　含 10% 铝粉的 HMX 基含铝炸药驱动 1 mm 厚铜板的非线性特征线计算结果

| 微时间域 | $t/\mu s$ | $\vartheta_i$ | $\xi_i$ | 金属板后产物声速 /(mm·μs⁻¹) | 金属板速度 /(mm·μs⁻¹) | 金属板后产物压强 /GPa |
|---|---|---|---|---|---|---|
| 1 | 6.02 | 0.017 8 | 1.000 0 | 8.30 | 0.00 | 71.85 |
|   | 6.12 | 0.017 8 | 0.915 6 | 7.25 | 0.68 | 47.81 |
| 2 | 6.12 | 0.017 8 | 0.915 9 | 7.25 | 0.68 | 47.85 |
|   | 6.22 | 0.017 8 | 0.855 1 | 6.47 | 1.16 | 33.97 |
|   | 6.32 | 0.017 8 | 0.808 9 | 5.86 | 1.50 | 25.24 |
| 3 | 6.32 | 0.017 8 | 0.809 4 | 5.86 | 1.50 | 25.28 |
|   | 6.42 | 0.017 8 | 0.772 9 | 5.37 | 1.76 | 19.42 |
|   | 6.52 | 0.017 8 | 0.743 3 | 4.96 | 1.96 | 15.32 |
| 4 | 6.52 | 0.017 8 | 0.743 9 | 4.96 | 1.96 | 15.36 |
|   | 6.62 | 0.017 8 | 0.719 3 | 4.62 | 2.12 | 12.37 |
|   | 6.72 | 0.017 8 | 0.698 6 | 4.32 | 2.25 | 10.14 |
| 5 | 6.72 | 0.017 8 | 0.699 4 | 4.33 | 2.25 | 10.18 |
|   | 6.82 | 0.017 8 | 0.681 6 | 4.07 | 2.36 | 8.46 |
|   | 6.92 | 0.017 8 | 0.666 1 | 3.84 | 2.45 | 7.12 |
| 6 | 6.92 | 0.017 7 | 0.667 1 | 3.85 | 2.45 | 7.15 |
|   | 7.02 | 0.017 7 | 0.653 5 | 3.64 | 2.53 | 6.08 |
|   | 7.12 | 0.017 7 | 0.641 5 | 3.46 | 2.59 | 5.22 |

续表 5.4

| 微时间域 | $t/\mu s$ | $\vartheta_i$ | $\xi_i$ | 金属板后产物声速 /(mm·μs$^{-1}$) | 金属板速度 /(mm·μs$^{-1}$) | 金属板后产物压强 /GPa |
|---|---|---|---|---|---|---|
| | 7.12 | 0.017 7 | 0.642 7 | 3.47 | 2.59 | 5.25 |
| 7 | 7.22 | 0.017 7 | 0.631 9 | 3.31 | 2.65 | 4.55 |
| | 7.32 | 0.017 7 | 0.622 3 | 3.16 | 2.70 | 3.96 |
| | 7.32 | 0.017 7 | 0.623 6 | 3.17 | 2.70 | 3.99 |
| 8 | 7.42 | 0.017 7 | 0.614 9 | 3.03 | 2.74 | 3.50 |
| | 7.52 | 0.017 7 | 0.607 0 | 2.91 | 2.78 | 3.09 |
| | 7.52 | 0.017 6 | 0.608 4 | 2.92 | 2.78 | 3.11 |
| 9 | 7.62 | 0.017 6 | 0.601 2 | 2.80 | 2.82 | 2.76 |
| | 7.72 | 0.017 6 | 0.594 6 | 2.70 | 2.85 | 2.46 |
| | 7.72 | 0.017 6 | 0.596 1 | 2.70 | 2.85 | 2.48 |
| 10 | 7.82 | 0.017 6 | 0.590 0 | 2.61 | 2.87 | 2.22 |
| | 7.92 | 0.017 6 | 0.584 3 | 2.52 | 2.90 | 2.00 |
| | 7.92 | 0.017 5 | 0.586 1 | 2.52 | 2.90 | 2.02 |
| 11 | 8.02 | 0.017 5 | 0.580 8 | 2.44 | 2.92 | 1.82 |
| | 8.12 | 0.017 5 | 0.575 9 | 2.36 | 2.94 | 1.65 |
| | 8.12 | 0.017 4 | 0.577 8 | 2.37 | 2.94 | 1.67 |
| 12 | 8.22 | 0.017 4 | 0.573 2 | 2.29 | 2.96 | 1.52 |
| | 8.32 | 0.017 4 | 0.568 9 | 2.22 | 2.98 | 1.38 |
| | 8.32 | 0.017 4 | 0.570 9 | 2.23 | 2.98 | 1.40 |
| 13 | 8.42 | 0.017 4 | 0.566 9 | 2.17 | 2.99 | 1.28 |
| | 8.52 | 0.017 4 | 0.563 1 | 2.10 | 3.01 | 1.17 |
| | 8.52 | 0.017 3 | 0.565 3 | 2.11 | 3.01 | 1.19 |
| 14 | 8.62 | 0.017 3 | 0.561 7 | 2.05 | 3.02 | 1.09 |
| | 8.72 | 0.017 3 | 0.558 3 | 2.00 | 3.03 | 1.00 |

续表 5.4

| 微时间域 | $t/\mu s$ | $\vartheta_i$ | $\xi_i$ | 金属板后产物声速 /(mm·μs⁻¹) | 金属板速度 /(mm·μs⁻¹) | 金属板后产物压强 /GPa |
|---|---|---|---|---|---|---|
| | 8.72 | 0.017 2 | 0.560 6 | 2.01 | 3.03 | 1.02 |
| 15 | 8.82 | 0.017 2 | 0.557 4 | 1.95 | 3.04 | 0.94 |
| | 8.92 | 0.017 2 | 0.554 4 | 1.90 | 3.05 | 0.87 |
| | 8.92 | 0.017 1 | 0.556 7 | 1.91 | 3.05 | 0.88 |
| 16 | 9.02 | 0.017 1 | 0.553 8 | 1.86 | 3.06 | 0.81 |
| | 9.12 | 0.017 1 | 0.551 0 | 1.82 | 3.07 | 0.76 |
| | 9.12 | 0.017 0 | 0.553 3 | 1.83 | 3.07 | 0.77 |
| 17 | 9.22 | 0.017 0 | 0.550 6 | 1.78 | 3.08 | 0.71 |
| | 9.32 | 0.017 0 | 0.548 1 | 1.74 | 3.09 | 0.66 |
| | 9.32 | 0.016 9 | 0.550 4 | 1.75 | 3.09 | 0.67 |
| 18 | 9.42 | 0.016 9 | 0.548 0 | 1.71 | 3.10 | 0.63 |
| | 9.52 | 0.016 9 | 0.545 7 | 1.67 | 3.10 | 0.59 |
| | 9.52 | 0.016 8 | 0.548 0 | 1.68 | 3.10 | 0.59 |
| 19 | 9.62 | 0.016 8 | 0.545 7 | 1.64 | 3.11 | 0.56 |
| | 9.72 | 0.016 8 | 0.543 6 | 1.61 | 3.12 | 0.52 |
| | 9.72 | 0.016 7 | 0.545 9 | 1.61 | 3.12 | 0.53 |
| 20 | 9.82 | 0.016 7 | 0.543 8 | 1.58 | 3.12 | 0.50 |
| | 9.92 | 0.016 7 | 0.541 9 | 1.55 | 3.13 | 0.47 |
| | 9.92 | 0.016 6 | 0.544 1 | 1.56 | 3.13 | 0.47 |
| 21 | 10.02 | 0.016 6 | 0.542 2 | 1.52 | 3.13 | 0.44 |
| | 10.12 | 0.016 6 | 0.540 4 | 1.49 | 3.14 | 0.42 |
| | 10.12 | 0.016 5 | 0.542 7 | 1.50 | 3.14 | 0.42 |
| 22 | 10.22 | 0.016 5 | 0.540 9 | 1.47 | 3.14 | 0.40 |
| | 10.32 | 0.016 5 | 0.539 2 | 1.44 | 3.15 | 0.38 |

续表5.4

| 微时间域 | $t/\mu s$ | $\vartheta_i$ | $\xi_i$ | 金属板后产物声速 /(mm·μs$^{-1}$) | 金属板速度 /(mm·μs$^{-1}$) | 金属板后产物压强 /GPa |
|---|---|---|---|---|---|---|
| | 10.32 | 0.016 4 | 0.541 4 | 1.45 | 3.15 | 0.38 |
| 23 | 10.42 | 0.016 4 | 0.539 8 | 1.42 | 3.15 | 0.36 |
| | 10.52 | 0.016 4 | 0.538 2 | 1.40 | 3.16 | 0.34 |
| | 10.52 | 0.016 3 | 0.540 5 | 1.40 | 3.16 | 0.35 |
| 24 | 10.62 | 0.016 3 | 0.538 9 | 1.38 | 3.16 | 0.33 |
| | 10.72 | 0.016 3 | 0.537 5 | 1.35 | 3.16 | 0.31 |
| | 10.72 | 0.016 2 | 0.539 7 | 1.36 | 3.16 | 0.32 |
| 25 | 10.82 | 0.016 2 | 0.538 2 | 1.34 | 3.17 | 0.30 |
| | 10.92 | 0.016 2 | 0.536 9 | 1.31 | 3.17 | 0.28 |
| | 10.92 | 0.016 1 | 0.539 1 | 1.32 | 3.17 | 0.29 |
| 26 | 11.02 | 0.016 1 | 0.537 7 | 1.30 | 3.17 | 0.27 |
| | 11.12 | 0.016 1 | 0.536 4 | 1.28 | 3.18 | 0.26 |

注：$\vartheta_i$ 和 $\xi_i$ 分别表示微时间域 $i$ 内的常数和变量，推导见 5.1 节。

表5.5 含 10% 铝粉（铝粉不反应）的 HMX 基炸药驱动 1 mm 厚铜板的非线性特征线计算结果

| 数据点 编号 | $t/\mu s$ | $\vartheta_i$ | $\xi_i$ | 金属板后产物声速 /(mm·μs$^{-1}$) | 金属板速度 /(mm·μs$^{-1}$) | 金属板后产物压强 /GPa |
|---|---|---|---|---|---|---|
| 1 | 6.02 | 0.017 8 | 1.000 0 | 8.30 | 0.00 | 71.85 |
| 2 | 6.12 | 0.017 8 | 0.915 6 | 7.25 | 0.68 | 47.81 |
| 3 | 6.22 | 0.017 8 | 0.854 9 | 6.46 | 1.16 | 33.94 |
| 4 | 6.32 | 0.017 8 | 0.808 7 | 5.85 | 1.50 | 25.22 |
| 5 | 6.42 | 0.017 8 | 0.772 3 | 5.36 | 1.76 | 19.38 |
| 6 | 6.52 | 0.017 8 | 0.742 8 | 4.96 | 1.96 | 15.29 |
| 7 | 6.62 | 0.017 8 | 0.718 3 | 4.61 | 2.12 | 12.32 |
| 8 | 6.72 | 0.017 8 | 0.697 6 | 4.32 | 2.25 | 10.10 |
| 9 | 6.82 | 0.017 8 | 0.679 9 | 4.06 | 2.35 | 8.40 |

续表 5.5

| 数据点编号 | $t/\mu s$ | $\vartheta_i$ | $\xi_i$ | 金属板后产物声速/(mm·μs$^{-1}$) | 金属板速度/(mm·μs$^{-1}$) | 金属板后产物压强/GPa |
|---|---|---|---|---|---|---|
| 10 | 6.92 | 0.017 8 | 0.664 6 | 3.83 | 2.44 | 7.07 |
| 11 | 7.02 | 0.017 8 | 0.651 1 | 3.63 | 2.52 | 6.02 |
| 12 | 7.12 | 0.017 8 | 0.639 3 | 3.45 | 2.59 | 5.17 |
| 13 | 7.22 | 0.017 8 | 0.628 7 | 3.29 | 2.64 | 4.48 |
| 14 | 7.32 | 0.017 8 | 0.619 2 | 3.14 | 2.69 | 3.91 |
| 15 | 7.42 | 0.017 8 | 0.610 7 | 3.01 | 2.73 | 3.43 |
| 16 | 7.52 | 0.017 8 | 0.603 0 | 2.89 | 2.77 | 3.03 |
| 17 | 7.62 | 0.017 8 | 0.595 9 | 2.78 | 2.80 | 2.69 |
| 18 | 7.72 | 0.017 8 | 0.589 4 | 2.67 | 2.83 | 2.40 |
| 19 | 7.82 | 0.017 8 | 0.583 5 | 2.58 | 2.86 | 2.15 |
| 20 | 7.92 | 0.017 8 | 0.578 0 | 2.49 | 2.88 | 1.94 |
| 21 | 8.02 | 0.017 8 | 0.573 0 | 2.41 | 2.91 | 1.75 |
| 22 | 8.12 | 0.017 8 | 0.568 3 | 2.33 | 2.93 | 1.59 |
| 23 | 8.22 | 0.017 8 | 0.563 9 | 2.26 | 2.94 | 1.44 |
| 24 | 8.32 | 0.017 8 | 0.559 9 | 2.19 | 2.96 | 1.32 |
| 25 | 8.42 | 0.017 8 | 0.556 0 | 2.13 | 2.97 | 1.21 |
| 26 | 8.52 | 0.017 8 | 0.552 5 | 2.07 | 2.99 | 1.11 |
| 27 | 8.62 | 0.017 8 | 0.549 1 | 2.01 | 3.00 | 1.02 |
| 28 | 8.72 | 0.017 8 | 0.546 0 | 1.95 | 3.01 | 0.94 |
| 29 | 8.82 | 0.017 8 | 0.543 0 | 1.90 | 3.02 | 0.87 |
| 30 | 8.92 | 0.017 8 | 0.540 2 | 1.86 | 3.03 | 0.80 |
| 31 | 9.02 | 0.017 8 | 0.537 5 | 1.81 | 3.04 | 0.75 |
| 32 | 9.12 | 0.017 8 | 0.535 0 | 1.77 | 3.05 | 0.69 |
| 33 | 9.22 | 0.017 8 | 0.532 6 | 1.73 | 3.06 | 0.65 |
| 34 | 9.32 | 0.017 8 | 0.530 4 | 1.69 | 3.06 | 0.60 |
| 35 | 9.42 | 0.017 8 | 0.528 2 | 1.65 | 3.07 | 0.56 |

续表 5.5

| 数据点编号 | $t/\mu s$ | $\vartheta_i$ | $\xi_i$ | 金属板后产物声速 /(mm·μs⁻¹) | 金属板速度 /(mm·μs⁻¹) | 金属板后产物压强 /GPa |
|---|---|---|---|---|---|---|
| 36 | 9.52 | 0.017 8 | 0.526 1 | 1.61 | 3.08 | 0.53 |
| 37 | 9.62 | 0.017 8 | 0.524 2 | 1.58 | 3.08 | 0.49 |
| 38 | 9.72 | 0.017 8 | 0.522 3 | 1.54 | 3.09 | 0.46 |
| 39 | 9.82 | 0.017 8 | 0.520 5 | 1.51 | 3.09 | 0.44 |
| 40 | 9.92 | 0.017 8 | 0.518 8 | 1.48 | 3.10 | 0.41 |
| 41 | 10.02 | 0.017 8 | 0.517 2 | 1.45 | 3.10 | 0.39 |
| 42 | 10.12 | 0.017 8 | 0.515 6 | 1.43 | 3.11 | 0.36 |
| 43 | 10.22 | 0.017 8 | 0.514 1 | 1.40 | 3.11 | 0.34 |
| 44 | 10.32 | 0.017 8 | 0.512 7 | 1.37 | 3.12 | 0.33 |
| 45 | 10.42 | 0.017 8 | 0.511 3 | 1.35 | 3.12 | 0.31 |
| 46 | 10.52 | 0.017 8 | 0.509 9 | 1.32 | 3.12 | 0.29 |
| 47 | 10.62 | 0.017 8 | 0.508 6 | 1.30 | 3.13 | 0.28 |
| 48 | 10.72 | 0.017 8 | 0.507 4 | 1.28 | 3.13 | 0.26 |
| 49 | 10.82 | 0.017 8 | 0.506 2 | 1.26 | 3.13 | 0.25 |
| 50 | 10.92 | 0.017 8 | 0.505 1 | 1.24 | 3.14 | 0.24 |
| 51 | 11.02 | 0.017 8 | 0.503 9 | 1.22 | 3.14 | 0.23 |
| 52 | 11.12 | 0.017 8 | 0.502 9 | 1.20 | 3.14 | 0.21 |
| 53 | 11.22 | 0.017 8 | 0.501 8 | 1.18 | 3.14 | 0.20 |

注：$\vartheta_i$ 和 $\xi_i$ 分别表示微时间域 $i$ 内的常数和变量，推导见 5.1 节。

## 5.4 非线性特征线计算结果分析

在 5.3.1 和 5.3.2 两小节中，定义铝粉的反应度随时间呈线性分布，且在有效驱动时间内（金属板开始运动后的 6～8 μs）铝粉的最大反应度为 10%。定义了铝粉在爆轰产物中的反应规律后，应用含铝炸药爆轰驱动的非线性特征线方法计算了不同铝粉含量的 RDX 基和 HMX 基含铝炸药在铝粉反应和不反应条件下，炸药对 1 mm

厚铜板的驱动加速过程。需要指出，在计算过程中如果铝粉的反应度始终为零，那么就意味着爆轰产物的流动是等熵，在这种条件下非线性特征线方法与爆轰产物的等熵流动理论是等价。

## 5.4.1　不同铝粉含量的 RDX 基和 HMX 基含铝炸药驱动金属板的计算结果分析

5.3.1 节计算了 10%、20%、30% 和 40% 铝粉含量的 RDX 基含铝炸药在铝粉反应和不反应情况下对 1mm 厚铜板的驱动加速过程，下面将对计算结果进行分析。

图 5.3 中铝粉反应和不反应条件下得到的结果可以理解为针对此问题分别应用非等熵流动理论和等熵流动理论得到的计算结果。从图 5.3 中的金属板速度历程和金属板后的产物压强衰减规律可以看出，铝粉反应放热对炸药驱动做功和爆轰产物的流动产生了贡献和影响。但在当前的计算条件下（炸药中铝粉含量为 10%，铝粉反应度随时间呈线性分布，且在有效驱动时间内，铝粉反应度不超过 10%），铝粉反应对炸药做功的贡献以及对爆轰产物流动规律的影响很小，金属板的峰值速度提高 1.35%。

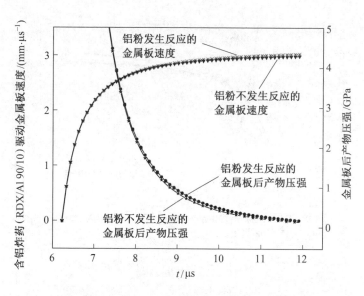

图 5.3　铝粉含量为 10% 的 RDX 基含铝炸药驱动金属板计算结果

铝粉含量为 20%、30%和 40%的 RDX 基含铝炸药驱动金属板的计算结果如图 5.4～图 5.6 所示。

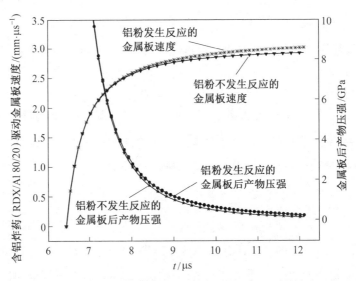

图 5.4　铝粉含量为 20%的 RDX 基含铝炸药驱动金属板计算结果

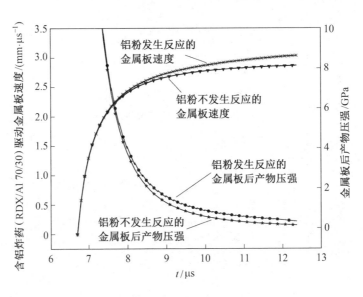

图 5.5　铝粉含量为 30%的 RDX 基含铝炸药驱动金属板计算结果

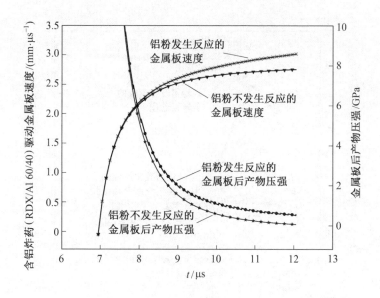

图 5.6　铝粉含量为 40%的 RDX 基含铝炸药驱动金属板计算结果

通过对比分析，可以明显看到，随着含铝炸药中铝粉含量的增加，铝粉反应对炸药做功的贡献也逐渐增大，金属板峰值速度增益分别为 3.09%、6.32%和 9.39%。然而需要指出的是，这样的计算结果是在定义了铝粉在爆轰产物中的反应规律的前提下得到的。也就是说，当铝粉在爆轰产物中的反应度变化规律保持不变时，炸药中的铝粉含量越高，对驱动金属板的贡献也就越大。然而，在实际应用中，铝粉反应度变化规律受到约束条件、氧含量等因素的影响，当炸药中铝粉含量增加后，反应度变化规律也随着改变，甚至随着炸药中铝粉含量的增加，反应度逐渐减小。因此，以上计算结果只能对铝粉反应对炸药做功的贡献进行定性分析。

5.3.2 节计算了铝粉含量为 10%、20%、30%和 40%的 HMX 基含铝炸药对 1 mm 厚铜板的驱动过程，分析结果如图 5.7～图 5.10 所示。

从图中结果曲线可以看出，在定义铝粉反应度随时间线性分布，且在有效驱动时间内铝粉反应度不超过 10%的前提下，HMX 基含铝炸药对金属板的驱动规律与 RDX 基含铝炸药相似，随着炸药中铝粉含量的增加，金属板峰值速度增益分别为 1.27%、2.82%、5.16%和 8.55%。

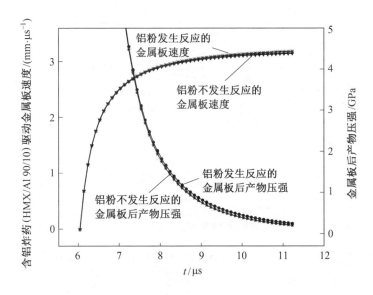

图 5.7 铝粉含量为 10% 的 HMX 基含铝炸药驱动金属板的计算结果

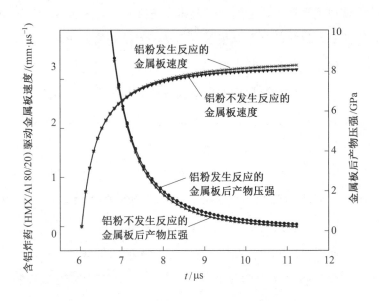

图 5.8 铝粉含量为 20% 的 HMX 基含铝炸药驱动金属板的计算结果

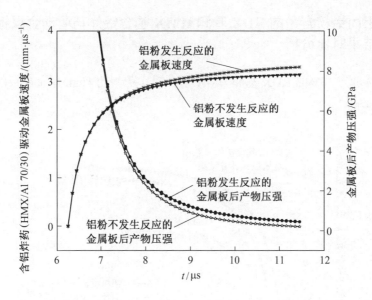

图 5.9　铝粉含量为 30% 的 HMX 基含铝炸药驱动金属板的计算结果

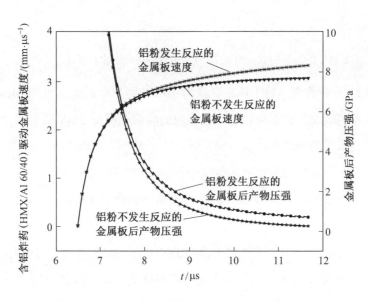

图 5.10　铝粉含量为 40% 的 HMX 基含铝炸药驱动金属板的计算结果

## 5.4.2 相同铝粉含量的 RDX 基和 HMX 基含铝炸药驱动金属板的计算 结果对比分析

铝粉含量为 10%的 RDX 基和 HMX 基含铝炸药驱动 1mm 厚金属板的计算结果 如图 5.11 所示。

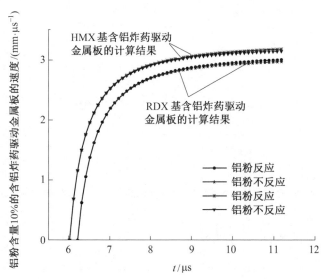

图 5.11 铝粉含量 10%的 RDX 基和 HMX 基含铝炸药驱动金属板对比

从图 5.11 可以看出，对于铝粉含量为 10%的两种含铝炸药而言，HMX 基含铝 炸药对金属板的驱动加速效果较好，金属板的峰值速度比 RDX 基含铝炸药高 6%。 铝粉反应对金属板的驱动加速有贡献，但贡献不大，对于 HMX 基和 RDX 基含铝炸 药，铝粉反应对金属板速度提升的贡献分别为 1.17%和 1.2%。

铝粉含量为 20%的 RDX 基和 HMX 基含铝炸药驱动 1 mm 厚金属板的计算结果 如图 5.12 所示。

根据图 5.12 对比铝粉含量为 20%的 RDX 基和 HMX 基含铝炸药对金属板的驱 动效果，显然 HMX 基含铝炸药驱动金属板的速度更高，且金属板的峰值速度比 RDX 基含铝炸药高 10%。在铝粉含量为 20%的情况下，铝粉反应对做功的贡献相比铝粉 含量 10%的含铝炸药要更高，受铝粉反应的影响 RDX 基和 HMX 基含铝炸药驱动金属板的速度分别增加了 2.76%和 2.69%。

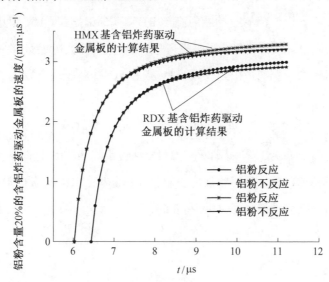

图 5.12　铝粉含量 20%的 RDX 基和 HMX 基含铝炸药驱动金属板对比

铝粉含量为 30%的 RDX 基和 HMX 基含铝炸药驱动 1 mm 厚金属板的计算结果如图 5.13 所示。

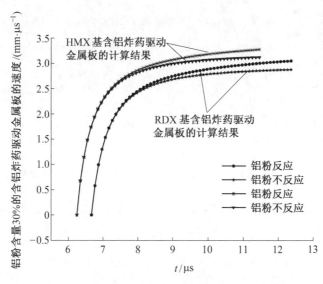

图 5.13　铝粉含量 30%的 RDX 基和 HMX 基含铝炸药驱动金属板对比

与之前铝粉含量为 10%和 20%的计算工况相似，对于铝粉含量为 30%的含铝炸药而言， HMX 基含铝炸药的驱动能力高于 RDX 基含铝炸药，HMX 基含铝炸药驱动下的金属板的峰值速度比 RDX 基炸药高 7.5%。对于铝粉含量为 30%的含铝炸药，受铝粉反应贡献能量的影响，RDX 基和 HMX 基含铝炸药驱动金属板的速度分别增加了 5.9%和 5.0%。

从图 5.14 结果可以看出，对于铝粉含量为 40%的含铝炸药而言， HMX 基含铝炸药的驱动能力高于 RDX 基含铝炸药，HMX 基含铝炸药驱动下的金属板的峰值速度比 RDX 基炸药高 9.2%。受铝粉反应贡献能量的影响，RDX 基和 HMX 基含铝炸药驱动金属板的速度分别增加了 9.3%和 8.6%。

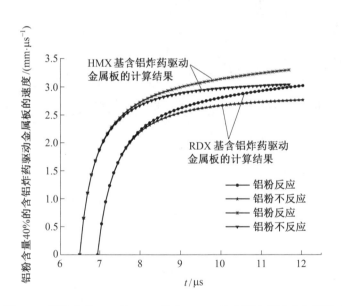

图 5.14　铝粉含量 40%的 RDX 基和 HMX 基含铝炸药驱动金属板对比

总结以上分析，在铝粉反应的情况下，RDX 基含铝炸药和 HMX 基含铝炸药驱动金属板能力的比较见表 5.6。铝粉反应对驱动金属板的贡献见表 5.7。

**表 5.6　RDX 基和 HMX 基含铝炸药驱动能力的比较**

| 铝粉含量/% | 金属板峰值速度/(mm·μs$^{-1}$) | | 速度增益/% |
|---|---|---|---|
| | RDX 基含铝炸药 | HMX 基含铝炸药 | |
| 10 | 3.003 | 3.18 | 6 |
| 20 | 2.98 | 3.28 | 10 |
| 30 | 3.03 | 3.26 | 7.5 |
| 40 | 3.02 | 3.3 | 9.2 |

**表 5.7　铝粉反应对驱动金属板的贡献**

| 铝粉含量/% | 炸药驱动金属板峰值速度/(mm·μs$^{-1}$) | | | | 铝粉反应的贡献/% | |
|---|---|---|---|---|---|---|
| | RDX 基<br>（铝粉反应） | RDX 基<br>（铝粉不反应） | HMX 基<br>（铝粉反应） | HMX 基<br>（铝粉不反应） | RDX 基 | HMX 基 |
| 10 | 3.0 | 2.97 | 3.18 | 3.14 | 1.2 | 1.17 |
| 20 | 2.98 | 2.9 | 3.28 | 3.19 | 2.76 | 2.69 |
| 30 | 3.03 | 2.86 | 3.25 | 3.10 | 5.9 | 5.0 |
| 40 | 3.02 | 2.76 | 3.29 | 3.04 | 9.3 | 8.6 |

注：铝粉反应的贡献是指铝粉反应和不反应情况下，金属板的速度增益。

通过定义铝粉在爆轰产物中的反应度变化规律（铝粉反应度随时间线性变化，且在有效驱动时间内，铝粉的反应度不超过 10%），应用含铝炸药爆轰产物的非等熵流动模型计算了 RDX 基和 HMX 基含铝炸药对 1 mm 厚金属铜板的驱动过程。通过分析发现，当铝粉在爆轰产物中以固定的反应度变化规律反应时，含铝炸药的做功能力是随着铝粉含量的增加而增加的；通过分析 RDX 基和 HMX 基两种含铝炸药，认为含铝炸药的做功能力是炸药组分和铝粉共同决定的。以上对含铝炸药驱动金属板的非线性特征线分析结果，很好地体现了铝粉反应对含铝炸药做功能力的贡献，能够定性地描述含铝炸药驱动金属板的运动过程。如果能够确定铝粉在爆轰产物中的反应度变化规律，即可比较准确地分析含铝炸药对金属板的驱动过程。

# 5.5　本章小结

本章在含铝炸药爆轰产物非等熵流动模型的基础上，应用非线性特征线方法，主要从以下几个方面从理论上分析了关于含铝炸药的爆轰驱动问题：

（1）基于含铝炸药爆轰产物的非等熵流动模型，应用非线性特征线法分析了含铝炸药对金属板的驱动问题，得到了在含铝炸药驱动条件下，金属板的运动规律。

（2）根据金属板的运动方程，得到了金属板后爆轰产物于金属板内表的反射波的特征线方程，通过理论分析复杂波系的相互作用，得到含铝炸药爆轰产物在铝热简单波区、铝热复合波区的状态分布规律。

（3）应用非线性特征线法，从理论上计算了不同铝粉含量的 RDX 基和 HMX 基含铝炸药驱动 1 mm 后铜板的速度历程。

（4）通过对比不同铝粉含量的 RDX 基和 HMX 基含铝炸药驱动金属板的计算结果，发现当铝粉的反应度在爆轰产物中的变化规律相同时，随着铝粉含量的增加，含铝炸药对金属板的驱动能力也相应增加；这点表明含铝炸药爆轰产物的非等熵流动模型很好地反映了铝粉在爆轰产物膨胀过程中的贡献。

（5）对比了铝粉含量相同的 RDX 基和 HMX 基含铝炸药对金属板的驱动规律发现，HMX 基含铝炸药驱动金属板的峰值速度始终高于 RDX 基含铝炸药。

# 第6章　含铝炸药驱动金属板实验及非等熵流动分析

本书进行含铝炸药驱动金属板实验的主要目的是得到含铝炸药爆轰产物中的铝粉反应度随时间的变化规律，结合含铝炸药爆轰产物的非等熵流动性模型，应用非线性特征线方法计算出炸药驱动金属板的速度历程，并与实验测试结果对比，验证含铝炸药非等熵流动模型的正确性。

炸药驱动金属板实验是分析和评价炸药做功能力，以及炸药能量释放规律的重要方法。对于炸药驱动金属实验，常用的测试方法包括点探针法、高速摄影法和激光位移干涉测试法。前两种方法分别通过探针信号和高速摄影设备记录的相片来得到金属板在各时间段内的平均速度，速度分辨率低，只能够满足评判炸药的做功能力，而对于分析含铝炸药能量释放规律和二次反应机制显然精度不够。激光干涉测试法是基于光学多普勒效应的测试技术，它以激光为检测光源，通过照射高速运动物体的表面，依靠反射激光频率的不同来计算物体运动速度的变化，可用于测量高速运动物体在极短时间内的速度变化，因此，本实验选择采用激光干涉测试技术研究金属板的速度和炸药的能量释放规律。

## 6.1　含铝炸药驱动金属实验

### 6.1.1　激光干涉测试设备

国内激光干涉测试设备主要有两种。一种是激光速度干涉仪，简称 VISAR，它能直接测试物体在不同时刻的运动速度。它在测量炸药驱动金属板的运动速度历程时，能够直接记录金属板表面的速度变化。在高能炸药驱动金属的实验中，炸药具有很高的爆轰压力，炸药爆炸驱动金属板的初始瞬间，在金属板内产生高强度冲击波，导致金属板表面速度急剧升高，容易造成激光速度干涉仪波形信号的丢失，从而影响测试效果。另一种是激光位移干涉仪，简称 DISAR 或 DPS，是一种新型位移和速度测试技术。它不但弥补了 VISAR 仪器在测试高速运动物体时条纹信号丢失的不足，而且可测量多种反射表面的运动速度。本节将采用新型激光位移干涉仪，测量炸药驱动金属板的速度。

DPS 包括测速主机、示波器和测速探头若干个，其中测速主机内含激光器、放大器、探测器等模块。测速主机为核心部分，用于对被测物体的多普勒信号进行检测；示波器用于数据采集；测速探头用于将探测光照射到被测物体上，并收集被测物体表面的反射光。激光位移干涉仪测试装置示意图如图 6.1 所示。

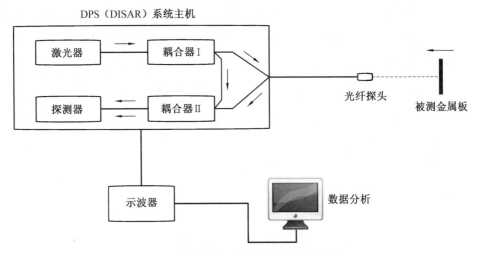

图 6.1　激光位移干涉仪测试装置示意图

## 6.1.2　实验方案设计

本实验的主要目的是得到爆轰产物中铝粉的反应度随时间的变化规律，结合含铝炸药爆轰产物的非等熵流动模型，应用非线性特征线方法计算含铝炸药驱动金属板的速度历程，并与实验结果进行比较，验证模型的正确性。由于本实验的侧重点并不是通过实验来研究含铝炸药的性质，而是通过实验来验证理论模型的正确性，因此，实验工况无须设置过多。考虑到铝粉含量（铝粉含量指铝粉质量分数，下同）为 20%～25% 时，铝粉在爆轰产物中的反应程度最高，为了更准确地得到铝粉在爆轰产物中的反应度变化规律，本实验将选用铝粉含量为 20% 的含铝炸药作为研究对象；同时为了从理论上分析铝粉反应度变化对计算结果的影响，在含铝炸药中添加不同直径的铝粉。

本实验选择 RDX 基含铝炸药作为驱动炸药，炸药中铝粉的平均直径为 5 μm 和 50 μm 两种，铝粉含量为 20%，分别驱动厚 0.5 mm 和 1 mm 的紫铜板。与此同时，为了研究含铝炸药中铝粉的能量释放规律，将用添加相同含量 LiF 的 RDX 炸药作为对比。LiF 的热力学性能与铝相似，当爆轰中保持惰性，添加 LiF 的 RDX 炸药对金属板的驱动过程可认为是铝粉完全没有反应情况下的结果。炸药参数见表 6.1。

表 6.1 试验炸药参数和铜板尺寸

| 编号 | 炸药 | 铝（或 LiF）含量/% | 炸药密度/(g·cm$^{-3}$) | 铝粉直径/μm | 金属板尺寸/mm |
| --- | --- | --- | --- | --- | --- |
| 1 | RDX/Al/黏结剂 | 20 | 1.82 | 5 | $\phi 50 \times 1$ |
| 2 | RDX/Al/黏结剂 | 20 | 1.82 | 50 | $\phi 50 \times 1$ |
| 3 | RDX/LiF/黏结剂 | 20 | 1.8 | — | $\phi 50 \times 1$ |
| 4 | RDX/Al/黏结剂 | 20 | 1.82 | 5 | $\phi 50 \times 0.5$ |
| 5 | RDX/Al/黏结剂 | 20 | 1.82 | 50 | $\phi 50 \times 0.5$ |
| 6 | RDX/LiF/黏结剂 | 20 | 1.8 | — | $\phi 50 \times 0.5$ |

注：炸药尺寸为 $\phi 50$ mm × 50 mm，黏结剂含量占炸药总量的 5%。

## 6.1.3 炸药驱动金属板实验装置及实验布置

实验装置包括雷管，传爆药柱（$\phi 15$ mm × 9 mm），8701 炸药（$\phi 50$ mm × 50 mm），含铝炸药（$\phi 50$ mm × 50 mm），内径为 50 mm、壁厚为 10 mm、长为 80 mm 的钢管，金属板（$\phi 50$ mm × 1 mm 和 $\phi 50$ mm × 0.5 mm）和探头支架。激光位移干涉仪测量炸药驱动金属板的实验布置如图 6.2 所示。测试过程为雷管引爆传爆药，接着传爆药引爆 $\phi 50$ mm × 50 mm 的 8701 炸药，当爆轰传播到含铝炸药表面时，爆轰波近似为平面波，同时触发探针在爆轰波的作用下导通，启动激光关涉仪和示波器。引爆含铝炸药后，炸药爆轰波及爆轰产物驱动金属板运动。激光器发射激光束，通过光纤探头照射到金属板表面，激光经金属板表面反射后再由光纤探头接收，通过干涉仪中的耦合器，形成入射光和发射光的干涉条纹，干涉条纹通过光电转换器转换为电信号由示波器记录测试结果。激光位移干涉仪的设备照片如图 6.3 所示。

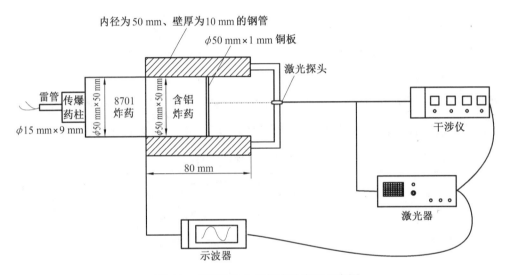

图 6.2　炸药驱动金属板实验布置示意图

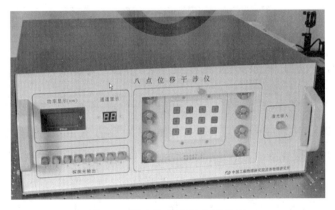

图 6.3　激光位移干涉仪设备图

## 6.2   实验结果与分析

依据表 6.1 中的实验方案，分别进行含铝炸药驱动 $\phi50$ mm×0.5 mm 和 $\phi50$ mm× 1 mm 铜板实验。通过对比含铝炸药和添加 LiF 炸药对金属板的驱动过程，可以分析铝粉反应对炸药驱动能力的贡献。

### 6.2.1   含铝炸药和含 LiF 炸药驱动金属板实验结果

含铝炸药和含 LiF 炸药驱动 0.5 mm 厚铜板的测试结果如图 6.4 所示。含铝炸药和含 LiF 炸药驱动 1 mm 厚铜板的测试结果如图 6.5 所示。

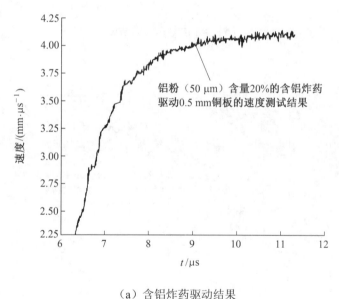

铝粉（50 μm）含量20%的含铝炸药驱动0.5 mm铜板的速度测试结果

（a）含铝炸药驱动结果

图 6.4   含铝炸药和含 LiF 炸药驱动 0.5 mm 厚铜板的测试结果

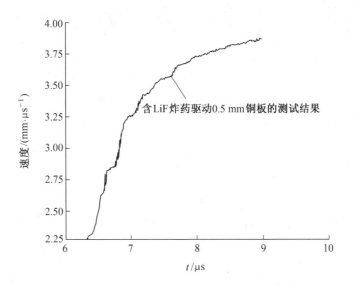

（b）含 LiF 炸药驱动结果

续图 6.4

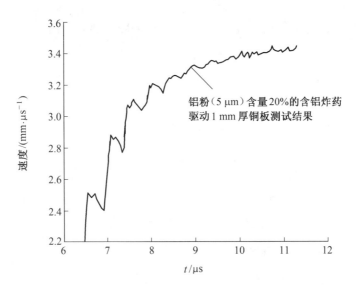

（a）5 μm 铝粉含铝炸药驱动结果

图 6.5　含铝炸药和含 LiF 炸药驱动 1 mm 厚铜板的测试结果

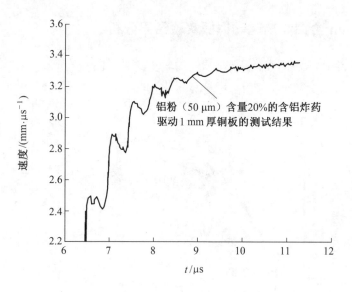

（b）50 μm 铝粉含铝炸药驱动结果

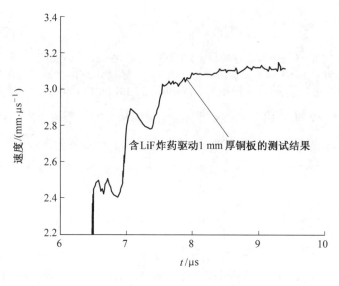

（c）含 LiF 炸药驱动结果

续图 6.5

## 6.2.2　50 μm 含铝炸药驱动铜板实验结果分析

50 μm 含铝炸药驱动 0.5 mm 厚铜板的实验结果如图 6.6 所示。

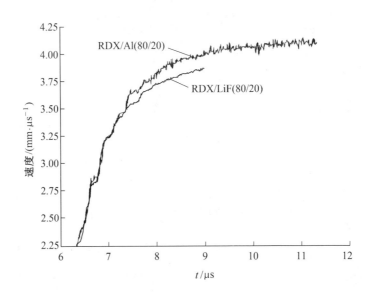

图 6.6　50 μm 含铝炸药和含 LiF 炸药驱动 0.5 mm 厚铜板实验结果

从测试结果可以看到，在铜板开始运动后的 1.4 μs 内，50 μm 含铝炸药与含 LiF 炸药对 0.5 mm 厚铜板的驱动过程几乎重合，说明从含铝炸药被引爆到炸药爆轰完成后 1.4 μs，炸药中的铝粉都保持惰性，对炸药爆轰及金属板的驱动没有贡献。从 7.4 μs 开始，铝粉反应对驱动金属板产生贡献，含铝炸药驱动金属板的能力明显高于含 LiF 炸药。

50 μm 含铝炸药驱动 1 mm 厚铜板的实验结果如图 6.7 所示。

从以上实验结果可以看到，从金属板开始运动后的 1.5 μs 内，含铝炸药和含 LiF 炸药对金属板的驱动过程几乎完全重合，说明在这段时间内铝粉没有参加反应。金属板运动 1.5 μs 后，铝粉开始对金属板驱动产生贡献，8 μs 时含 LiF 炸药驱动的金属板速度已逐渐趋于稳定，而含铝炸药驱动的金属板加速趋势依旧明显。

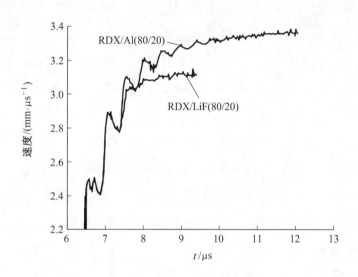

图 6.7　50 μm 含铝炸药和含 LiF 炸药驱动 1 mm 厚铜板的实验结果

## 6.2.3　不同粒度含铝炸药驱动 1 mm 厚铜板实验结果分析

不同粒度含铝炸药和含 LiF 炸药驱动 1 mm 厚铜板实验结果如图 6.8 所示。

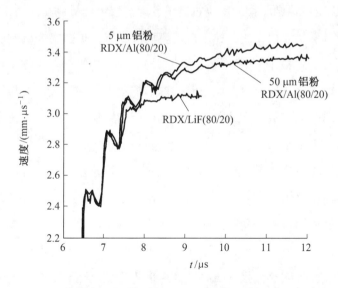

图 6.8　不同粒度含铝炸药和含 LiF 炸药驱动 1 mm 厚铜板实验结果

从图 6.8 中结果可以看到，5 μm 铝粉含铝炸药和 50 μm 铝粉含铝炸药对 1 mm 厚金属板的驱动能力，在 8.7 μs 之前几乎是完全相同的，8.7 μs 之后 5 μm 铝粉含铝炸药对金属板的加速能力更强。1 mm 厚金属板在 5 μm 铝粉含铝炸药的驱动作用下，最高速度可达到 3 453 m/s；在 5 μm 铝粉含铝炸药的驱动作用下，最高速度可达到 3 370 m/s，显然 5 μm 铝粉含铝炸药的做功能力更强。同时，根据实验结果推断，在相同条件下小尺度铝粉在炸药爆轰产物中的反应速率和反应程度更高，对含铝炸药膨胀做功的贡献更大。然而，仅仅从宏观角度分析铝粉在爆轰产物中反应是不够的，想要更清楚地认识铝粉在爆轰产物中的状态及其反应情况，需要从微观角度分析铝粒子的反应过程，找到影响铝粒子反应的因素。下面将从微观角度分析铝粒子的反应机理和影响其反应速率的因素。

## 6.3 含铝炸药爆轰产物中铝粉反应度分析

### 6.3.1 爆轰产物中铝粒子的燃烧反应机制分析

针对不同粒度的铝粒子，铝的燃烧机制可分为扩散燃烧机制和动力学燃烧机制。大量实验证明，对于尺寸较大的铝粒子，其燃烧反应符合扩散燃烧机制，燃烧模型如图 6.9（a）所示。铝粒子受热蒸发，铝蒸气与铝粒子周围的氧化物在距离铝粒子表面一定距离处发生化学反应并形成很薄的球形扩散火焰层，铝蒸气与氧化物的反应产物由火焰层向两侧扩散。以这种燃烧机制反应的铝粒子，其反应速率主要受到粒子周围氧化物向火焰层的扩散速率的控制。而对于尺寸较小的铝粒子（直径小于 20 μm），可认为粒子周围的氧化性气体非常充足，足以维持连续反应，且氧化物与铝蒸气迅速混合，使得化学反应几乎在铝粒子表面进行，燃烧模型如图 6.9（b）所示。此时其化学反应速率主要受自身化学反应速率影响，其燃烧反应符合动力学燃烧机制。对于大尺寸铝粒子，当铝粒子相对爆轰产物流的相对速度较高时，受到对流的影响铝粒子表面处的热交换和气体交换速率将增加，随着相对速度的增加，铝粒子周围的氧化物浓度增加，铝粒子的反应也将由扩散燃烧机制逐渐向动力学燃烧机制转化，当相对速度增加到某一值时，铝粒子的燃烧机制将完全转变为动力学燃烧机制。K. Aita 等人研究发现，当铝粒子的粒度达到纳米级时，铝粒子表面的氧化气体将透过粒子表面进入铝粒子内部，在内部发生化学反应，此时粒子的反应速率与表面张力有关。

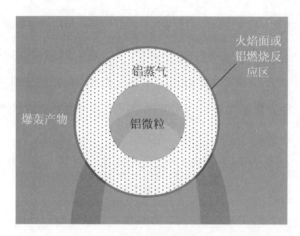

（a）扩散反应模型

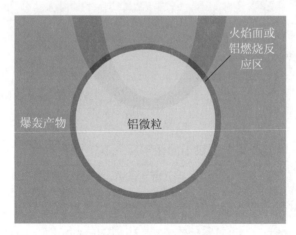

（b）动力学反应模型

图 6.9　铝粒子在爆轰产物中的反应机制

由于爆轰产物中铝粒子的反应机制（这里只讨论微米级铝粉的反应机制）受到对流速度、粒子尺寸等因素的影响，而爆轰产物中铝粒子与产物的相对流速在不断变化，因此爆轰产物中铝粒子的燃烧反应很可能是两种反应机制的混合过程，这里将从理论上分析两种燃烧反应机制的转换条件。当铝粒子以动力学反应机制反应时，其反应速率可以表示为

$$\dot{m} = ACk = ACk_0 \exp\left(\frac{-E_a}{RT}\right) \tag{6.1}$$

式中，$\dot{m}$ 为铝粒子的反应速率；$A$ 为铝粒子表面积；$C$ 为铝粒子表面氧化剂的浓度；$k$ 为粒子化学反应动力学速率；$k_0$ 为指前因子；$E_a$ 为活化能；$R$ 为普适气体常数；$T$ 为温度。

当铝粒子以扩散反应机制反应时，其反应速率可以表示为

$$\dot{m} = A\beta(C_\infty - C) \tag{6.2}$$

式中，$\beta$ 为氧化物的扩散速率系数；$C_\infty$ 为距离铝粒子无穷远处的氧化剂浓度。

联立式（6.1）和式（6.2）可得到

$$C = \left(\frac{\beta}{\beta + k}\right)C_\infty \tag{6.3}$$

将式（6.3）代入式（6.1），得到

$$\dot{m} = A\left(\frac{\beta k}{\beta + k}\right)C_\infty \tag{6.4}$$

当 $\beta \gg k$ 时，爆轰产物中铝粒子的化学反应速率可表示为

$$\dot{m} = AkC_\infty \tag{6.5}$$

此时，爆轰产物中铝粒子的反应速率与氧化物的扩散速率无关，只与粒子周围的温度和粒子表面的动力学反应速率有关，铝粒子以动力学反应机制燃烧。

当 $k \gg \beta$ 时，爆轰产物中铝粒子的化学反应速率可表示为

$$\dot{m} = A\beta C_\infty \tag{6.6}$$

此时，爆轰产物中铝粒子的反应速率只与铝粒子周围氧化物的扩散速率有关，铝粒子以扩散反应机制燃烧。

对于大直径铝粒子，如果其按照扩散反应机制发生反应，铝粒子的燃烧时间可近似表示为

$$\tau_{Al} \approx \frac{m}{\dot{m}} \sim \frac{d^3}{d^2 \beta C_\infty} = \frac{d^2}{Sh D_{oxide-Al} C_\infty} \quad (6.7)$$

式中，$\beta = \dfrac{Sh D_{oxide-Al}}{d}$；$Sh$ 为舍伍德数；$D_{oxide-Al}$ 为特性系数。

由式（6.7）可以看出，铝粒子的燃烧时间与粒子直径的平方有关，这一结论与经典的 $d^2$ 反应定律一致。而对于小直径铝粒子，其反应则主要遵循动力学反应机制，铝粒子的燃烧时间可近似表示为

$$\tau_{Al} = \approx \frac{m}{\dot{m}} \sim \frac{d^3}{d^2 k C_\infty} = \frac{d}{k C_\infty} \quad (6.8)$$

由式（6.8）可以看出，小直径铝粒子的燃烧时间与粒子的直径呈线性关系，这一结论与 Bazyn 等的实验研究结果吻合。

## 6.3.2　铝粒子尺寸及产物相对流速对燃烧反应的影响

从上节对铝粒子反应机制的分析可知，铝粒子的反应速率受到本身化学反应速率和周围氧化物扩散速率的影响。当不同直径铝粒子处于相同的反应环境时，即粒子周围的氧化物浓度相同时，粒子直径也将对反应机制产生影响。氧化物扩散速率系数与粒子直径呈反比关系，随着铝粒子直径的减小，氧化物的扩散速率将增大，铝粒子的周围的氧化物含量也相应增大，铝粒子的化学反应速率将随着铝粒子直径的减小而加快；但当氧化物浓度足够大时，铝粒子的反应机制将完全转变为动力学反应机制，此时铝粒子的反应速率将主要依赖于周围环境温度，环境温度升高则反应速率加快。

铝粒子周围氧化物扩散速率会受到氧化物相对流动速度的影响，当相对流速较小时，舍伍德数 $Sh$ 较小，相应的氧化物扩散速率系数 $\beta$ 也较小；当相对流速增大时，

氧化物扩散速率系数也随之增大，因此在其他条件相同的条件下，随着粒子周围氧化物相对流速的增加，化学反应速率也相应加快。同样，当粒子周围氧化物的相对流速达到某一特定的值，铝粒子燃烧机制将转变为动力学反应机制，相对流速的增加将不再对反应速率产生影响，此时反应速率主要依赖于周围环境温度，环境温度升高则反应速率加快。

Beckstead 研究了不同条件下的不同直径的铝粒子的反应规律，他认为直径小于 10 μm 的铝粒子在的静态反应条件下，铝粒子以动力学机制发生反应；相同条件下，直径大于 10 μm 的铝粒子以扩散反应机制反应，将此直径称为临界转换直径。根据此结果推断，当铝粒子周围氧化物的相对流速大于零时，临界转换直径也将随之增大。第 4 章中，研究了 5 μm、10 μm 和 50 μm 球形铝粒子在 HMX 炸药的爆轰波作用下的动力学响应，发现在爆轰波作用后三种尺寸的铝粒子周围的爆轰产物相对流速均为 405 m/s。综合分析以上结果，可认为直径 5 μm 和 10 μm 的铝粒子在爆轰产物中以动力学反应机制发生氧化反应，其反应速率主要受到产物温度的影响。

### 6.3.3 实验条件下铝粉反应度分析

实验中含 LiF 的炸药爆轰时，LiF 保持惰性不参加化学反应，对金属板运动做功完全是 RDX 炸药爆轰能量的贡献。而含铝炸药爆轰对金属板运动做功除了 RDX 炸药爆轰能力外，还有铝粉参加反应释放能量的贡献。在同等实验条件下，以含铝炸药驱动金属板的动能减去含 LiF 炸药驱动金属板的动能，就得到了铝粉反应释放能量对金属板驱动过程的贡献，即铝粉反应释放能量对金属板所做的有用功：

$$\Delta E(t) = \frac{1}{2} M(V_{Al}^2(t) - V_{LiF}^2(t)) \tag{6.9}$$

式中，$M$ 为金属板的质量；$V_{Al}$ 和 $V_{LiF}$ 分别表示含铝炸药和含 LiF 炸药驱动金属板的运动速度。

设金属板驱动实验的效率为 $\varpi$，铝粉的氧化反应热为 $Q_{Al}$，铝粉的反应度为 $\lambda(t)$，据此可得到

$$\Delta E(t) = \varpi Q_{Al} m a \lambda(t) \tag{6.10}$$

式中，$m$ 为含铝炸药的质量；$a$ 为含铝炸药中铝粉的百分含量。

将式（6.9）代入式（6.10）得到

$$\varpi Q_{\text{Al}} m a \lambda(t) = \frac{1}{2} M (V_{\text{Al}}^2(t) - V_{\text{LiF}}^2(t)) \tag{6.11}$$

铝粉在爆轰产物中的反应主要包括三种：$\text{Al}+1.125\text{CO}_2 \longrightarrow 0.5\text{Al}_2\text{O}_3+0.75\text{CO}+0.37\text{C}$，$\text{Al}+1.5\text{CO} \longrightarrow 0.5\text{Al}_2\text{O}_3+1.5\text{C}$，$\text{Al}+1.5\text{H}_2\text{O} \longrightarrow 0.5\text{Al}_2\text{O}_3+1.5\text{H}_2$。通过计算化学生成焓得到 $Q_{\text{Al}}=20.126\ \text{kJ/g}$，炸药驱动金属板的实验效率 $\varpi$ 取 0.18，据此可计算出铝粉的反应度变化，反应度计算结果见表 6.2～表 6.4。

表 6.2　5 μm 含铝炸药驱动 1 mm 厚金属板的铝粉反应度计算结果

| $t/\mu s$ | $\lambda/\%$ | $t/\mu s$ | $\lambda/\%$ | $t/\mu s$ | $\lambda/\%$ | $t/\mu s$ | $\lambda/\%$ |
|---|---|---|---|---|---|---|---|
| 7.48 | 1.59 | 8.38 | 3.91 | 9.28 | 7.47 | 10.18 | 9.79 |
| 7.53 | 1.62 | 8.43 | 4.11 | 9.33 | 7.65 | 10.23 | 9.88 |
| 7.58 | 1.67 | 8.48 | 4.31 | 9.38 | 7.81 | 10.28 | 9.96 |
| 7.63 | 1.73 | 8.53 | 4.52 | 9.43 | 7.98 | 10.33 | 10.04 |
| 7.68 | 1.81 | 8.58 | 4.72 | 9.48 | 8.13 | 10.38 | 10.11 |
| 7.73 | 1.89 | 8.63 | 4.93 | 9.53 | 8.28 | 10.43 | 10.18 |
| 7.78 | 1.99 | 8.68 | 5.13 | 9.58 | 8.43 | 10.48 | 10.25 |
| 7.83 | 2.11 | 8.73 | 5.34 | 9.63 | 8.57 | 10.53 | 10.31 |
| 7.88 | 2.23 | 8.78 | 5.55 | 9.68 | 8.71 | 10.58 | 10.37 |
| 7.93 | 2.36 | 8.83 | 5.75 | 9.73 | 8.84 | 10.63 | 10.44 |
| 7.98 | 2.51 | 8.88 | 5.95 | 9.78 | 8.97 | 10.68 | 10.50 |
| 8.03 | 2.66 | 8.93 | 6.16 | 9.83 | 9.09 | 10.73 | 10.55 |
| 8.08 | 2.82 | 8.98 | 6.35 | 9.88 | 9.20 | 10.78 | 10.61 |
| 8.13 | 2.99 | 9.03 | 6.55 | 9.93 | 9.31 | 10.83 | 10.67 |
| 8.18 | 3.16 | 9.08 | 6.74 | 9.98 | 9.42 | 10.88 | 10.72 |
| 8.23 | 3.34 | 9.13 | 6.93 | 10.03 | 9.52 | 10.93 | 10.78 |
| 8.28 | 3.53 | 9.18 | 7.12 | 10.08 | 9.62 | 10.98 | 10.83 |
| 8.33 | 3.72 | 9.23 | 7.30 | 10.13 | 9.71 | 11.03 | 10.89 |

表 6.3　50 μm 含铝炸药驱动 1 mm 厚金属板的铝粉反应度计算结果

| $t/\mu s$ | $\lambda/\%$ | $t/\mu s$ | $\lambda/\%$ | $t/\mu s$ | $\lambda/\%$ | $t/\mu s$ | $\lambda/\%$ |
|---|---|---|---|---|---|---|---|
| 7.09 | 0.97 | 8.17 | 3.16 | 9.25 | 5.80 | 10.33 | 7.37 |
| 7.15 | 1.03 | 8.23 | 3.32 | 9.31 | 5.92 | 10.39 | 7.43 |
| 7.21 | 1.11 | 8.29 | 3.48 | 9.37 | 6.03 | 10.45 | 7.49 |
| 7.27 | 1.19 | 8.35 | 3.63 | 9.43 | 6.15 | 10.51 | 7.55 |
| 7.33 | 1.28 | 8.41 | 3.79 | 9.49 | 6.25 | 10.57 | 7.60 |
| 7.39 | 1.38 | 8.47 | 3.95 | 9.55 | 6.36 | 10.63 | 7.66 |
| 7.45 | 1.49 | 8.53 | 4.11 | 9.61 | 6.46 | 10.69 | 7.72 |
| 7.51 | 1.60 | 8.59 | 4.26 | 9.67 | 6.55 | 10.75 | 7.78 |
| 7.57 | 1.72 | 8.65 | 4.41 | 9.73 | 6.64 | 10.81 | 7.84 |
| 7.63 | 1.85 | 8.71 | 4.57 | 9.79 | 6.73 | 10.87 | 7.90 |
| 7.69 | 1.98 | 8.77 | 4.71 | 9.85 | 6.81 | 10.93 | 7.97 |
| 7.75 | 2.11 | 8.83 | 4.86 | 9.91 | 6.89 | 10.99 | 8.03 |
| 7.81 | 2.25 | 8.89 | 5.01 | 9.97 | 6.97 | 11.05 | 8.11 |
| 7.87 | 2.40 | 8.95 | 5.15 | 10.03 | 7.04 | 11.11 | 8.18 |
| 7.93 | 2.55 | 9.01 | 5.28 | 10.09 | 7.11 | 11.17 | 8.26 |
| 7.99 | 2.70 | 9.07 | 5.42 | 10.15 | 7.18 | 11.23 | 8.35 |
| 8.05 | 2.85 | 9.13 | 5.55 | 10.21 | 7.25 | 11.29 | 8.44 |
| 8.11 | 3.00 | 9.19 | 5.68 | 10.27 | 7.31 | 11.35 | 8.54 |

表 6.4　50 μm 含铝炸药驱动 0.5 mm 厚金属板的铝粉反应度计算结果

| $t/\mu s$ | $\lambda/\%$ | $t/\mu s$ | $\lambda/\%$ | $t/\mu s$ | $\lambda/\%$ | $t/\mu s$ | $\lambda/\%$ |
|---|---|---|---|---|---|---|---|
| 6.58 | 1.85 | 7.72 | 3.21 | 8.86 | 3.99 | 10 | 5.43 |
| 6.64 | 1.99 | 7.78 | 3.24 | 8.92 | 4.04 | 10.06 | 5.51 |
| 6.7 | 2.11 | 7.84 | 3.28 | 8.98 | 4.10 | 10.12 | 5.60 |
| 6.76 | 2.23 | 7.9 | 3.31 | 9.04 | 4.17 | 10.18 | 5.68 |
| 6.82 | 2.34 | 7.96 | 3.34 | 9.1 | 4.23 | 10.24 | 5.77 |

续表 **6.4**

| $t/\mu s$ | $\lambda/\%$ | $t/\mu s$ | $\lambda/\%$ | $t/\mu s$ | $\lambda/\%$ | $t/\mu s$ | $\lambda/\%$ |
|---|---|---|---|---|---|---|---|
| 6.88 | 2.44 | 8.02 | 3.38 | 9.16 | 4.30 | 10.3 | 5.85 |
| 6.94 | 2.52 | 8.08 | 3.41 | 9.22 | 4.37 | 10.36 | 5.92 |
| 7 | 2.61 | 8.14 | 3.45 | 9.28 | 4.44 | 10.42 | 6.00 |
| 7.06 | 2.68 | 8.2 | 3.48 | 9.34 | 4.51 | 10.48 | 6.07 |
| 7.12 | 2.75 | 8.26 | 3.52 | 9.4 | 4.59 | 10.54 | 6.13 |
| 7.18 | 2.81 | 8.32 | 3.56 | 9.46 | 4.67 | 10.6 | 6.19 |
| 7.24 | 2.87 | 8.38 | 3.60 | 9.52 | 4.75 | 10.66 | 6.25 |
| 7.3 | 2.92 | 8.44 | 3.64 | 9.58 | 4.83 | 10.72 | 6.29 |
| 7.36 | 2.97 | 8.5 | 3.68 | 9.64 | 4.91 | 10.78 | 6.33 |
| 7.42 | 3.01 | 8.56 | 3.73 | 9.7 | 4.99 | 10.84 | 6.36 |
| 7.48 | 3.06 | 8.62 | 3.78 | 9.76 | 5.08 | 10.9 | 6.37 |
| 7.54 | 3.10 | 8.68 | 3.83 | 9.82 | 5.17 | 10.96 | 6.38 |
| 7.6 | 3.14 | 8.74 | 3.88 | 9.88 | 5.25 | 11.02 | 6.37 |
| 7.66 | 3.17 | 8.8 | 3.93 | 9.94 | 5.34 | | |

含铝炸药驱动 1 mm 厚金属板的铝粉反应度变化规律如图 6.10 所示。

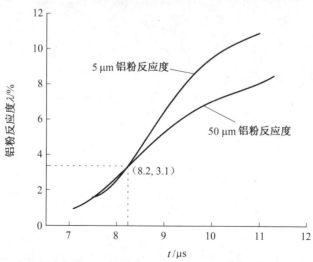

图 6.10   含铝炸药驱动 1 mm 厚金属的铝粉反应度变化规律

从图 6.10 可以看出，在金属板运动的前 2.2 μs，5 μm 和 50 μm 含铝炸药中铝粉的反应度基本相同；而 2.2 μs 以后，5μm 含铝炸药的铝粉反应度明显高于 50 μm 含铝炸药，说明小尺寸铝粉的反应度和反应速率大于大尺寸铝粉，这一结果与理论分析结论一致。根据第 4 章的研究结果可知，在爆轰波作用下，5 μm 和 50 μm 铝粒子的运动规律基本相同，与爆轰产物的相对流速也相同，因此推断，导致两种尺度铝粉反应度不同的主要因素是铝粒子表面氧化物的浓度。在铝粉反应初期，爆轰产物中的氧化物浓度可以满足两种粒度铝粉的反应需求，因此，金属板运动的前 2.2 μs 两种粒度铝粉的反应过程相近。但随着铝粉反应释放能量，铝粒子周围温度逐渐升高，粒子本身的化学反应速率逐渐加快，对氧化物的需求也越来越大。由于 5 μm 铝粉尺寸小，接触氧化物的表面积大，粒子表面的氧化物浓度也相对高于大尺寸铝粉，其反应速率受氧化物浓度的制约作用相对较小，因此小尺寸铝粉的反应速率和反应度在金属板运动 2.2 μs 后逐渐高于大尺寸铝粉。

50 μm 含铝炸药驱动 0.5 mm 厚金属板的铝粉反应度变化规律如图 6.11 所示。

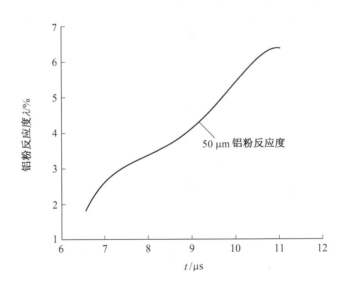

图 6.11　50 μm 含铝炸药驱动 0.5 mm 金属板的铝粉反应度变化规律

从图 6.11 的反应度变化可以发现，50 μm 含铝炸药驱动 0.5 mm 金属板的铝粉反应度低于驱动 1 mm 金属板的铝粉反应度，且反应度变化规律也与驱动 1 mm 金属板时不同，说明铝粉反应度与炸药装药条件也有很大的关系。对比 50 μm 含铝炸药驱动 0.5 mm 和 1 mm 厚金属板的速度变化历程，0.5 mm 厚金属板的速度明显高于 1 mm 厚金属板，金属板后产物的膨胀速度也更快，爆轰产物的温度衰减也快，温度的变化将影响铝粉在爆轰产物中的反应速率，这可能是相同炸药驱动条件下，0.5 mm 金属板后铝粉反应度低的原因。

## 6.4　非线性特征线理论计算

基于含铝炸药爆轰产物的非等熵流动模型，应用非线性特征线方法计算 5 μm、50 μm 含铝炸药对 0.5 mm 和 1 mm 金属板的驱动过程，分析铝粉反应对金属板后产物的声速和压强影响。含铝炸药和含 LiF 炸药的参数见表 6.5。

表 6.5　含铝炸药和含 LiF 炸药的参数

| 炸药组成 | 铝粉含量/% | 铝粉直径/μm | 炸药密度/(g·cm⁻³) | 炸药爆速/(mm·μs⁻¹) |
|---|---|---|---|---|
| RDX/Al | 20 | 5 | 1.817 | 8.223 |
| RDX/Al | 20 | 50 | 1.817 | 8.223 |
| RDX/LiF(80/20) | — | | 1.811 | 8.223 |

根据第 4 章中建立的含铝炸药爆轰产物的非等熵流动模型，计算 5 μm、50 μm 含铝炸药对 0.5 mm 和 1 mm 金属板的驱动过程。将炸药对金属板的驱动过程划分为 27 个微时间域，50 μm 含铝炸药和含 LiF 炸药驱动 0.5 mm 金属板的计算结果见表 6.6 和表 6.7，其他计算结果见附录。

表 6.6　50 μm 含铝炸药驱动 0.5 mm 金属板的计算结果

| 微时间域 | $t/\mu s$ | $\vartheta_i$ | $\xi_i$ | 金属板后产物声速 /(mm·μs$^{-1}$) | 金属板速度 /(mm·μs$^{-1}$) | 金属板后压强/GPa |
|---|---|---|---|---|---|---|
| 1 | 6.024 1 | 0.036 7 | 1.000 0 | 8.223 0 | 0.000 0 | 74.970 5 |
|  | 6.124 1 | 0.036 7 | 0.851 1 | 6.694 1 | 1.205 7 | 40.446 1 |
| 2 | 6.124 1 | 0.036 7 | 0.851 7 | 6.698 8 | 1.205 7 | 40.531 3 |
|  | 6.224 1 | 0.036 7 | 0.762 3 | 5.696 6 | 1.892 7 | 24.925 7 |
|  | 6.324 1 | 0.036 7 | 0.701 7 | 4.995 0 | 2.335 1 | 16.803 7 |
| 3 | 6.324 1 | 0.036 6 | 0.705 4 | 5.021 2 | 2.335 1 | 17.069 6 |
|  | 6.424 1 | 0.036 6 | 0.660 6 | 4.489 2 | 2.647 1 | 12.198 5 |
|  | 6.524 1 | 0.036 6 | 0.626 3 | 4.072 0 | 2.874 9 | 9.103 8 |
| 4 | 6.524 1 | 0.036 5 | 0.629 8 | 4.094 7 | 2.874 9 | 9.256 9 |
|  | 6.624 1 | 0.036 5 | 0.602 3 | 3.752 8 | 3.050 5 | 7.126 3 |
|  | 6.724 1 | 0.036 5 | 0.579 9 | 3.469 1 | 3.187 4 | 5.629 2 |
| 5 | 6.724 1 | 0.036 3 | 0.583 7 | 3.492 1 | 3.187 4 | 5.742 0 |
|  | 6.824 1 | 0.036 3 | 0.564 7 | 3.248 9 | 3.298 7 | 4.623 9 |
|  | 6.924 1 | 0.036 3 | 0.548 7 | 3.040 2 | 3.389 2 | 3.788 8 |
| 6 | 6.924 1 | 0.036 1 | 0.553 1 | 3.064 5 | 3.389 2 | 3.880 4 |
|  | 7.024 1 | 0.036 1 | 0.539 1 | 2.781 3 | 3.465 7 | 2.901 0 |
|  | 7.124 1 | 0.036 1 | 0.526 9 | 2.718 5 | 3.529 5 | 2.708 9 |
| 7 | 7.124 1 | 0.035 8 | 0.531 8 | 2.744 0 | 3.529 5 | 2.785 8 |
|  | 7.224 1 | 0.035 8 | 0.520 9 | 2.598 3 | 3.585 0 | 2.365 2 |
|  | 7.324 1 | 0.035 8 | 0.511 3 | 2.468 1 | 3.632 3 | 2.027 2 |
| 8 | 7.324 1 | 0.035 4 | 0.517 1 | 2.496 4 | 3.632 3 | 2.097 7 |
|  | 7.424 1 | 0.035 4 | 0.508 3 | 2.377 1 | 3.674 4 | 1.811 1 |
|  | 7.524 1 | 0.035 4 | 0.500 3 | 2.269 3 | 3.710 9 | 1.575 7 |
| 9 | 7.524 1 | 0.034 9 | 0.506 9 | 2.299 1 | 3.710 9 | 1.638 6 |
|  | 7.624 1 | 0.034 9 | 0.499 5 | 2.199 0 | 3.744 1 | 1.433 8 |
|  | 7.724 1 | 0.034 9 | 0.492 8 | 2.107 7 | 3.773 2 | 1.262 5 |

续表 6.6

| 微时间域 | $t/\mu s$ | $\vartheta_i$ | $\xi_i$ | 金属板后产物声速 /(mm·μs⁻¹) | 金属板速度 /(mm·μs⁻¹) | 金属板后压强/GPa |
|---|---|---|---|---|---|---|
| 10 | 7.724 1 | 0.034 4 | 0.500 1 | 2.139 0 | 3.773 2 | 1.319 6 |
|  | 7.824 1 | 0.034 4 | 0.493 8 | 2.053 2 | 3.800 0 | 1.167 1 |
|  | 7.924 1 | 0.034 4 | 0.488 0 | 1.974 4 | 3.823 8 | 1.037 8 |
| 11 | 7.924 1 | 0.033 8 | 0.495 9 | 2.006 4 | 3.823 8 | 1.089 1 |
|  | 8.024 1 | 0.033 8 | 0.490 3 | 1.931 8 | 3.846 0 | 0.972 0 |
|  | 8.124 1 | 0.033 8 | 0.485 2 | 1.862 7 | 3.865 9 | 0.871 4 |
| 12 | 8.124 1 | 0.033 1 | 0.494 1 | 1.896 7 | 3.865 9 | 0.920 0 |
|  | 8.224 1 | 0.033 1 | 0.489 1 | 1.830 8 | 3.884 7 | 0.827 4 |
|  | 8.324 1 | 0.033 1 | 0.484 5 | 1.769 4 | 3.901 7 | 0.746 9 |
| 13 | 8.324 1 | 0.032 4 | 0.494 0 | 1.804 1 | 3.901 7 | 0.791 7 |
|  | 8.424 1 | 0.032 4 | 0.489 5 | 1.745 2 | 3.918 0 | 0.716 7 |
|  | 8.524 1 | 0.032 4 | 0.485 3 | 1.690 1 | 3.932 8 | 0.650 9 |
| 14 | 8.524 1 | 0.031 6 | 0.495 8 | 1.726 6 | 3.932 8 | 0.694 0 |
|  | 8.624 1 | 0.031 6 | 0.491 6 | 1.673 3 | 3.947 1 | 0.631 7 |
|  | 8.724 1 | 0.031 6 | 0.487 8 | 1.623 3 | 3.960 1 | 0.576 8 |
| 15 | 8.724 1 | 0.030 8 | 0.498 3 | 1.658 4 | 3.960 1 | 0.615 0 |
|  | 8.824 1 | 0.030 8 | 0.494 5 | 1.609 8 | 3.972 8 | 0.562 5 |
|  | 8.924 1 | 0.030 8 | 0.490 8 | 1.564 1 | 3.984 5 | 0.515 9 |
| 16 | 8.924 1 | 0.030 1 | 0.501 5 | 1.598 0 | 3.984 5 | 0.550 2 |
|  | 9.024 1 | 0.030 1 | 0.497 9 | 1.553 5 | 3.995 9 | 0.505 5 |
|  | 9.124 1 | 0.030 1 | 0.494 5 | 1.511 4 | 4.006 4 | 0.465 5 |
| 17 | 9.124 1 | 0.029 3 | 0.505 2 | 1.544 1 | 4.006 4 | 0.496 4 |
|  | 9.224 1 | 0.029 3 | 0.501 8 | 1.503 1 | 4.016 7 | 0.457 9 |
|  | 9.324 1 | 0.029 3 | 0.498 5 | 1.464 2 | 4.026 2 | 0.423 3 |
| 18 | 9.324 1 | 0.028 5 | 0.509 3 | 1.495 9 | 4.026 2 | 0.451 3 |
|  | 9.424 1 | 0.028 5 | 0.506 1 | 1.457 9 | 4.035 6 | 0.417 8 |
|  | 9.524 1 | 0.028 5 | 0.503 1 | 1.421 8 | 4.044 2 | 0.387 5 |

续表 6.6

| 微时间域 | $t$/μs | $\vartheta_i$ | $\xi_i$ | 金属板后产物声速 /(mm·μs⁻¹) | 金属板速度 /(mm·μs⁻¹) | 金属板后压强/GPa |
|---|---|---|---|---|---|---|
| 19 | 9.524 1 | 0.027 8 | 0.513 9 | 1.452 6 | 4.044 2 | 0.413 3 |
| | 9.624 1 | 0.027 8 | 0.510 9 | 1.417 2 | 4.052 9 | 0.383 8 |
| | 9.724 1 | 0.027 8 | 0.508 0 | 1.383 5 | 4.060 9 | 0.357 1 |
| 20 | 9.724 1 | 0.027 1 | 0.518 9 | 1.413 5 | 4.060 9 | 0.380 8 |
| | 9.824 1 | 0.027 1 | 0.516 0 | 1.380 4 | 4.068 8 | 0.354 7 |
| | 9.924 1 | 0.027 1 | 0.513 2 | 1.348 9 | 4.076 2 | 0.330 9 |
| 21 | 9.924 1 | 0.026 4 | 0.524 3 | 1.378 0 | 4.076 2 | 0.352 8 |
| | 10.024 1 | 0.026 4 | 0.521 5 | 1.347 0 | 4.083 6 | 0.329 5 |
| | 10.124 1 | 0.026 4 | 0.518 8 | 1.317 4 | 4.090 5 | 0.308 3 |
| 22 | 10.124 1 | 0.025 7 | 0.530 0 | 1.345 9 | 4.090 5 | 0.328 7 |
| | 10.224 1 | 0.025 7 | 0.527 3 | 1.316 6 | 4.097 3 | 0.307 7 |
| | 10.324 1 | 0.025 7 | 0.524 7 | 1.288 7 | 4.103 8 | 0.288 6 |
| 23 | 10.324 1 | 0.025 0 | 0.536 0 | 1.316 6 | 4.103 8 | 0.307 7 |
| | 10.424 1 | 0.025 0 | 0.533 4 | 1.289 0 | 4.110 2 | 0.288 8 |
| | 10.524 1 | 0.025 0 | 0.530 9 | 1.262 5 | 4.116 3 | 0.271 3 |
| 24 | 10.524 1 | 0.024 3 | 0.542 4 | 1.289 9 | 4.116 3 | 0.289 4 |
| | 10.624 1 | 0.024 3 | 0.539 8 | 1.263 7 | 4.122 3 | 0.272 1 |
| | 10.724 1 | 0.024 3 | 0.537 3 | 1.238 6 | 4.128 0 | 0.256 2 |
| 25 | 10.724 1 | 0.023 7 | 0.549 0 | 1.265 4 | 4.128 0 | 0.273 2 |
| | 10.824 1 | 0.023 7 | 0.546 5 | 1.240 6 | 4.133 8 | 0.257 5 |
| | 10.924 1 | 0.023 7 | 0.544 1 | 1.216 7 | 4.139 2 | 0.242 9 |
| 26 | 10.924 1 | 0.023 1 | 0.555 8 | 1.243 1 | 4.139 2 | 0.259 0 |
| | 11.024 1 | 0.023 1 | 0.553 4 | 1.219 4 | 4.144 6 | 0.244 5 |
| | 11.124 1 | 0.023 1 | 0.551 0 | 1.196 6 | 4.149 7 | 0.231 0 |
| 27 | 11.124 1 | 0.022 5 | 0.563 0 | 1.222 5 | 4.149 7 | 0.246 3 |
| | 11.224 1 | 0.022 5 | 0.560 6 | 1.199 9 | 4.154 9 | 0.232 9 |
| | 11.324 1 | 0.022 5 | 0.558 2 | 1.178 2 | 4.159 8 | 0.220 5 |

注：$\vartheta_i$ 和 $\xi_i$ 分别表示微时间域 $i$ 内的常数和变量，推导见 5.1 节。

表 6.7　含 LiF 炸药驱动 0.5 mm 金属板的计算结果

| 编号 | $t/\mu s$ | $\vartheta_i$ | $\xi_i$ | 金属板后产物声速 /(mm·μs$^{-1}$) | 金属板速度 /(mm·μs$^{-1}$) | 金属板后压强/GPa |
|---|---|---|---|---|---|---|
| 1 | 6.024 1 | 0.036 7 | 1.000 0 | 8.223 0 | 0.000 0 | 74.970 5 |
| 2 | 6.124 1 | 0.036 7 | 0.851 1 | 6.694 1 | 1.205 7 | 40.446 1 |
| 3 | 6.224 1 | 0.036 7 | 0.761 9 | 5.693 4 | 1.891 4 | 24.883 7 |
| 4 | 6.324 1 | 0.036 7 | 0.701 4 | 4.992 6 | 2.333 1 | 16.779 5 |
| 5 | 6.424 1 | 0.036 7 | 0.657 3 | 4.466 8 | 2.640 1 | 12.016 8 |
| 6 | 6.524 1 | 0.036 7 | 0.623 5 | 4.053 7 | 2.864 7 | 8.981 6 |
| 7 | 6.624 1 | 0.036 7 | 0.596 7 | 3.718 4 | 3.035 3 | 6.932 2 |
| 8 | 6.724 1 | 0.036 7 | 0.574 9 | 3.439 6 | 3.168 6 | 5.486 9 |
| 9 | 6.824 1 | 0.036 7 | 0.556 8 | 3.203 2 | 3.275 2 | 4.431 5 |
| 10 | 6.924 1 | 0.036 7 | 0.541 4 | 2.999 7 | 3.362 0 | 3.639 4 |
| 11 | 7.024 1 | 0.036 7 | 0.528 2 | 2.822 4 | 3.433 8 | 3.031 5 |
| 12 | 7.124 1 | 0.036 7 | 0.516 7 | 2.666 2 | 3.493 9 | 2.555 5 |
| 13 | 7.224 1 | 0.036 7 | 0.506 7 | 2.527 4 | 3.544 9 | 2.176 8 |
| 14 | 7.324 1 | 0.036 7 | 0.497 8 | 2.403 2 | 3.588 9 | 1.871 4 |
| 15 | 7.424 1 | 0.036 7 | 0.489 9 | 2.291 2 | 3.626 2 | 1.621 8 |
| 16 | 7.524 1 | 0.036 7 | 0.482 8 | 2.189 7 | 3.658 9 | 1.415 6 |
| 17 | 7.624 1 | 0.036 7 | 0.476 4 | 2.097 2 | 3.687 6 | 1.243 7 |
| 18 | 7.724 1 | 0.036 7 | 0.470 5 | 2.012 5 | 3.712 9 | 1.099 0 |
| 19 | 7.824 1 | 0.036 7 | 0.465 2 | 1.934 6 | 3.735 3 | 0.976 3 |
| 20 | 7.924 1 | 0.036 7 | 0.460 4 | 1.862 8 | 3.755 2 | 0.871 6 |
| 21 | 8.024 1 | 0.036 7 | 0.455 9 | 1.796 2 | 3.773 0 | 0.781 4 |
| 22 | 8.124 1 | 0.036 7 | 0.451 8 | 1.734 5 | 3.789 1 | 0.703 6 |
| 23 | 8.224 1 | 0.036 7 | 0.448 0 | 1.676 9 | 3.803 5 | 0.635 8 |
| 24 | 8.324 1 | 0.036 7 | 0.444 4 | 1.623 2 | 3.816 6 | 0.576 7 |
| 25 | 8.424 1 | 0.036 7 | 0.441 2 | 1.572 8 | 3.828 5 | 0.524 6 |
| 26 | 8.524 1 | 0.036 7 | 0.438 1 | 1.525 6 | 3.839 3 | 0.478 8 |
| 27 | 8.624 1 | 0.036 7 | 0.435 2 | 1.481 2 | 3.849 2 | 0.438 2 |

续表 6.7

| 编号 | $t/\mu s$ | $\vartheta_i$ | $\xi_i$ | 金属板后产物声速 /(mm·μs$^{-1}$) | 金属板速度 /(mm·μs$^{-1}$) | 金属板后压强/GPa |
|---|---|---|---|---|---|---|
| 28 | 8.724 1 | 0.036 7 | 0.432 5 | 1.439 4 | 3.858 3 | 0.402 1 |
| 29 | 8.824 1 | 0.036 7 | 0.430 0 | 1.399 9 | 3.866 6 | 0.369 9 |
| 30 | 8.924 1 | 0.036 7 | 0.427 6 | 1.362 6 | 3.874 3 | 0.341 1 |
| 31 | 9.024 1 | 0.036 7 | 0.425 3 | 1.327 2 | 3.881 4 | 0.315 2 |
| 32 | 9.124 1 | 0.036 7 | 0.423 2 | 1.293 7 | 3.887 9 | 0.291 9 |
| 33 | 9.224 1 | 0.036 7 | 0.421 2 | 1.261 8 | 3.894 0 | 0.270 9 |
| 34 | 9.324 1 | 0.036 7 | 0.419 3 | 1.231 5 | 3.899 7 | 0.251 8 |
| 35 | 9.424 1 | 0.036 7 | 0.417 5 | 1.202 7 | 3.904 9 | 0.234 6 |
| 36 | 9.524 1 | 0.036 7 | 0.415 8 | 1.175 2 | 3.909 8 | 0.218 8 |
| 37 | 9.624 1 | 0.036 7 | 0.414 2 | 1.148 9 | 3.914 4 | 0.204 5 |
| 38 | 9.724 1 | 0.036 7 | 0.412 6 | 1.123 8 | 3.918 6 | 0.191 4 |
| 39 | 9.824 1 | 0.036 7 | 0.411 1 | 1.099 8 | 3.922 7 | 0.179 4 |
| 40 | 9.924 1 | 0.036 7 | 0.409 7 | 1.076 8 | 3.926 4 | 0.168 3 |
| 41 | 10.024 1 | 0.036 7 | 0.408 4 | 1.054 8 | 3.929 9 | 0.158 2 |
| 42 | 10.124 1 | 0.036 7 | 0.407 1 | 1.033 6 | 3.933 2 | 0.148 9 |
| 43 | 10.224 1 | 0.036 7 | 0.405 8 | 1.013 3 | 3.936 4 | 0.140 3 |
| 44 | 10.324 1 | 0.036 7 | 0.404 6 | 0.993 8 | 3.939 3 | 0.132 3 |
| 45 | 10.424 1 | 0.036 7 | 0.403 5 | 0.975 0 | 3.942 1 | 0.125 0 |
| 46 | 10.524 1 | 0.036 7 | 0.402 4 | 0.957 0 | 3.944 7 | 0.118 2 |
| 47 | 10.624 1 | 0.036 7 | 0.401 3 | 0.939 6 | 3.947 2 | 0.111 8 |
| 48 | 10.724 1 | 0.036 7 | 0.400 3 | 0.922 8 | 3.949 6 | 0.106 0 |
| 49 | 10.824 1 | 0.036 7 | 0.399 4 | 0.906 6 | 3.951 8 | 0.100 5 |
| 50 | 10.924 1 | 0.036 7 | 0.398 4 | 0.891 0 | 3.953 9 | 0.095 4 |
| 51 | 11.024 1 | 0.036 7 | 0.397 5 | 0.875 9 | 3.955 9 | 0.090 6 |
| 52 | 11.124 1 | 0.036 7 | 0.396 6 | 0.861 3 | 3.957 8 | 0.086 2 |
| 53 | 11.224 1 | 0.036 7 | 0.395 8 | 0.847 3 | 3.959 6 | 0.082 0 |
| 54 | 11.324 1 | 0.036 7 | 0.395 0 | 0.833 6 | 3.961 4 | 0.078 1 |

含铝炸药和含 LiF 炸药驱动 0.5 mm 和 1 mm 厚金属板的实验和计算结果对比如图 6.12 和图 6.13 所示。

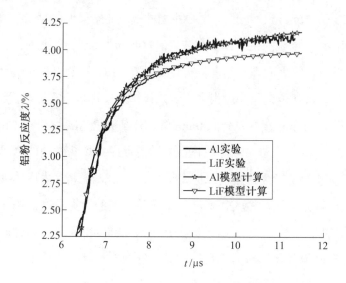

图 6.12　50 μm 含铝炸药和含 LiF 炸药驱动 0.5 mm 金属的实验和计算结果

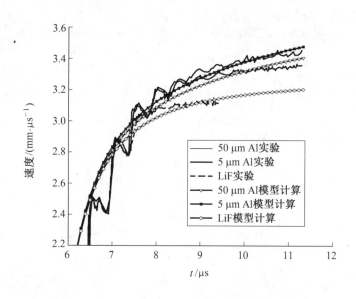

图 6.13　不同粒度含铝炸药和含 LiF 炸药驱动 1 mm 金属板的实验和计算结果

从图 6.12 中的对比结果可以看出，非等熵流动理论的计算结果与实验结果保持了较好的一致性。在 6.3~8 μs 的驱动时间段内，计算结果稍大于实验测试结果，8 μs 后计算结果与实验结果一致性较高。需要指出的是，此结果仅针对爆轰波到达金属后的 6 μs 的时间内，由于强约束壳体膨胀破裂的时间约为 6 μs，在此时间段内爆轰产物受稀疏波的影响较小，因此理论结果与实验结果较一致；而当强约束壳体破裂时，产物开始泄漏，稀疏波对驱动将产生很大影响，计算结果将高于实验测试结果。

图 6.13 对比了 5 μm 含铝炸药、50 μm 含铝炸药和含 LiF 炸药对 1 mm 厚金属板的实验和计算结果。计算结果较好地体现了铝粉反应对炸药做功能力的贡献以及铝粉粒度不同对炸药做功能力的影响，但由于受到 1 mm 金属板内应力波的影响，驱动加速段实验测试结果波动较大，影响了铝粉反应度的计算精度，进而影响了非等熵理论的计算结果，因此此计算结果与实验结果吻合度不高。但总体而言，非等熵理论模型能够较好地体现铝粉后期反应对做功能力的贡献，且前期驱动结果与强约束条件下的驱动金属板实验结果保持较好的一致性。

含铝炸药和含 LiF 炸药驱动 0.5 mm 和 1 mm 厚金属板过程中，板后爆轰产物的声速和压力变化计算结果如图 6.14~图 6.17 所示。

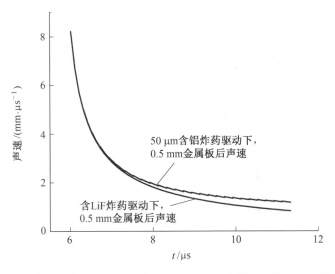

图 6.14　50 μm 含铝炸药和含 LiF 炸药驱动下 0.5 mm 金属板后爆轰产物的声速变化

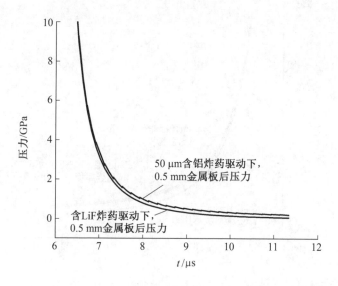

图 6.15　50 μm 含铝炸药和含 LiF 炸药驱动下 0.5 mm 金属板后爆轰产物的压力变化

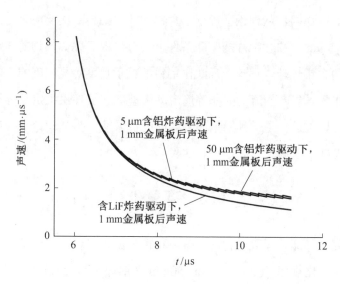

图 6.16　不同粒度含铝炸药和含 LiF 炸药驱动下 1 mm 金属板后爆轰产物的声速变化

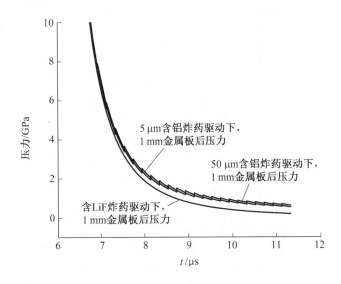

图 6.17　不同粒度含铝炸药和含 LiF 炸药驱动下 1 mm 金属板后爆轰产物的压力变化

从以上计算结果不难发现，含铝炸药爆轰驱动条件下的金属板后产物声速和压力都高于含 LiF 炸药，从理论上说明了含铝炸药中铝粉二次反应对爆轰驱动做功的贡献；同时，5 μm 铝粉含铝炸药驱动条件下的金属板后爆轰产物的声速和压力都高于 50 μm 铝粉含铝炸药，理论上反映出铝粉的粒子尺度对反应度的影响。以上结果表明，含铝炸药爆轰产物流动的非等熵流动模型能够从理论上定性分析含铝炸药爆轰产物的非等熵流动，是一种简单而有效的分析方法，为从理论上分析含铝炸药爆轰产物流动提供了依据。

## 6.5　本章小结

为了研究含铝炸药爆轰产物的非等流动模型的正确性，同时获得铝粉在爆轰产物中的反应度变化规律，设计了 5 μm、50 μm 含铝炸药和含 LiF 炸药驱动 0.5 mm 和 1 mm 厚金属板实验，应用激光干涉测试设备记录了炸药对金属板的驱动历程。根据实验测试的结果，做了以下工作：

（1）对比含铝炸药和含 LiF 炸药对金属板的驱动结果发现，从金属板开始运动后的 0～1.5 μs 的时间内，两种炸药的对金属板的驱动过程几乎完全相同，说明在这段时间内铝粉没有反应。而当金属板运动 1.5 μs 后，含铝炸药对金属板的做功能力逐渐高于含 LiF 炸药，金属板最大速度比含 LiF 炸药驱动条件下高 6%～8%。通过对比 5 μm、50 μm 含铝炸药对 1 mm 厚金属板的驱动能力，发现 5 μm 含铝炸药对金属板的驱动能力强于 50 μm 含铝炸药，说明 5 μm 铝粉在爆轰产物中的反应速率和反应度高于 50 μm 铝粉。

（2）根据含铝炸药与含 LiF 炸药驱动金属板的动能差，计算了铝粉在爆轰产物中的反应度，得到了铝粉在爆轰产物中的反应度变化规律。

（3）从理论上分析了铝粉在爆轰产物中的反应机制，得出了铝粉反应速率受粒子周围氧化物浓度和产物温度的影响，理论解释了小尺寸铝粉反应度大于大尺寸铝粉的实验现象。

（4）根据计算得到的铝粉反应度，应用含铝炸药爆轰产物的非等熵流动模型，从理论上计算了 5 μm、50 μm 含铝炸药和含 LiF 炸药驱动 0.5 mm 和 1 mm 厚金属板，将理论计算结果与实验结果对比，含铝炸药爆轰产物的非等熵流动模型能够很好地描述铝粉在爆轰产物中的二次反应贡献，同时也验证了理论的正确性。

# 第7章 总结与展望

## 7.1 总 结

本书主要对微米级铝粉含铝炸药爆轰产物的非等熵膨胀规律进行理论分析，目标是建立一种理论分析模型，描述包含铝粉氧化反应的爆轰产物流动规律，从理论上研究铝粉反应对炸药做功能力的贡献，填补含铝炸药爆轰产物膨胀规律的理论空白，为从理论上分析含铝炸药爆轰产物的流动规律提供一种方法。本书的主要研究内容包括以下内容：

首先，从假设条件、爆轰产物状态方程和特征线方程组的建立三方面分析了理想炸药爆轰产物的等熵流动理论。应用等熵流动理论分析了端面引爆条件下，理想炸药爆轰产物的等熵流动规律，得到了爆轰产物流域的状态参数方程；同时，分析了理想炸药对金属板的驱动过程，得到了金属板的运动方程和金属板后的产物流动规律。通过以上分析，深入解析了理想炸药爆轰产物等熵流动模型的建模思想、假设依据和适用范围。针对含铝炸药爆轰产物的非理想特性，即铝粉在爆轰产物中的二次反应特性，对含铝炸药爆轰产物的膨胀过程进行了热力学分析。基于热力学理论，引起爆轰产物熵变化的因素可分为两部分：一是产物与外界环境的热交换引起的熵流；二是由产物流动过程中发生的电磁效应和化学反应等不可逆过程引起的熵产。考虑到炸药爆轰产物的膨胀速度非常快，分析中忽略了产物与外界环境的热交换，假设产物发生绝热膨胀，因此，膨胀过程中的熵流为零。通过分析，产物膨胀过程中的电磁效应和化学反应都会引起熵产，但与产物中化学反应引起的熵变相比，电磁效应的影响可以忽略不计，因此，引起爆轰产物熵增的主要因素是铝粉与爆轰产物的化学反应，且这部分熵增是不可忽略的。很明显，经典的爆轰产物等熵流动理论，对于含铝炸药爆轰产物的非等熵流动是有局限性的。通过分析等熵流动理论的局限性，为建立含铝炸药爆轰产物的非等熵流动理论提供了思路和理论基础。

为了科学地建立含铝炸药爆轰产物的非等熵流动模型，就要明确产物中铝粉与炸药反应物的相互作用和相对运动，即铝粉与爆轰产物相互作用对产物流动的影响。针对这一问题，本书详细研究了铝粉受到爆轰波作用后动力学响应，且分析了铝粉在炸药中的位置、铝粉尺度以及不同炸药爆轰波作用条件下，对铝粉动力学响应的影响。在研究中，认为铝粉在爆轰波作用过程中始终保持惰性，即只发生物理变化，不发生化学反应。

通过计算距离炸药起爆面不同距离处的相同直径的铝粒子受到爆轰波作用的动力学响应，发现距离起爆面 50 μm 以上的铝粒子的动力学响应几乎完全相同，故在计算中可认为爆轰波传播到距离起爆面 50 μm 处时，炸药已处于稳定爆轰阶段，此后的计算研究中铝粒子与起爆面的距离均为 50 μm 以上。数值计算了直径 50 nm、5 μm、10 μm 和 50 μm 的铝粒子受到爆轰波作用后的粒子运动、变形和粒子内部的压力分布，研究发现 5 μm、10 μm 和 50 μm 铝粒子的动力学响应除了作用时间不同以外，粒子的速度变化、粒子内部的压力变化几乎相同，且粒子与爆轰产物的相对速度也几乎相同；然而 50 nm 铝粒子的动力学响应不同于微米级铝粉，微米级铝粉的响应规律不同于纳米级铝粉。计算研究了不同炸药爆轰波作用铝粒子后，铝粒子的动力学响应，研究发现炸药密度和金属粒子密度的比值与速度比例因子呈某种特定关系，炸药密度越高，铝粒子的运动速度与爆轰产物流动速度越接近。微米级铝粒子在受到常用炸药爆轰波作用后，铝粒子与爆轰产物的速度比例因子为 0.655～0.68，铝粒子与爆轰产物的最大相对速度约为 500 m/s。在爆轰波作用铝粒子过程中，铝粒子与爆轰产物的相对速度较大，持续时间受粒子直径的影响，一般持续 0.01～0.1 μs，爆轰波通过铝粒子后，铝粒子与爆轰产物的速度很快减小，爆轰产物衰减速度比铝粒子更快，最终铝粒子与爆轰产物可近似认为一起运动。

在第 2 章和第 3 章研究的基础上，提出含铝炸药爆轰产物膨胀过程的局部等熵假设，在此假设的基础上建立含铝炸药爆轰产物的非等熵流动模型，应用非线性特征线方法分析了含铝炸药爆轰产物的流动规律，并计算了炸药驱动条件下金属板的运动历程。考虑到铝粉反应速度相对较慢，设想在一个时间间隔非常小的流动过程中，铝粉反应和产物膨胀引起的熵变较小，此过程可近似认为是等熵膨胀。那么，含铝炸药爆轰产物的膨胀过程可近似认为由许多小的等熵膨胀过程组成，但每个等熵膨胀过程中的熵是不同的，这便是含铝炸药爆轰产物的局部等熵假设。在理想炸药爆轰产物的近似状态方程和铝粉反应对压力的贡献方程的基础上，得到了含铝炸药爆轰产物的近似状态方程。在局部等熵假设的基础上，通过热力学变换，得到含铝炸药爆轰产物的等熵方程（方程与铝粉反应度有关）。基于爆轰产物绝热流动的动力学方程组，结合局部等熵假设，通过非线性特征线变换，得到含铝炸药爆轰产物非等熵膨胀的特征线方程组。根据含铝炸药的初始密度、铝粉含量、炸药爆速和铝粉反应度即可求出含铝炸药的初始爆轰参数，再根据不同时间域内铝粉的反应度求出相邻时间域爆轰产物的状态参数关系，最终即可从理论上计算出含铝炸药爆轰产物的膨胀规律。通过从理论上分析含铝炸药爆轰产物的膨胀规律发现，产物的膨胀受到铝粉反应度的影响，当铝粉反应度设置为零时，爆轰产物的膨胀规律与理想炸药的等熵膨胀理论一致。通过含铝炸药爆轰产物的非等熵流动理论，分析了炸药驱动下金属板的运动规律和金属板后爆轰的流动规律，得到了金属板运动的解析表达式和金属板后爆轰产物的流动方程组。

设计了 5 μm、50 μm 含铝炸药和含 LiF 炸药驱动 0.5 mm 和 1 mm 后金属板实验，通过激光位移干涉仪测试金属板运动的速度历程，通过实验结果间接计算了铝粉在爆轰产物中的反应度，结合含铝炸药爆轰产物的非等熵流动模型，从理论上计算了不同炸药驱动金属板的速度历程。理论计算结果与实验结果进行对比，理论方法能够很好地描述铝粉二次反应对炸药做功能力的贡献，通过实验验证了含铝炸药爆轰产物非等熵流动模型的正确性。

本书的主要创新点包括以下几个方面：

（1）根据含铝炸药的二次反应特性，并考虑到铝粉反应释放能量的速率相对爆轰反应速率较慢，提出了含铝炸药爆轰产物的局部等熵假设，使从理论上分析含铝炸药爆轰产物的膨胀规律成为可能。

（2）为了研究铝粉动力学响应对爆轰产物流域的影响，本书应用理论分析和数值计算相结合的方法分析了不同粒度、炸药中不同位置的铝粉受到不同炸药爆轰波作用后的动力学响应，为简化含铝炸药爆轰产物的非等熵流动模型提供了依据。

（3）结合理想炸药爆轰产物的近似状态方程和铝粉反应对压力的贡献方程，得到了含铝炸药爆轰产物的状态方程，状态方程中引入反应度概念，能够描述铝粉反应对产物状态参数的贡献。

（4）基于含铝炸药爆轰产物的局部等熵假设，建立了含铝炸药爆轰产物的非等熵流动模型；通过模型分析了爆轰产物中铝粉反应对产物状态参数的影响，计算了爆轰产物状态参数的时间和空间变化规律，获得了含铝炸药爆轰产物非等熵流动过程的清晰物理图像。

（5）在含铝炸药爆轰产物非等熵流动模型的基础上，发展了针对含铝炸药爆轰驱动问题的非线性特征线方法。应用非线性特征线法对含铝炸药爆轰驱动金属板和金属板后产物的非等熵膨胀过程进行了理论分析，得到了金属板运动的运动方程和金属板后爆轰产物流动的非线性特征线方程。

## 7.2 展　望

本书主要从理论上研究了含铝炸药爆轰产物的非等熵流动规律，理论分析中铝粉的反应度变化规律很重要，是准确描述含铝炸药爆轰产能流动规律的关键。而本书的铝粉反应度是根据实验结果间接得到的，对于铝粉在爆轰产物中的反应规律只做了定性分析，在对含铝炸药爆轰产物的理论研究中，可以对以下几方面做进一步研究：

（1）理论研究铝粉在爆轰产物中的反应延迟时间，分析铝粉在爆轰产物中的点火条件及影响点火的因素，建立铝粉在爆轰产物中的点火模型。

（2）从理论上研究含铝炸药在爆轰产物中的氧化反应，找出影响铝粉化学反应速率的主要因素，得到铝粉反应速率的理论模型。

（3）设计实验，观测铝粉在爆轰产物中的反应延迟时间，得到铝粉在爆轰产物中的点火模型。

# 附　　录

含 20%铝粉的 RDX 基含铝炸药驱动 1 mm 厚铜板的非线性特征线计算结果，见附表 1。含 20%铝粉（铝粉不反应）的 RDX 基炸药驱动 1 mm 厚铜板的非线性特征线计算结果，见附表 2。

附表 1　含 20%铝粉的 RDX 基含铝炸药驱动 1 mm 厚铜板的非线性特征线计算结果

| 微时间域 | $t/\mu s$ | $\vartheta_i$ | $\xi_i$ | 金属板后产物声速 /(mm·$\mu s^{-1}$) | 金属板速度 /(mm·$\mu s^{-1}$) | 金属板后产物压强 /GPa |
|---|---|---|---|---|---|---|
| 1 | 6.44 | 0.017 5 | 1.000 0 | 7.77 | 0.00 | 61.89 |
| | 6.54 | 0.017 5 | 0.921 4 | 6.85 | 0.60 | 42.34 |
| 2 | 6.54 | 0.017 5 | 0.922 0 | 6.85 | 0.60 | 42.42 |
| | 6.64 | 0.017 5 | 0.864 1 | 6.15 | 1.02 | 30.71 |
| | 6.74 | 0.017 5 | 0.819 4 | 5.60 | 1.33 | 23.16 |
| 3 | 6.74 | 0.017 5 | 0.820 5 | 5.61 | 1.33 | 23.25 |
| | 6.84 | 0.017 5 | 0.784 8 | 5.16 | 1.57 | 18.08 |
| | 6.94 | 0.017 5 | 0.755 6 | 4.78 | 1.76 | 14.40 |
| 4 | 6.94 | 0.017 5 | 0.757 1 | 4.79 | 1.76 | 14.48 |
| | 7.04 | 0.017 5 | 0.732 5 | 4.47 | 1.91 | 11.76 |
| | 7.14 | 0.017 5 | 0.711 7 | 4.19 | 2.04 | 9.70 |
| 5 | 7.14 | 0.017 5 | 0.713 6 | 4.20 | 2.04 | 9.78 |
| | 7.24 | 0.017 5 | 0.695 6 | 3.96 | 2.14 | 8.18 |
| | 7.34 | 0.017 5 | 0.679 9 | 3.74 | 2.23 | 6.92 |
| 6 | 7.34 | 0.017 4 | 0.682 1 | 3.76 | 2.23 | 6.99 |
| | 7.44 | 0.017 4 | 0.668 2 | 3.56 | 2.30 | 5.97 |
| | 7.54 | 0.017 4 | 0.655 9 | 3.39 | 2.37 | 5.15 |

续附表1

| 微时间域 | $t/\mu s$ | $\vartheta_i$ | $\xi_i$ | 金属板后产物声速 /(mm·μs⁻¹) | 金属板速度 /(mm·μs⁻¹) | 金属板后产物压强 /GPa |
|---|---|---|---|---|---|---|
| 7 | 7.54 | 0.017 4 | 0.658 5 | 3.40 | 2.37 | 5.21 |
| | 7.64 | 0.017 4 | 0.647 4 | 3.25 | 2.43 | 4.52 |
| | 7.74 | 0.017 4 | 0.637 4 | 3.11 | 2.48 | 3.96 |
| 8 | 7.74 | 0.017 3 | 0.640 3 | 3.12 | 2.48 | 4.01 |
| | 7.84 | 0.017 3 | 0.631 2 | 2.99 | 2.52 | 3.53 |
| | 7.94 | 0.017 3 | 0.622 9 | 2.87 | 2.56 | 3.12 |
| 9 | 7.94 | 0.017 2 | 0.626 2 | 2.89 | 2.56 | 3.17 |
| | 8.04 | 0.017 2 | 0.618 5 | 2.78 | 2.59 | 2.82 |
| | 8.14 | 0.017 2 | 0.611 5 | 2.67 | 2.62 | 2.52 |
| 10 | 8.14 | 0.017 1 | 0.615 1 | 2.69 | 2.62 | 2.57 |
| | 8.24 | 0.017 1 | 0.608 6 | 2.59 | 2.65 | 2.30 |
| | 8.34 | 0.017 1 | 0.602 5 | 2.51 | 2.68 | 2.08 |
| 11 | 8.34 | 0.016 9 | 0.606 5 | 2.52 | 2.68 | 2.12 |
| | 8.44 | 0.016 9 | 0.600 8 | 2.44 | 2.70 | 1.91 |
| | 8.54 | 0.016 9 | 0.595 5 | 2.36 | 2.72 | 1.74 |
| 12 | 8.54 | 0.016 8 | 0.599 8 | 2.38 | 2.72 | 1.77 |
| | 8.64 | 0.016 8 | 0.594 8 | 2.30 | 2.74 | 1.61 |
| | 8.74 | 0.016 8 | 0.590 1 | 2.24 | 2.76 | 1.47 |
| 13 | 8.74 | 0.016 6 | 0.594 7 | 2.25 | 2.76 | 1.51 |
| | 8.84 | 0.016 6 | 0.590 2 | 2.19 | 2.78 | 1.38 |
| | 8.94 | 0.016 6 | 0.586 0 | 2.13 | 2.79 | 1.27 |
| 14 | 8.94 | 0.016 5 | 0.591 1 | 2.14 | 2.79 | 1.30 |
| | 9.04 | 0.016 5 | 0.587 0 | 2.08 | 2.81 | 1.19 |
| | 9.14 | 0.016 5 | 0.583 2 | 2.03 | 2.82 | 1.10 |

续附表 1

| 微时间域 | $t/\mu s$ | $\vartheta_i$ | $\xi_i$ | 金属板后产物声速 /(mm·μs⁻¹) | 金属板速度 /(mm·μs⁻¹) | 金属板后产物压强 /GPa |
|---|---|---|---|---|---|---|
| | 9.14 | 0.016 3 | 0.588 6 | 2.05 | 2.82 | 1.13 |
| 15 | 9.24 | 0.016 3 | 0.584 9 | 1.99 | 2.83 | 1.05 |
| | 9.34 | 0.016 3 | 0.581 4 | 1.94 | 2.85 | 0.97 |
| | 9.34 | 0.016 1 | 0.586 8 | 1.96 | 2.85 | 0.99 |
| 16 | 9.44 | 0.016 1 | 0.583 4 | 1.91 | 2.86 | 0.92 |
| | 9.54 | 0.016 1 | 0.580 2 | 1.87 | 2.87 | 0.86 |
| | 9.54 | 0.015 9 | 0.585 6 | 1.88 | 2.87 | 0.88 |
| 17 | 9.64 | 0.015 9 | 0.582 5 | 1.84 | 2.88 | 0.82 |
| | 9.74 | 0.015 9 | 0.579 5 | 1.80 | 2.89 | 0.76 |
| | 9.74 | 0.015 7 | 0.584 9 | 1.81 | 2.89 | 0.78 |
| 18 | 9.84 | 0.015 7 | 0.582 0 | 1.77 | 2.89 | 0.73 |
| | 9.94 | 0.015 7 | 0.579 3 | 1.73 | 2.90 | 0.68 |
| | 9.94 | 0.015 5 | 0.584 6 | 1.75 | 2.90 | 0.70 |
| 19 | 10.04 | 0.015 5 | 0.581 9 | 1.71 | 2.91 | 0.66 |
| | 10.14 | 0.015 5 | 0.579 4 | 1.67 | 2.92 | 0.62 |
| | 10.14 | 0.015 4 | 0.584 7 | 1.69 | 2.92 | 0.63 |
| 20 | 10.24 | 0.015 4 | 0.582 2 | 1.65 | 2.93 | 0.60 |
| | 10.34 | 0.015 4 | 0.579 8 | 1.62 | 2.93 | 0.56 |
| | 10.34 | 0.015 2 | 0.585 2 | 1.63 | 2.93 | 0.58 |
| 21 | 10.44 | 0.015 2 | 0.582 8 | 1.60 | 2.94 | 0.54 |
| | 10.54 | 0.015 2 | 0.580 6 | 1.57 | 2.95 | 0.51 |
| | 10.54 | 0.015 0 | 0.585 9 | 1.58 | 2.95 | 0.52 |
| 22 | 10.64 | 0.015 0 | 0.583 7 | 1.55 | 2.95 | 0.49 |
| | 10.74 | 0.015 0 | 0.581 6 | 1.52 | 2.96 | 0.47 |

**续附表 1**

| 微时间域 | $t/\mu s$ | $\vartheta_i$ | $\xi_i$ | 金属板后产物声速 /(mm·μs⁻¹) | 金属板速度 /(mm·μs⁻¹) | 金属板后产物压强 /GPa |
|---|---|---|---|---|---|---|
| | 10.74 | 0.014 8 | 0.587 0 | 1.54 | 2.96 | 0.48 |
| 23 | 10.84 | 0.014 8 | 0.584 9 | 1.51 | 2.96 | 0.45 |
| | 10.94 | 0.014 8 | 0.582 9 | 1.48 | 2.97 | 0.43 |
| | 10.94 | 0.014 6 | 0.588 3 | 1.50 | 2.97 | 0.44 |
| 24 | 11.04 | 0.014 6 | 0.586 3 | 1.47 | 2.97 | 0.42 |
| | 11.14 | 0.014 6 | 0.584 4 | 1.44 | 2.98 | 0.40 |
| | 11.14 | 0.014 4 | 0.589 8 | 1.46 | 2.98 | 0.41 |
| 25 | 11.24 | 0.014 4 | 0.587 9 | 1.43 | 2.98 | 0.39 |
| | 11.34 | 0.014 4 | 0.586 1 | 1.41 | 2.99 | 0.37 |
| | 11.34 | 0.014 2 | 0.591 5 | 1.42 | 2.99 | 0.38 |
| 26 | 11.44 | 0.014 2 | 0.589 7 | 1.39 | 2.99 | 0.36 |
| | 11.54 | 0.014 2 | 0.587 9 | 1.37 | 2.99 | 0.34 |

注：$\vartheta_i$ 和 $\xi_i$ 分别表示微时间域 $i$ 内的常数和变量，推导见 5.1 节。

**附表 2　含 20%铝粉（铝粉不反应）的 RDX 基炸药驱动 1 mm 厚铜板的非线性特征线计算结果**

| 数据点 编号 | $t/\mu s$ | $\vartheta_i$ | $\xi_i$ | 金属板后产物声速 /(mm·μs⁻¹) | 金属板速度 /(mm·μs⁻¹) | 金属板后产物压强 /GPa |
|---|---|---|---|---|---|---|
| 1 | 6.44 | 0.017 5 | 1.000 0 | 7.77 | 0.00 | 61.89 |
| 2 | 6.54 | 0.017 5 | 0.921 4 | 6.85 | 0.60 | 42.34 |
| 3 | 6.64 | 0.017 5 | 0.863 6 | 6.15 | 1.02 | 30.66 |
| 4 | 6.74 | 0.017 5 | 0.819 0 | 5.60 | 1.33 | 23.13 |
| 5 | 6.84 | 0.017 5 | 0.783 5 | 5.15 | 1.57 | 17.99 |
| 6 | 6.94 | 0.017 5 | 0.754 4 | 4.77 | 1.76 | 14.33 |
| 7 | 7.04 | 0.017 5 | 0.730 1 | 4.45 | 1.91 | 11.64 |
| 8 | 7.14 | 0.017 5 | 0.709 5 | 4.18 | 2.03 | 9.61 |

续附表 2

| 数据点编号 | $t/\mu s$ | $\vartheta_i$ | $\xi_i$ | 金属板后产物声速 /(mm·μs⁻¹) | 金属板速度 /(mm·μs⁻¹) | 金属板后产物压强 /GPa |
|---|---|---|---|---|---|---|
| 9 | 7.24 | 0.017 5 | 0.691 7 | 3.94 | 2.13 | 8.04 |
| 10 | 7.34 | 0.017 5 | 0.676 3 | 3.72 | 2.22 | 6.81 |
| 11 | 7.44 | 0.017 5 | 0.662 7 | 3.53 | 2.29 | 5.82 |
| 12 | 7.54 | 0.017 5 | 0.650 7 | 3.36 | 2.36 | 5.02 |
| 13 | 7.64 | 0.017 5 | 0.640 0 | 3.21 | 2.41 | 4.37 |
| 14 | 7.74 | 0.017 5 | 0.630 3 | 3.07 | 2.46 | 3.83 |
| 15 | 7.84 | 0.017 5 | 0.621 6 | 2.95 | 2.50 | 3.37 |
| 16 | 7.94 | 0.017 5 | 0.613 6 | 2.83 | 2.54 | 2.99 |
| 17 | 8.04 | 0.017 5 | 0.606 4 | 2.72 | 2.57 | 2.66 |
| 18 | 8.14 | 0.017 5 | 0.599 8 | 2.62 | 2.60 | 2.38 |
| 19 | 8.24 | 0.017 5 | 0.593 7 | 2.53 | 2.63 | 2.14 |
| 20 | 8.34 | 0.017 5 | 0.588 0 | 2.45 | 2.65 | 1.93 |
| 21 | 8.44 | 0.017 5 | 0.582 8 | 2.37 | 2.67 | 1.75 |
| 22 | 8.54 | 0.017 5 | 0.578 0 | 2.29 | 2.69 | 1.59 |
| 23 | 8.64 | 0.017 5 | 0.573 5 | 2.22 | 2.71 | 1.45 |
| 24 | 8.74 | 0.017 5 | 0.569 2 | 2.16 | 2.72 | 1.32 |
| 25 | 8.84 | 0.017 5 | 0.565 3 | 2.09 | 2.74 | 1.21 |
| 26 | 8.94 | 0.017 5 | 0.561 6 | 2.04 | 2.75 | 1.11 |
| 27 | 9.04 | 0.017 5 | 0.558 1 | 1.98 | 2.77 | 1.03 |
| 28 | 9.14 | 0.017 5 | 0.554 8 | 1.93 | 2.78 | 0.95 |
| 29 | 9.24 | 0.017 5 | 0.551 7 | 1.88 | 2.79 | 0.88 |
| 30 | 9.34 | 0.017 5 | 0.548 8 | 1.83 | 2.80 | 0.81 |
| 31 | 9.44 | 0.017 5 | 0.546 0 | 1.79 | 2.81 | 0.76 |
| 32 | 9.54 | 0.017 5 | 0.543 4 | 1.75 | 2.82 | 0.70 |
| 33 | 9.64 | 0.017 5 | 0.540 9 | 1.71 | 2.82 | 0.66 |

**续附表 2**

| 数据点编号 | $t/\mu s$ | $\vartheta_i$ | $\xi_i$ | 金属板后产物声速 /(mm·μs⁻¹) | 金属板速度 /(mm·μs⁻¹) | 金属板后产物压强 /GPa |
|---|---|---|---|---|---|---|
| 34 | 9.74 | 0.017 5 | 0.538 6 | 1.67 | 2.83 | 0.61 |
| 35 | 9.84 | 0.017 5 | 0.536 3 | 1.63 | 2.84 | 0.57 |
| 36 | 9.94 | 0.017 5 | 0.534 2 | 1.60 | 2.84 | 0.54 |
| 37 | 10.04 | 0.017 5 | 0.532 1 | 1.56 | 2.85 | 0.50 |
| 38 | 10.14 | 0.017 5 | 0.530 2 | 1.53 | 2.86 | 0.47 |
| 39 | 10.24 | 0.017 5 | 0.528 3 | 1.50 | 2.86 | 0.45 |
| 40 | 10.34 | 0.017 5 | 0.526 5 | 1.47 | 2.87 | 0.42 |
| 41 | 10.44 | 0.017 5 | 0.524 8 | 1.44 | 2.87 | 0.40 |
| 42 | 10.54 | 0.017 5 | 0.523 1 | 1.41 | 2.88 | 0.37 |
| 43 | 10.64 | 0.017 5 | 0.521 5 | 1.39 | 2.88 | 0.35 |
| 44 | 10.74 | 0.017 5 | 0.520 0 | 1.36 | 2.88 | 0.33 |
| 45 | 10.84 | 0.017 5 | 0.518 6 | 1.34 | 2.89 | 0.32 |
| 46 | 10.94 | 0.017 5 | 0.517 2 | 1.31 | 2.89 | 0.30 |
| 47 | 11.04 | 0.017 5 | 0.515 8 | 1.29 | 2.89 | 0.28 |
| 48 | 11.14 | 0.017 5 | 0.514 5 | 1.27 | 2.90 | 0.27 |
| 49 | 11.24 | 0.017 5 | 0.513 3 | 1.25 | 2.90 | 0.26 |
| 50 | 11.34 | 0.017 5 | 0.512 0 | 1.23 | 2.90 | 0.24 |
| 51 | 11.44 | 0.017 5 | 0.510 9 | 1.21 | 2.91 | 0.23 |
| 52 | 11.54 | 0.017 5 | 0.509 7 | 1.19 | 2.91 | 0.22 |
| 53 | 11.64 | 0.017 5 | 0.508 7 | 1.17 | 2.91 | 0.21 |

注：$\vartheta_i$ 和 $\xi_i$ 分别表示微时间域 $i$ 内的常数和变量，推导见 5.1 节。

含 30% 铝粉的 RDX 基含铝炸药驱动 1 mm 厚铜板的非线性特征线计算结果，见附表 3。含 30% 铝粉（铝粉不反应）的 RDX 基炸药驱动 1 mm 厚铜板的非线性特征线计算结果，见附表 4。

**附表 3　含 30%铝粉的 RDX 基含铝炸药驱动 1 mm 厚铜板的非线性特征线计算结果**

| 微时间域 | $t/\mu s$ | $\vartheta_i$ | $\xi_i$ | 金属板后产物声速 /(mm·μs$^{-1}$) | 金属板速度 /(mm·μs$^{-1}$) | 金属板后产物压强 /GPa |
|---|---|---|---|---|---|---|
| 1 | 6.67 | 0.018 0 | 1.000 0 | 7.50 | 0.00 | 59.67 |
| | 6.77 | 0.018 0 | 0.921 4 | 6.62 | 0.58 | 41.00 |
| 2 | 6.77 | 0.018 0 | 0.922 4 | 6.63 | 0.58 | 41.14 |
| | 6.87 | 0.018 0 | 0.864 3 | 5.96 | 0.99 | 29.89 |
| | 6.97 | 0.018 0 | 0.819 3 | 5.43 | 1.29 | 22.60 |
| 3 | 6.97 | 0.018 0 | 0.821 2 | 5.44 | 1.29 | 22.76 |
| | 7.07 | 0.018 0 | 0.785 1 | 5.01 | 1.53 | 17.73 |
| | 7.17 | 0.018 0 | 0.755 6 | 4.64 | 1.71 | 14.15 |
| 4 | 7.17 | 0.018 0 | 0.758 1 | 4.66 | 1.71 | 14.30 |
| | 7.27 | 0.018 0 | 0.733 2 | 4.35 | 1.86 | 11.63 |
| | 7.37 | 0.018 0 | 0.712 0 | 4.08 | 1.98 | 9.61 |
| 5 | 7.37 | 0.017 9 | 0.715 3 | 4.10 | 1.98 | 9.74 |
| | 7.47 | 0.017 9 | 0.696 8 | 3.86 | 2.09 | 8.15 |
| | 7.57 | 0.017 9 | 0.680 8 | 3.65 | 2.18 | 6.90 |
| 6 | 7.57 | 0.017 8 | 0.684 6 | 3.68 | 2.18 | 7.02 |
| | 7.67 | 0.017 8 | 0.670 3 | 3.49 | 2.25 | 6.00 |
| | 7.77 | 0.017 8 | 0.657 6 | 3.32 | 2.32 | 5.18 |
| 7 | 7.77 | 0.017 7 | 0.662 1 | 3.34 | 2.32 | 5.28 |
| | 7.87 | 0.017 7 | 0.650 5 | 3.19 | 2.38 | 4.59 |
| | 7.97 | 0.017 7 | 0.640 1 | 3.05 | 2.43 | 4.02 |
| 8 | 7.97 | 0.017 6 | 0.645 2 | 3.08 | 2.43 | 4.11 |
| | 8.07 | 0.017 6 | 0.635 6 | 2.95 | 2.47 | 3.62 |
| | 8.17 | 0.017 6 | 0.626 9 | 2.83 | 2.51 | 3.20 |
| 9 | 8.17 | 0.017 4 | 0.632 6 | 2.86 | 2.51 | 3.29 |
| | 8.27 | 0.017 4 | 0.624 5 | 2.75 | 2.55 | 2.93 |
| | 8.37 | 0.017 4 | 0.617 0 | 2.64 | 2.58 | 2.62 |

续附表3

| 微时间域 | $t/\mu s$ | $\vartheta_i$ | $\xi_i$ | 金属板后产物声速 /(mm·μs⁻¹) | 金属板速度 /(mm·μs⁻¹) | 金属板后产物压强 /GPa |
|---|---|---|---|---|---|---|
| | 8.37 | 0.017 2 | 0.623 3 | 2.67 | 2.58 | 2.70 |
| 10 | 8.47 | 0.017 2 | 0.616 3 | 2.58 | 2.61 | 2.42 |
| | 8.57 | 0.017 2 | 0.609 8 | 2.49 | 2.64 | 2.18 |
| | 8.57 | 0.017 0 | 0.616 7 | 2.52 | 2.64 | 2.25 |
| 11 | 8.67 | 0.017 0 | 0.610 5 | 2.43 | 2.66 | 2.04 |
| | 8.77 | 0.017 0 | 0.604 7 | 2.35 | 2.68 | 1.85 |
| | 8.77 | 0.016 8 | 0.612 2 | 2.38 | 2.68 | 1.92 |
| 12 | 8.87 | 0.016 8 | 0.606 7 | 2.31 | 2.70 | 1.74 |
| | 8.97 | 0.016 8 | 0.601 5 | 2.24 | 2.72 | 1.59 |
| | 8.97 | 0.016 5 | 0.609 7 | 2.27 | 2.72 | 1.65 |
| 13 | 9.07 | 0.016 5 | 0.604 7 | 2.20 | 2.74 | 1.51 |
| | 9.17 | 0.016 5 | 0.600 0 | 2.14 | 2.76 | 1.39 |
| | 9.17 | 0.016 3 | 0.608 8 | 2.17 | 2.76 | 1.45 |
| 14 | 9.27 | 0.016 3 | 0.604 2 | 2.11 | 2.78 | 1.33 |
| | 9.37 | 0.016 3 | 0.599 9 | 2.05 | 2.79 | 1.22 |
| | 9.37 | 0.016 0 | 0.609 3 | 2.09 | 2.79 | 1.28 |
| 15 | 9.47 | 0.016 0 | 0.605 1 | 2.03 | 2.80 | 1.18 |
| | 9.57 | 0.016 0 | 0.601 1 | 1.98 | 2.82 | 1.09 |
| | 9.57 | 0.015 7 | 0.610 5 | 2.01 | 2.82 | 1.15 |
| 16 | 9.67 | 0.015 7 | 0.606 6 | 1.96 | 2.83 | 1.06 |
| | 9.77 | 0.015 7 | 0.602 8 | 1.91 | 2.84 | 0.98 |
| | 9.77 | 0.015 4 | 0.612 3 | 1.94 | 2.84 | 1.03 |
| 17 | 9.87 | 0.015 4 | 0.608 6 | 1.89 | 2.85 | 0.96 |
| | 9.97 | 0.015 4 | 0.605 1 | 1.85 | 2.87 | 0.89 |
| | 9.97 | 0.015 1 | 0.614 7 | 1.88 | 2.87 | 0.94 |
| 18 | 10.07 | 0.015 1 | 0.611 2 | 1.83 | 2.88 | 0.87 |
| | 10.17 | 0.015 1 | 0.607 9 | 1.79 | 2.89 | 0.81 |

**续附表 3**

| 微时间域 | $t/\mu s$ | $\vartheta_i$ | $\xi_i$ | 金属板后产物声速 /(mm·$\mu s^{-1}$) | 金属板速度 /(mm·$\mu s^{-1}$) | 金属板后产物压强 /GPa |
|---|---|---|---|---|---|---|
| 19 | 10.17 | 0.014 8 | 0.617 4 | 1.82 | 2.89 | 0.85 |
| | 10.27 | 0.014 8 | 0.614 1 | 1.78 | 2.90 | 0.80 |
| | 10.37 | 0.014 8 | 0.611 0 | 1.74 | 2.90 | 0.75 |
| 20 | 10.37 | 0.014 5 | 0.620 6 | 1.77 | 2.90 | 0.78 |
| | 10.47 | 0.014 5 | 0.617 5 | 1.73 | 2.91 | 0.73 |
| | 10.57 | 0.014 5 | 0.614 5 | 1.69 | 2.92 | 0.69 |
| 21 | 10.57 | 0.014 2 | 0.624 2 | 1.72 | 2.92 | 0.72 |
| | 10.67 | 0.014 2 | 0.621 2 | 1.69 | 2.93 | 0.68 |
| | 10.77 | 0.014 2 | 0.618 4 | 1.65 | 2.94 | 0.64 |
| 22 | 10.77 | 0.014 0 | 0.628 1 | 1.68 | 2.94 | 0.67 |
| | 10.87 | 0.014 0 | 0.625 3 | 1.64 | 2.94 | 0.63 |
| | 10.97 | 0.014 0 | 0.622 5 | 1.61 | 2.95 | 0.59 |
| 23 | 10.97 | 0.013 7 | 0.632 3 | 1.64 | 2.95 | 0.62 |
| | 11.07 | 0.013 7 | 0.629 6 | 1.61 | 2.96 | 0.59 |
| | 11.17 | 0.013 7 | 0.627 0 | 1.58 | 2.97 | 0.55 |
| 24 | 11.17 | 0.013 4 | 0.636 8 | 1.60 | 2.97 | 0.58 |
| | 11.27 | 0.013 4 | 0.634 2 | 1.57 | 2.97 | 0.55 |
| | 11.37 | 0.013 4 | 0.631 7 | 1.54 | 2.98 | 0.52 |
| 25 | 11.37 | 0.013 1 | 0.641 6 | 1.57 | 2.98 | 0.54 |
| | 11.47 | 0.013 1 | 0.639 1 | 1.54 | 2.98 | 0.51 |
| | 11.57 | 0.013 1 | 0.636 6 | 1.51 | 2.99 | 0.49 |
| 26 | 11.57 | 0.012 9 | 0.646 7 | 1.53 | 2.99 | 0.51 |
| | 11.67 | 0.012 9 | 0.644 2 | 1.51 | 3.00 | 0.48 |
| | 11.77 | 0.012 9 | 0.641 8 | 1.48 | 3.00 | 0.46 |

注：$\vartheta_i$ 和 $\xi_i$ 分别表示微时间域 $i$ 内的常数和变量，推导见 5.1 节。

附表 4　含 20%铝粉（铝粉不反应）的 RDX 基炸药驱动 1 mm 厚铜板的非线性特征线计算结果

| 数据点编号 | $t/\mu s$ | $\vartheta_i$ | $\xi_i$ | 金属板后产物声速 $/(mm \cdot \mu s^{-1})$ | 金属板速度 $/(mm \cdot \mu s^{-1})$ | 金属板后产物压强 /GPa |
|---|---|---|---|---|---|---|
| 1 | 6.67 | 0.018 0 | 1.000 0 | 7.50 | 0.00 | 59.67 |
| 2 | 6.77 | 0.018 0 | 0.921 4 | 6.62 | 0.58 | 41.00 |
| 3 | 6.87 | 0.018 0 | 0.863 4 | 5.95 | 0.99 | 29.80 |
| 4 | 6.97 | 0.018 0 | 0.818 6 | 5.42 | 1.29 | 22.54 |
| 5 | 7.07 | 0.018 0 | 0.782 8 | 4.99 | 1.52 | 17.58 |
| 6 | 7.17 | 0.018 0 | 0.753 5 | 4.63 | 1.70 | 14.04 |
| 7 | 7.27 | 0.018 0 | 0.729 0 | 4.32 | 1.85 | 11.43 |
| 8 | 7.37 | 0.018 0 | 0.708 2 | 4.06 | 1.97 | 9.45 |
| 9 | 7.47 | 0.018 0 | 0.690 3 | 3.83 | 2.08 | 7.92 |
| 10 | 7.57 | 0.018 0 | 0.674 7 | 3.62 | 2.16 | 6.72 |
| 11 | 7.67 | 0.018 0 | 0.660 9 | 3.44 | 2.23 | 5.75 |
| 12 | 7.77 | 0.018 0 | 0.648 7 | 3.28 | 2.30 | 4.97 |
| 13 | 7.87 | 0.018 0 | 0.637 9 | 3.13 | 2.35 | 4.33 |
| 14 | 7.97 | 0.018 0 | 0.628 1 | 2.99 | 2.40 | 3.79 |
| 15 | 8.07 | 0.018 0 | 0.619 2 | 2.87 | 2.44 | 3.35 |
| 16 | 8.17 | 0.018 0 | 0.611 2 | 2.76 | 2.48 | 2.97 |
| 17 | 8.27 | 0.018 0 | 0.603 8 | 2.65 | 2.51 | 2.65 |
| 18 | 8.37 | 0.018 0 | 0.597 1 | 2.56 | 2.54 | 2.37 |
| 19 | 8.47 | 0.018 0 | 0.590 9 | 2.47 | 2.56 | 2.13 |
| 20 | 8.57 | 0.018 0 | 0.585 2 | 2.39 | 2.59 | 1.92 |
| 21 | 8.67 | 0.018 0 | 0.579 8 | 2.31 | 2.61 | 1.74 |
| 22 | 8.77 | 0.018 0 | 0.574 9 | 2.24 | 2.63 | 1.59 |
| 23 | 8.87 | 0.018 0 | 0.570 3 | 2.17 | 2.65 | 1.45 |
| 24 | 8.97 | 0.018 0 | 0.566 0 | 2.11 | 2.66 | 1.32 |
| 25 | 9.07 | 0.018 0 | 0.562 0 | 2.05 | 2.68 | 1.21 |
| 26 | 9.17 | 0.018 0 | 0.558 2 | 1.99 | 2.69 | 1.12 |
| 27 | 9.27 | 0.018 0 | 0.554 7 | 1.94 | 2.70 | 1.03 |

续附表 4

| 数据点编号 | $t/\mu s$ | $\vartheta_i$ | $\xi_i$ | 金属板后产物声速 /(mm·µs⁻¹) | 金属板速度 /(mm·µs⁻¹) | 金属板后产物压强 /GPa |
|---|---|---|---|---|---|---|
| 28 | 9.37 | 0.018 0 | 0.551 4 | 1.89 | 2.71 | 0.95 |
| 29 | 9.47 | 0.018 0 | 0.548 2 | 1.84 | 2.73 | 0.88 |
| 30 | 9.57 | 0.018 0 | 0.545 2 | 1.79 | 2.74 | 0.82 |
| 31 | 9.67 | 0.018 0 | 0.542 4 | 1.75 | 2.74 | 0.76 |
| 32 | 9.77 | 0.018 0 | 0.539 7 | 1.71 | 2.75 | 0.71 |
| 33 | 9.87 | 0.018 0 | 0.537 2 | 1.67 | 2.76 | 0.66 |
| 34 | 9.97 | 0.018 0 | 0.534 8 | 1.63 | 2.77 | 0.62 |
| 35 | 10.07 | 0.018 0 | 0.532 5 | 1.60 | 2.78 | 0.58 |
| 36 | 10.17 | 0.018 0 | 0.530 3 | 1.56 | 2.78 | 0.54 |
| 37 | 10.27 | 0.018 0 | 0.528 2 | 1.53 | 2.79 | 0.51 |
| 38 | 10.37 | 0.018 0 | 0.526 2 | 1.50 | 2.79 | 0.48 |
| 39 | 10.47 | 0.018 0 | 0.524 3 | 1.47 | 2.80 | 0.45 |
| 40 | 10.57 | 0.018 0 | 0.522 5 | 1.44 | 2.80 | 0.42 |
| 41 | 10.67 | 0.018 0 | 0.520 7 | 1.41 | 2.81 | 0.40 |
| 42 | 10.77 | 0.018 0 | 0.519 0 | 1.39 | 2.81 | 0.38 |
| 43 | 10.87 | 0.018 0 | 0.517 4 | 1.36 | 2.82 | 0.36 |
| 44 | 10.97 | 0.018 0 | 0.515 9 | 1.34 | 2.82 | 0.34 |
| 45 | 11.07 | 0.018 0 | 0.514 4 | 1.31 | 2.83 | 0.32 |
| 46 | 11.17 | 0.018 0 | 0.512 9 | 1.29 | 2.83 | 0.30 |
| 47 | 11.27 | 0.018 0 | 0.511 6 | 1.27 | 2.83 | 0.29 |
| 48 | 11.37 | 0.018 0 | 0.510 2 | 1.25 | 2.84 | 0.27 |
| 49 | 11.47 | 0.018 0 | 0.508 9 | 1.22 | 2.84 | 0.26 |
| 50 | 11.57 | 0.018 0 | 0.507 7 | 1.20 | 2.84 | 0.25 |
| 51 | 11.67 | 0.018 0 | 0.506 5 | 1.18 | 2.84 | 0.24 |
| 52 | 11.77 | 0.018 0 | 0.505 3 | 1.17 | 2.85 | 0.22 |
| 53 | 11.87 | 0.018 0 | 0.504 2 | 1.15 | 2.85 | 0.21 |
| 54 | 11.97 | 0.018 0 | 0.503 2 | 1.13 | 2.85 | 0.20 |

注：$\vartheta_i$ 和 $\xi_i$ 分别表示微时间域 $i$ 内的常数和变量，推导见 5.1 节。

含 40%铝粉的 RDX 基含铝炸药驱动 1 mm 厚铜板的非线性特征线计算结果，见附表 5。含 40%铝粉（铝粉不反应）的 RDX 基炸药驱动 1 mm 厚铜板的非线性特征线计算结果，见附表 6。

附表 5　含 40%铝粉的 RDX 基含铝炸药驱动 1 mm 厚铜板的非线性特征线计算结果

| 微时间域 | $t/\mu s$ | $\vartheta_i$ | $\xi_i$ | 金属板后产物声速 /(mm·μs$^{-1}$) | 金属板速度 /(mm·μs$^{-1}$) | 金属板后产物压强 /GPa |
|---|---|---|---|---|---|---|
| 1 | 6.94 | 0.018 4 | 1.000 0 | 7.20 | 0.00 | 56.52 |
| | 7.04 | 0.018 4 | 0.922 2 | 6.37 | 0.55 | 39.14 |
| 2 | 7.04 | 0.018 4 | 0.923 8 | 6.38 | 0.55 | 39.35 |
| | 7.14 | 0.018 4 | 0.865 8 | 5.75 | 0.94 | 28.75 |
| | 7.24 | 0.018 4 | 0.820 9 | 5.24 | 1.24 | 21.84 |
| 3 | 7.24 | 0.018 4 | 0.823 8 | 5.26 | 1.24 | 22.07 |
| | 7.34 | 0.018 4 | 0.787 5 | 4.85 | 1.46 | 17.26 |
| | 7.44 | 0.018 4 | 0.757 7 | 4.50 | 1.64 | 13.82 |
| 4 | 7.44 | 0.018 3 | 0.761 7 | 4.53 | 1.64 | 14.04 |
| | 7.54 | 0.018 3 | 0.736 4 | 4.23 | 1.79 | 11.44 |
| | 7.64 | 0.018 3 | 0.714 8 | 3.97 | 1.91 | 9.47 |
| 5 | 7.64 | 0.018 2 | 0.719 9 | 4.00 | 1.91 | 9.68 |
| | 7.74 | 0.018 2 | 0.700 9 | 3.77 | 2.02 | 8.11 |
| | 7.84 | 0.018 2 | 0.684 5 | 3.57 | 2.10 | 6.88 |
| 6 | 7.84 | 0.018 1 | 0.690 5 | 3.60 | 2.10 | 7.06 |
| | 7.94 | 0.018 1 | 0.675 6 | 3.42 | 2.18 | 6.04 |
| | 8.04 | 0.018 1 | 0.662 2 | 3.25 | 2.25 | 5.22 |
| 7 | 8.04 | 0.017 9 | 0.669 5 | 3.29 | 2.25 | 5.38 |
| | 8.14 | 0.017 9 | 0.657 4 | 3.14 | 2.30 | 4.68 |
| | 8.24 | 0.017 9 | 0.646 5 | 3.00 | 2.36 | 4.10 |
| 8 | 8.24 | 0.017 7 | 0.654 5 | 3.04 | 2.36 | 4.25 |
| | 8.34 | 0.017 7 | 0.644 3 | 2.91 | 2.40 | 3.74 |
| | 8.44 | 0.017 7 | 0.635 1 | 2.80 | 2.44 | 3.31 |

续附表 5

| 微时间域 | $t/\mu s$ | $\vartheta_i$ | $\xi_i$ | 金属板后产物声速 /(mm·μs⁻¹) | 金属板速度 /(mm·μs⁻¹) | 金属板后产物压强 /GPa |
|---|---|---|---|---|---|---|
| | 8.44 | 0.017 5 | 0.644 0 | 2.84 | 2.44 | 3.45 |
| 9 | 8.54 | 0.017 5 | 0.635 2 | 2.73 | 2.48 | 3.07 |
| | 8.64 | 0.017 5 | 0.627 3 | 2.63 | 2.52 | 2.74 |
| | 8.64 | 0.017 2 | 0.637 1 | 2.67 | 2.52 | 2.87 |
| 10 | 8.74 | 0.017 2 | 0.629 5 | 2.57 | 2.55 | 2.58 |
| | 8.84 | 0.017 2 | 0.622 4 | 2.48 | 2.58 | 2.32 |
| | 8.84 | 0.016 9 | 0.633 3 | 2.53 | 2.58 | 2.44 |
| 11 | 8.94 | 0.016 9 | 0.626 4 | 2.44 | 2.60 | 2.20 |
| | 9.04 | 0.016 9 | 0.620 0 | 2.36 | 2.63 | 2.00 |
| | 9.04 | 0.016 6 | 0.631 9 | 2.41 | 2.63 | 2.11 |
| 12 | 9.14 | 0.016 6 | 0.625 7 | 2.33 | 2.65 | 1.92 |
| | 9.24 | 0.016 6 | 0.619 9 | 2.26 | 2.67 | 1.75 |
| | 9.24 | 0.016 2 | 0.632 8 | 2.31 | 2.67 | 1.86 |
| 13 | 9.34 | 0.016 2 | 0.627 1 | 2.24 | 2.69 | 1.70 |
| | 9.44 | 0.016 2 | 0.621 7 | 2.17 | 2.71 | 1.56 |
| | 9.44 | 0.015 8 | 0.635 7 | 2.22 | 2.71 | 1.66 |
| 14 | 9.54 | 0.015 8 | 0.630 4 | 2.16 | 2.73 | 1.53 |
| | 9.64 | 0.015 8 | 0.625 3 | 2.10 | 2.75 | 1.40 |
| | 9.64 | 0.015 4 | 0.640 5 | 2.15 | 2.75 | 1.51 |
| 15 | 9.74 | 0.015 4 | 0.635 4 | 2.09 | 2.76 | 1.39 |
| | 9.84 | 0.015 4 | 0.630 7 | 2.04 | 2.78 | 1.28 |
| | 9.84 | 0.015 0 | 0.646 0 | 2.09 | 2.78 | 1.38 |
| 16 | 9.94 | 0.015 0 | 0.641 2 | 2.03 | 2.80 | 1.27 |
| | 10.04 | 0.015 0 | 0.636 6 | 1.98 | 2.81 | 1.18 |
| | 10.04 | 0.014 6 | 0.652 1 | 2.03 | 2.81 | 1.27 |
| 17 | 10.14 | 0.014 6 | 0.647 5 | 1.98 | 2.82 | 1.17 |
| | 10.24 | 0.014 6 | 0.643 1 | 1.93 | 2.84 | 1.09 |

**续附表 5**

| 微时间域 | $t/\mu s$ | $\vartheta_i$ | $\xi_i$ | 金属板后产物声速 /(mm·μs⁻¹) | 金属板速度 /(mm·μs⁻¹) | 金属板后产物压强 /GPa |
|---|---|---|---|---|---|---|
| 18 | 10.24 | 0.014 2 | 0.658 7 | 1.98 | 2.84 | 1.17 |
|  | 10.34 | 0.014 2 | 0.654 3 | 1.93 | 2.85 | 1.09 |
|  | 10.44 | 0.014 2 | 0.650 1 | 1.89 | 2.86 | 1.02 |
| 19 | 10.44 | 0.013 8 | 0.665 9 | 1.93 | 2.86 | 1.09 |
|  | 10.54 | 0.013 8 | 0.661 6 | 1.89 | 2.87 | 1.02 |
|  | 10.64 | 0.013 8 | 0.657 5 | 1.84 | 2.89 | 0.95 |
| 20 | 10.64 | 0.013 5 | 0.673 5 | 1.89 | 2.89 | 1.02 |
|  | 10.74 | 0.013 5 | 0.669 4 | 1.85 | 2.90 | 0.95 |
|  | 10.84 | 0.013 5 | 0.665 4 | 1.81 | 2.91 | 0.89 |
| 21 | 10.84 | 0.013 1 | 0.681 6 | 1.85 | 2.91 | 0.96 |
|  | 10.94 | 0.013 1 | 0.677 6 | 1.81 | 2.92 | 0.90 |
|  | 11.04 | 0.013 1 | 0.673 7 | 1.77 | 2.93 | 0.84 |
| 22 | 11.04 | 0.012 7 | 0.690 1 | 1.82 | 2.93 | 0.91 |
|  | 11.14 | 0.012 7 | 0.686 2 | 1.78 | 2.94 | 0.85 |
|  | 11.24 | 0.012 7 | 0.682 4 | 1.74 | 2.95 | 0.80 |
| 23 | 11.24 | 0.012 4 | 0.699 0 | 1.78 | 2.95 | 0.86 |
|  | 11.34 | 0.012 4 | 0.695 2 | 1.75 | 2.96 | 0.81 |
|  | 11.44 | 0.012 4 | 0.691 5 | 1.71 | 2.97 | 0.76 |
| 24 | 11.44 | 0.012 1 | 0.708 3 | 1.75 | 2.97 | 0.82 |
|  | 11.54 | 0.012 1 | 0.704 5 | 1.72 | 2.98 | 0.77 |
|  | 11.64 | 0.012 1 | 0.700 9 | 1.69 | 2.99 | 0.73 |
| 25 | 11.64 | 0.011 7 | 0.717 9 | 1.73 | 2.99 | 0.78 |
|  | 11.74 | 0.011 7 | 0.714 2 | 1.70 | 3.00 | 0.74 |
|  | 11.84 | 0.011 7 | 0.710 7 | 1.66 | 3.00 | 0.70 |
| 26 | 11.84 | 0.011 4 | 0.727 9 | 1.70 | 3.00 | 0.75 |
|  | 11.94 | 0.011 4 | 0.724 3 | 1.67 | 3.01 | 0.71 |
|  | 12.04 | 0.011 4 | 0.720 8 | 1.64 | 3.02 | 0.67 |

注：$\vartheta_i$ 和 $\xi_i$ 分别表示微时间域 $i$ 内的常数和变量，推导见 5.1 节。

附表 6　含 40%铝粉（铝粉不反应）的 RDX 基炸药驱动 1 mm 厚铜板的非线性特征线计算结果

| 数据点编号 | $t/\mu s$ | $\vartheta_i$ | $\xi_i$ | 金属板后产物声速 /(mm·$\mu s^{-1}$) | 金属板速度 /(mm·$\mu s^{-1}$) | 金属板后产物压强 /GPa |
|---|---|---|---|---|---|---|
| 1 | 6.94 | 0.018 4 | 1.000 0 | 7.20 | 0.00 | 56.52 |
| 2 | 7.04 | 0.018 4 | 0.922 2 | 6.37 | 0.55 | 39.14 |
| 3 | 7.14 | 0.018 4 | 0.864 5 | 5.74 | 0.94 | 28.61 |
| 4 | 7.24 | 0.018 4 | 0.819 8 | 5.24 | 1.23 | 21.75 |
| 5 | 7.34 | 0.018 4 | 0.783 9 | 4.83 | 1.46 | 17.03 |
| 6 | 7.44 | 0.018 4 | 0.754 5 | 4.48 | 1.63 | 13.65 |
| 7 | 7.54 | 0.018 4 | 0.729 9 | 4.19 | 1.78 | 11.14 |
| 8 | 7.64 | 0.018 4 | 0.708 9 | 3.94 | 1.90 | 9.24 |
| 9 | 7.74 | 0.018 4 | 0.690 8 | 3.71 | 2.00 | 7.76 |
| 10 | 7.84 | 0.018 4 | 0.675 0 | 3.52 | 2.08 | 6.60 |
| 11 | 7.94 | 0.018 4 | 0.661 1 | 3.34 | 2.15 | 5.66 |
| 12 | 8.04 | 0.018 4 | 0.648 8 | 3.19 | 2.21 | 4.90 |
| 13 | 8.14 | 0.018 4 | 0.637 7 | 3.04 | 2.27 | 4.27 |
| 14 | 8.24 | 0.018 4 | 0.627 8 | 2.92 | 2.31 | 3.75 |
| 15 | 8.34 | 0.018 4 | 0.618 8 | 2.80 | 2.35 | 3.31 |
| 16 | 8.44 | 0.018 4 | 0.610 6 | 2.69 | 2.39 | 2.94 |
| 17 | 8.54 | 0.018 4 | 0.603 2 | 2.59 | 2.42 | 2.63 |
| 18 | 8.64 | 0.018 4 | 0.596 3 | 2.50 | 2.45 | 2.36 |
| 19 | 8.74 | 0.018 4 | 0.590 0 | 2.41 | 2.48 | 2.12 |
| 20 | 8.84 | 0.018 4 | 0.584 2 | 2.33 | 2.50 | 1.92 |
| 21 | 8.94 | 0.018 4 | 0.578 8 | 2.26 | 2.52 | 1.74 |
| 22 | 9.04 | 0.018 4 | 0.573 7 | 2.19 | 2.54 | 1.58 |
| 23 | 9.14 | 0.018 4 | 0.569 0 | 2.12 | 2.56 | 1.44 |
| 24 | 9.24 | 0.018 4 | 0.564 7 | 2.06 | 2.58 | 1.32 |
| 25 | 9.34 | 0.018 4 | 0.560 6 | 2.00 | 2.59 | 1.21 |
| 26 | 9.44 | 0.018 4 | 0.556 7 | 1.95 | 2.60 | 1.12 |
| 27 | 9.54 | 0.018 4 | 0.553 1 | 1.90 | 2.62 | 1.03 |

**续附表6**

| 数据点编号 | $t/\mu s$ | $\vartheta_i$ | $\xi_i$ | 金属板后产物声速 /(mm·μs⁻¹) | 金属板速度 /(mm·μs⁻¹) | 金属板后产物压强 /GPa |
|---|---|---|---|---|---|---|
| 28 | 9.64 | 0.018 4 | 0.549 7 | 1.85 | 2.63 | 0.95 |
| 29 | 9.74 | 0.018 4 | 0.546 5 | 1.80 | 2.64 | 0.88 |
| 30 | 9.84 | 0.018 4 | 0.543 4 | 1.76 | 2.65 | 0.82 |
| 31 | 9.94 | 0.018 4 | 0.540 5 | 1.71 | 2.66 | 0.76 |
| 32 | 10.04 | 0.018 4 | 0.537 8 | 1.67 | 2.67 | 0.71 |
| 33 | 10.14 | 0.018 4 | 0.535 2 | 1.64 | 2.68 | 0.66 |
| 34 | 10.24 | 0.018 4 | 0.532 7 | 1.60 | 2.68 | 0.62 |
| 35 | 10.34 | 0.018 4 | 0.530 4 | 1.57 | 2.69 | 0.58 |
| 36 | 10.44 | 0.018 4 | 0.528 1 | 1.53 | 2.70 | 0.54 |
| 37 | 10.54 | 0.018 4 | 0.526 0 | 1.50 | 2.70 | 0.51 |
| 38 | 10.64 | 0.018 4 | 0.523 9 | 1.47 | 2.71 | 0.48 |
| 39 | 10.74 | 0.018 4 | 0.522 0 | 1.44 | 2.71 | 0.45 |
| 40 | 10.84 | 0.018 4 | 0.520 1 | 1.41 | 2.72 | 0.43 |
| 41 | 10.94 | 0.018 4 | 0.518 3 | 1.39 | 2.72 | 0.40 |
| 42 | 11.04 | 0.018 4 | 0.516 6 | 1.36 | 2.73 | 0.38 |
| 43 | 11.14 | 0.018 4 | 0.514 9 | 1.33 | 2.73 | 0.36 |
| 44 | 11.24 | 0.018 4 | 0.513 3 | 1.31 | 2.74 | 0.34 |
| 45 | 11.34 | 0.018 4 | 0.511 8 | 1.29 | 2.74 | 0.32 |
| 46 | 11.44 | 0.018 4 | 0.510 3 | 1.26 | 2.74 | 0.31 |
| 47 | 11.54 | 0.018 4 | 0.508 9 | 1.24 | 2.75 | 0.29 |
| 48 | 11.64 | 0.018 4 | 0.507 6 | 1.22 | 2.75 | 0.28 |
| 49 | 11.74 | 0.018 4 | 0.506 2 | 1.20 | 2.75 | 0.26 |
| 50 | 11.84 | 0.018 4 | 0.505 0 | 1.18 | 2.76 | 0.25 |
| 51 | 11.94 | 0.018 4 | 0.503 8 | 1.16 | 2.76 | 0.24 |
| 52 | 12.04 | 0.018 4 | 0.502 6 | 1.15 | 2.76 | 0.23 |
| 53 | 12.14 | 0.018 4 | 0.501 4 | 1.13 | 2.77 | 0.22 |

注：$\vartheta_i$ 和 $\xi_i$ 分别表示微时间域 $i$ 内的常数和变量，推导见5.1节。

含 20%铝粉的 HMX 基含铝炸药驱动 1 mm 厚铜板的非线性特征线计算结果，见附表 7。含 20%铝粉（铝粉不反应）的 HMX 基炸药驱动 1 mm 厚铜板的非线性特征线计算结果，见附表 8。

附表 7　含 20%铝粉的 HMX 基含铝炸药驱动 1 mm 厚铜板的非线性特征线计算结果

| 微时间域 | $t/\mu s$ | $\vartheta_i$ | $\xi_i$ | 金属板后产物声速 /(mm·μs⁻¹) | 金属板速度 /(mm·μs⁻¹) | 金属板后产物压强 /GPa |
|---|---|---|---|---|---|---|
| 1 | 6.02 | 0.018 3 | 1.000 0 | 8.30 | 0.00 | 74.30 |
|   | 6.12 | 0.018 3 | 0.913 1 | 7.23 | 0.71 | 49.03 |
| 2 | 6.12 | 0.018 3 | 0.913 7 | 7.23 | 0.71 | 49.13 |
|   | 6.22 | 0.018 3 | 0.851 5 | 6.44 | 1.19 | 34.68 |
|   | 6.32 | 0.018 3 | 0.804 4 | 5.82 | 1.54 | 25.66 |
| 3 | 6.32 | 0.018 3 | 0.805 5 | 5.83 | 1.54 | 25.76 |
|   | 6.42 | 0.018 3 | 0.768 3 | 5.34 | 1.80 | 19.73 |
|   | 6.52 | 0.018 3 | 0.738 3 | 4.93 | 2.00 | 15.53 |
| 4 | 6.52 | 0.018 2 | 0.739 8 | 4.94 | 2.00 | 15.62 |
|   | 6.62 | 0.018 2 | 0.714 8 | 4.59 | 2.17 | 12.55 |
|   | 6.72 | 0.018 2 | 0.693 8 | 4.29 | 2.30 | 10.27 |
| 5 | 6.72 | 0.018 2 | 0.695 6 | 4.30 | 2.30 | 10.35 |
|   | 6.82 | 0.018 2 | 0.677 5 | 4.04 | 2.41 | 8.59 |
|   | 6.92 | 0.018 2 | 0.661 8 | 3.82 | 2.50 | 7.22 |
| 6 | 6.92 | 0.018 1 | 0.664 0 | 3.83 | 2.50 | 7.29 |
|   | 7.02 | 0.018 1 | 0.650 2 | 3.63 | 2.58 | 6.19 |
|   | 7.12 | 0.018 1 | 0.637 9 | 3.44 | 2.65 | 5.31 |
| 7 | 7.12 | 0.018 1 | 0.640 5 | 3.46 | 2.65 | 5.38 |
|   | 7.22 | 0.018 1 | 0.629 5 | 3.29 | 2.71 | 4.65 |
|   | 7.32 | 0.018 1 | 0.619 7 | 3.15 | 2.76 | 4.05 |
| 8 | 7.32 | 0.018 0 | 0.622 6 | 3.16 | 2.76 | 4.10 |
|   | 7.42 | 0.018 0 | 0.613 6 | 3.03 | 2.80 | 3.60 |
|   | 7.52 | 0.018 0 | 0.605 5 | 2.90 | 2.84 | 3.17 |

续附表7

| 微时间域 | $t/\mu s$ | $\vartheta_i$ | $\xi_i$ | 金属板后产物声速 /(mm·μs⁻¹) | 金属板速度 /(mm·μs⁻¹) | 金属板后产物压强 /GPa |
|---|---|---|---|---|---|---|
| 9 | 7.52 | 0.017 9 | 0.608 7 | 2.92 | 2.84 | 3.22 |
| | 7.62 | 0.017 9 | 0.601 2 | 2.80 | 2.88 | 2.86 |
| | 7.72 | 0.017 9 | 0.594 3 | 2.70 | 2.91 | 2.55 |
| 10 | 7.72 | 0.017 8 | 0.597 9 | 2.71 | 2.91 | 2.59 |
| | 7.82 | 0.017 8 | 0.591 5 | 2.61 | 2.94 | 2.32 |
| | 7.92 | 0.017 8 | 0.585 6 | 2.52 | 2.96 | 2.08 |
| 11 | 7.92 | 0.017 6 | 0.589 5 | 2.54 | 2.96 | 2.12 |
| | 8.02 | 0.017 6 | 0.583 9 | 2.45 | 2.99 | 1.92 |
| | 8.12 | 0.017 6 | 0.578 8 | 2.37 | 3.01 | 1.73 |
| 12 | 8.12 | 0.017 5 | 0.583 0 | 2.39 | 3.01 | 1.77 |
| | 8.22 | 0.017 5 | 0.578 2 | 2.31 | 3.03 | 1.61 |
| | 8.32 | 0.017 5 | 0.573 6 | 2.24 | 3.04 | 1.47 |
| 13 | 8.32 | 0.017 3 | 0.578 2 | 2.26 | 3.04 | 1.50 |
| | 8.42 | 0.017 3 | 0.573 8 | 2.19 | 3.06 | 1.37 |
| | 8.52 | 0.017 3 | 0.569 8 | 2.13 | 3.08 | 1.26 |
| 14 | 8.52 | 0.017 1 | 0.574 7 | 2.15 | 3.08 | 1.29 |
| | 8.62 | 0.017 1 | 0.570 8 | 2.09 | 3.09 | 1.18 |
| | 8.72 | 0.017 1 | 0.567 1 | 2.03 | 3.10 | 1.09 |
| 15 | 8.72 | 0.017 0 | 0.572 4 | 2.05 | 3.10 | 1.12 |
| | 8.82 | 0.017 0 | 0.568 8 | 1.99 | 3.12 | 1.03 |
| | 8.92 | 0.017 0 | 0.565 5 | 1.94 | 3.13 | 0.95 |
| 16 | 8.92 | 0.016 8 | 0.570 7 | 1.96 | 3.13 | 0.98 |
| | 9.02 | 0.016 8 | 0.567 5 | 1.91 | 3.14 | 0.91 |
| | 9.12 | 0.016 8 | 0.564 4 | 1.86 | 3.15 | 0.84 |
| 17 | 9.12 | 0.016 6 | 0.569 7 | 1.88 | 3.15 | 0.86 |
| | 9.22 | 0.016 6 | 0.566 7 | 1.84 | 3.16 | 0.80 |
| | 9.32 | 0.016 6 | 0.563 9 | 1.79 | 3.17 | 0.75 |

续附表7

| 微时间域 | $t/\mu s$ | $\vartheta_i$ | $\xi_i$ | 金属板后产物声速 /(mm·μs$^{-1}$) | 金属板速度 /(mm·μs$^{-1}$) | 金属板后产物压强 /GPa |
|---|---|---|---|---|---|---|
| 18 | 9.32 | 0.016 4 | 0.569 1 | 1.81 | 3.17 | 0.77 |
| | 9.42 | 0.016 4 | 0.566 3 | 1.77 | 3.18 | 0.72 |
| | 9.52 | 0.016 4 | 0.563 7 | 1.73 | 3.19 | 0.67 |
| 19 | 9.52 | 0.016 2 | 0.568 9 | 1.74 | 3.19 | 0.69 |
| | 9.62 | 0.016 2 | 0.566 4 | 1.70 | 3.19 | 0.64 |
| | 9.72 | 0.016 2 | 0.563 9 | 1.67 | 3.20 | 0.60 |
| 20 | 9.72 | 0.016 0 | 0.569 1 | 1.68 | 3.20 | 0.62 |
| | 9.82 | 0.016 0 | 0.566 7 | 1.65 | 3.21 | 0.58 |
| | 9.92 | 0.016 0 | 0.564 5 | 1.61 | 3.21 | 0.55 |
| 21 | 9.92 | 0.015 8 | 0.569 7 | 1.63 | 3.21 | 0.56 |
| | 10.02 | 0.015 8 | 0.567 4 | 1.59 | 3.22 | 0.53 |
| | 10.12 | 0.015 8 | 0.565 3 | 1.56 | 3.23 | 0.50 |
| 22 | 10.12 | 0.015 6 | 0.570 5 | 1.58 | 3.23 | 0.51 |
| | 10.22 | 0.015 6 | 0.568 4 | 1.55 | 3.23 | 0.48 |
| | 10.32 | 0.015 6 | 0.566 4 | 1.52 | 3.24 | 0.45 |
| 23 | 10.32 | 0.015 4 | 0.571 6 | 1.53 | 3.24 | 0.47 |
| | 10.42 | 0.015 4 | 0.569 6 | 1.50 | 3.24 | 0.44 |
| | 10.52 | 0.015 4 | 0.567 7 | 1.47 | 3.25 | 0.42 |
| 24 | 10.52 | 0.015 2 | 0.573 0 | 1.49 | 3.25 | 0.43 |
| | 10.62 | 0.015 2 | 0.571 1 | 1.46 | 3.25 | 0.40 |
| | 10.72 | 0.015 2 | 0.569 3 | 1.43 | 3.26 | 0.38 |
| 25 | 10.72 | 0.015 0 | 0.574 5 | 1.45 | 3.26 | 0.39 |
| | 10.82 | 0.015 0 | 0.572 8 | 1.42 | 3.26 | 0.37 |
| | 10.92 | 0.015 0 | 0.571 0 | 1.40 | 3.27 | 0.35 |
| 26 | 10.92 | 0.014 8 | 0.576 3 | 1.41 | 3.27 | 0.36 |
| | 11.02 | 0.014 8 | 0.574 6 | 1.39 | 3.27 | 0.35 |
| | 11.12 | 0.014 8 | 0.573 0 | 1.36 | 3.27 | 0.33 |

注：$\vartheta_i$ 和 $\xi_i$ 分别表示微时间域 $i$ 内的常数和变量，推导见 5.1 节。

附表 8　含 20%铝粉（铝粉不反应）的 HMX 基炸药驱动 1 mm 厚铜板的非线性特征线计算结果

| 数据点编号 | $t/\mu s$ | $\vartheta_i$ | $\xi_i$ | 金属板后产物声速 /(mm·μs⁻¹) | 金属板速度 /(mm·μs⁻¹) | 金属板后产物压强 /GPa |
|---|---|---|---|---|---|---|
| 1 | 6.02 | 0.018 3 | 1.000 0 | 8.30 | 0.00 | 74.30 |
| 2 | 6.12 | 0.018 3 | 0.913 1 | 7.23 | 0.71 | 49.03 |
| 3 | 6.22 | 0.018 3 | 0.851 0 | 6.43 | 1.19 | 34.62 |
| 4 | 6.32 | 0.018 3 | 0.804 0 | 5.82 | 1.53 | 25.62 |
| 5 | 6.42 | 0.018 3 | 0.767 0 | 5.33 | 1.80 | 19.63 |
| 6 | 6.52 | 0.018 3 | 0.737 2 | 4.92 | 2.00 | 15.46 |
| 7 | 6.62 | 0.018 3 | 0.712 4 | 4.57 | 2.16 | 12.43 |
| 8 | 6.72 | 0.018 3 | 0.691 6 | 4.28 | 2.29 | 10.17 |
| 9 | 6.82 | 0.018 3 | 0.673 8 | 4.02 | 2.40 | 8.45 |
| 10 | 6.92 | 0.018 3 | 0.658 3 | 3.80 | 2.49 | 7.11 |
| 11 | 7.02 | 0.018 3 | 0.644 8 | 3.60 | 2.57 | 6.04 |
| 12 | 7.12 | 0.018 3 | 0.632 9 | 3.42 | 2.63 | 5.19 |
| 13 | 7.22 | 0.018 3 | 0.622 3 | 3.26 | 2.69 | 4.49 |
| 14 | 7.32 | 0.018 3 | 0.612 8 | 3.11 | 2.74 | 3.91 |
| 15 | 7.42 | 0.018 3 | 0.604 3 | 2.98 | 2.78 | 3.44 |
| 16 | 7.52 | 0.018 3 | 0.596 5 | 2.86 | 2.82 | 3.03 |
| 17 | 7.62 | 0.018 3 | 0.589 5 | 2.75 | 2.85 | 2.69 |
| 18 | 7.72 | 0.018 3 | 0.583 0 | 2.64 | 2.88 | 2.40 |
| 19 | 7.82 | 0.018 3 | 0.577 1 | 2.55 | 2.91 | 2.15 |
| 20 | 7.92 | 0.018 3 | 0.571 6 | 2.46 | 2.93 | 1.94 |
| 21 | 8.02 | 0.018 3 | 0.566 5 | 2.38 | 2.95 | 1.75 |
| 22 | 8.12 | 0.018 3 | 0.561 8 | 2.30 | 2.97 | 1.59 |
| 23 | 8.22 | 0.018 3 | 0.557 5 | 2.23 | 2.99 | 1.44 |
| 24 | 8.32 | 0.018 3 | 0.553 4 | 2.16 | 3.01 | 1.32 |
| 25 | 8.42 | 0.018 3 | 0.549 6 | 2.10 | 3.02 | 1.20 |
| 26 | 8.52 | 0.018 3 | 0.546 0 | 2.04 | 3.04 | 1.10 |
| 27 | 8.62 | 0.018 3 | 0.542 7 | 1.98 | 3.05 | 1.02 |

续附表8

| 数据点编号 | $t/\mu s$ | $\vartheta_i$ | $\xi_i$ | 金属板后产物声速/(mm·μs⁻¹) | 金属板速度/(mm·μs⁻¹) | 金属板后产物压强/GPa |
|---|---|---|---|---|---|---|
| 28 | 8.72 | 0.018 3 | 0.539 6 | 1.93 | 3.06 | 0.94 |
| 29 | 8.82 | 0.018 3 | 0.536 6 | 1.88 | 3.07 | 0.87 |
| 30 | 8.92 | 0.018 3 | 0.533 8 | 1.83 | 3.08 | 0.80 |
| 31 | 9.02 | 0.018 3 | 0.531 1 | 1.79 | 3.09 | 0.74 |
| 32 | 9.12 | 0.018 3 | 0.528 6 | 1.75 | 3.10 | 0.69 |
| 33 | 9.22 | 0.018 3 | 0.526 2 | 1.70 | 3.11 | 0.64 |
| 34 | 9.32 | 0.018 3 | 0.524 0 | 1.67 | 3.11 | 0.60 |
| 35 | 9.42 | 0.018 3 | 0.521 8 | 1.63 | 3.12 | 0.56 |
| 36 | 9.52 | 0.018 3 | 0.519 8 | 1.59 | 3.13 | 0.52 |
| 37 | 9.62 | 0.018 3 | 0.517 8 | 1.56 | 3.13 | 0.49 |
| 38 | 9.72 | 0.018 3 | 0.516 0 | 1.53 | 3.14 | 0.46 |
| 39 | 9.82 | 0.018 3 | 0.514 2 | 1.49 | 3.14 | 0.43 |
| 40 | 9.92 | 0.018 3 | 0.512 5 | 1.46 | 3.15 | 0.41 |
| 41 | 10.02 | 0.018 3 | 0.510 8 | 1.44 | 3.15 | 0.38 |
| 42 | 10.12 | 0.018 3 | 0.509 3 | 1.41 | 3.16 | 0.36 |
| 43 | 10.22 | 0.018 3 | 0.507 8 | 1.38 | 3.16 | 0.34 |
| 44 | 10.32 | 0.018 3 | 0.506 3 | 1.36 | 3.16 | 0.32 |
| 45 | 10.42 | 0.018 3 | 0.504 9 | 1.33 | 3.17 | 0.31 |
| 46 | 10.52 | 0.018 3 | 0.503 6 | 1.31 | 3.17 | 0.29 |
| 47 | 10.62 | 0.018 3 | 0.502 3 | 1.28 | 3.18 | 0.28 |
| 48 | 10.72 | 0.018 3 | 0.501 1 | 1.26 | 3.18 | 0.26 |
| 49 | 10.82 | 0.018 3 | 0.499 9 | 1.24 | 3.18 | 0.25 |
| 50 | 10.92 | 0.018 3 | 0.498 8 | 1.22 | 3.18 | 0.24 |
| 51 | 11.02 | 0.018 3 | 0.497 7 | 1.20 | 3.19 | 0.22 |
| 52 | 11.12 | 0.018 3 | 0.496 6 | 1.18 | 3.19 | 0.21 |
| 53 | 11.22 | 0.018 3 | 0.495 6 | 1.16 | 3.19 | 0.20 |

注：$\vartheta_i$ 和 $\xi_i$ 分别表示微时间域 $i$ 内的常数和变量，推导见 5.1 节。

含 30%铝粉的 HMX 基含铝炸药驱动 1 mm 厚铜板的非线性特征线计算结果，见附表 9。含 30%铝粉（铝粉不反应）的 HMX 基炸药驱动 1 mm 厚铜板的非线性特征线计算结果，见附表 10。

附表 9 含 30%铝粉的 HMX 基含铝炸药驱动 1 mm 厚铜板的非线性特征线计算结果

| 微时间域 | $t/\mu s$ | $\vartheta_i$ | $\xi_i$ | 金属板后产物声速 /(mm·μs$^{-1}$) | 金属板速度 /(mm·μs$^{-1}$) | 金属板后产物压强 /GPa |
|---|---|---|---|---|---|---|
| 1 | 6.25 | 0.018 6 | 1.000 0 | 8.00 | 0.00 | 70.54 |
|  | 6.35 | 0.018 6 | 0.914 1 | 6.98 | 0.67 | 46.94 |
| 2 | 6.35 | 0.018 6 | 0.915 2 | 6.99 | 0.67 | 47.10 |
|  | 6.45 | 0.018 6 | 0.853 2 | 6.24 | 1.14 | 33.45 |
|  | 6.55 | 0.018 6 | 0.806 2 | 5.65 | 1.47 | 24.87 |
| 3 | 6.55 | 0.018 6 | 0.808 0 | 5.66 | 1.47 | 25.04 |
|  | 6.65 | 0.018 6 | 0.770 7 | 5.19 | 1.73 | 19.25 |
|  | 6.75 | 0.018 6 | 0.740 5 | 4.80 | 1.93 | 15.19 |
| 4 | 6.75 | 0.018 5 | 0.743 0 | 4.81 | 1.93 | 15.35 |
|  | 6.85 | 0.018 5 | 0.717 7 | 4.48 | 2.09 | 12.37 |
|  | 6.95 | 0.018 5 | 0.696 3 | 4.19 | 2.22 | 10.14 |
| 5 | 6.95 | 0.018 5 | 0.699 5 | 4.21 | 2.22 | 10.28 |
|  | 7.05 | 0.018 5 | 0.681 0 | 3.96 | 2.33 | 8.54 |
|  | 7.15 | 0.018 5 | 0.665 0 | 3.74 | 2.42 | 7.19 |
| 6 | 7.15 | 0.018 4 | 0.668 8 | 3.76 | 2.42 | 7.31 |
|  | 7.25 | 0.018 4 | 0.654 5 | 3.56 | 2.50 | 6.22 |
|  | 7.35 | 0.018 4 | 0.642 0 | 3.38 | 2.57 | 5.34 |
| 7 | 7.35 | 0.018 3 | 0.646 3 | 3.41 | 2.57 | 5.45 |
|  | 7.45 | 0.018 3 | 0.634 9 | 3.25 | 2.63 | 4.71 |
|  | 7.55 | 0.018 3 | 0.624 7 | 3.10 | 2.68 | 4.11 |
| 8 | 7.55 | 0.018 1 | 0.629 7 | 3.13 | 2.68 | 4.21 |
|  | 7.65 | 0.018 1 | 0.620 3 | 2.99 | 2.72 | 3.69 |
|  | 7.75 | 0.018 1 | 0.611 8 | 2.87 | 2.77 | 3.25 |

续附表 9

| 微时间域 | $t/\mu s$ | $\vartheta_i$ | $\xi_i$ | 金属板后产物声速 /(mm·μs$^{-1}$) | 金属板速度 /(mm·μs$^{-1}$) | 金属板后产物压强 /GPa |
|---|---|---|---|---|---|---|
| 9 | 7.75 | 0.018 0 | 0.617 3 | 2.90 | 2.77 | 3.34 |
| | 7.85 | 0.018 0 | 0.609 4 | 2.78 | 2.80 | 2.96 |
| | 7.95 | 0.018 0 | 0.602 1 | 2.68 | 2.83 | 2.64 |
| 10 | 7.95 | 0.017 8 | 0.608 3 | 2.70 | 2.83 | 2.72 |
| | 8.05 | 0.017 8 | 0.601 4 | 2.60 | 2.86 | 2.44 |
| | 8.15 | 0.017 8 | 0.595 1 | 2.51 | 2.89 | 2.19 |
| 11 | 8.15 | 0.017 5 | 0.601 8 | 2.54 | 2.89 | 2.26 |
| | 8.25 | 0.017 5 | 0.595 8 | 2.46 | 2.92 | 2.04 |
| | 8.35 | 0.017 5 | 0.590 3 | 2.37 | 2.94 | 1.85 |
| 12 | 8.35 | 0.017 3 | 0.597 6 | 2.40 | 2.94 | 1.92 |
| | 8.45 | 0.017 3 | 0.592 2 | 2.33 | 2.96 | 1.74 |
| | 8.55 | 0.017 3 | 0.587 2 | 2.26 | 2.98 | 1.58 |
| 13 | 8.55 | 0.017 0 | 0.595 2 | 2.29 | 2.98 | 1.65 |
| | 8.65 | 0.017 0 | 0.590 4 | 2.22 | 3.00 | 1.50 |
| | 8.75 | 0.017 0 | 0.585 8 | 2.15 | 3.02 | 1.38 |
| 14 | 8.75 | 0.016 8 | 0.594 4 | 2.18 | 3.02 | 1.44 |
| | 8.85 | 0.016 8 | 0.590 0 | 2.12 | 3.03 | 1.32 |
| | 8.95 | 0.016 8 | 0.585 8 | 2.06 | 3.05 | 1.21 |
| 15 | 8.95 | 0.016 4 | 0.595 1 | 2.10 | 3.05 | 1.27 |
| | 9.05 | 0.016 4 | 0.591 0 | 2.04 | 3.06 | 1.17 |
| | 9.15 | 0.016 4 | 0.587 2 | 1.99 | 3.07 | 1.08 |
| 16 | 9.15 | 0.016 1 | 0.596 4 | 2.02 | 3.07 | 1.13 |
| | 9.25 | 0.016 1 | 0.592 6 | 1.97 | 3.09 | 1.05 |
| | 9.35 | 0.016 1 | 0.589 0 | 1.92 | 3.10 | 0.97 |
| 17 | 9.35 | 0.015 8 | 0.598 3 | 1.95 | 3.10 | 1.02 |
| | 9.45 | 0.015 8 | 0.594 8 | 1.90 | 3.11 | 0.94 |
| | 9.55 | 0.015 8 | 0.591 4 | 1.85 | 3.12 | 0.88 |

续附表 9

| 微时间域 | $t/\mu s$ | $\vartheta_i$ | $\xi_i$ | 金属板后产物声速 /(mm·μs⁻¹) | 金属板速度 /(mm·μs⁻¹) | 金属板后产物压强 /GPa |
|---|---|---|---|---|---|---|
| | 9.55 | 0.015 5 | 0.600 7 | 1.88 | 3.12 | 0.92 |
| 18 | 9.65 | 0.015 5 | 0.597 4 | 1.84 | 3.13 | 0.86 |
| | 9.75 | 0.015 5 | 0.594 2 | 1.80 | 3.14 | 0.80 |
| | 9.75 | 0.015 2 | 0.603 6 | 1.82 | 3.14 | 0.84 |
| 19 | 9.85 | 0.015 2 | 0.600 4 | 1.78 | 3.15 | 0.78 |
| | 9.95 | 0.015 2 | 0.597 4 | 1.74 | 3.16 | 0.73 |
| | 9.95 | 0.014 9 | 0.606 8 | 1.77 | 3.16 | 0.77 |
| 20 | 10.05 | 0.014 9 | 0.603 9 | 1.73 | 3.17 | 0.72 |
| | 10.15 | 0.014 9 | 0.601 0 | 1.70 | 3.17 | 0.67 |
| | 10.15 | 0.014 6 | 0.610 5 | 1.72 | 3.17 | 0.70 |
| 21 | 10.25 | 0.014 6 | 0.607 6 | 1.69 | 3.18 | 0.66 |
| | 10.35 | 0.014 6 | 0.604 9 | 1.65 | 3.19 | 0.62 |
| | 10.35 | 0.014 3 | 0.614 4 | 1.68 | 3.19 | 0.65 |
| 22 | 10.45 | 0.014 3 | 0.611 7 | 1.64 | 3.20 | 0.61 |
| | 10.55 | 0.014 3 | 0.609 1 | 1.61 | 3.20 | 0.58 |
| | 10.55 | 0.014 0 | 0.618 7 | 1.64 | 3.20 | 0.60 |
| 23 | 10.65 | 0.014 0 | 0.616 1 | 1.61 | 3.21 | 0.57 |
| | 10.75 | 0.014 0 | 0.613 6 | 1.57 | 3.22 | 0.54 |
| | 10.75 | 0.013 8 | 0.623 3 | 1.60 | 3.22 | 0.56 |
| 24 | 10.85 | 0.013 8 | 0.620 7 | 1.57 | 3.22 | 0.53 |
| | 10.95 | 0.013 8 | 0.618 3 | 1.54 | 3.23 | 0.50 |
| | 10.95 | 0.013 5 | 0.628 1 | 1.56 | 3.23 | 0.53 |
| 25 | 11.05 | 0.013 5 | 0.625 7 | 1.54 | 3.24 | 0.50 |
| | 11.15 | 0.013 5 | 0.623 3 | 1.51 | 3.24 | 0.47 |
| | 11.15 | 0.013 2 | 0.633 1 | 1.53 | 3.24 | 0.50 |
| 26 | 11.25 | 0.013 2 | 0.630 8 | 1.51 | 3.25 | 0.47 |
| | 11.35 | 0.013 2 | 0.628 5 | 1.48 | 3.25 | 0.45 |

注：$\vartheta_i$ 和 $\xi_i$ 分别表示微时间域 $i$ 内的常数和变量，推导见 5.1 节。

附表 10　含 30%铝粉（铝粉不反应）的 HMX 基炸药驱动 1 mm 厚铜板的非线性特征线计算结果

| 数据点编号 | $t/\mu s$ | $\vartheta_i$ | $\xi_i$ | 金属板后产物声速 /(mm·$\mu$s$^{-1}$) | 金属板速度 /(mm·$\mu$s$^{-1}$) | 金属板后产物压强 /GPa |
|---|---|---|---|---|---|---|
| 1 | 6.25 | 0.018 6 | 1.000 0 | 8.00 | 0.00 | 70.54 |
| 2 | 6.35 | 0.018 6 | 0.914 1 | 6.98 | 0.67 | 46.94 |
| 3 | 6.45 | 0.018 6 | 0.852 4 | 6.23 | 1.13 | 33.35 |
| 4 | 6.55 | 0.018 6 | 0.805 5 | 5.65 | 1.47 | 24.80 |
| 5 | 6.65 | 0.018 6 | 0.768 5 | 5.17 | 1.72 | 19.08 |
| 6 | 6.75 | 0.018 6 | 0.738 5 | 4.78 | 1.92 | 15.07 |
| 7 | 6.85 | 0.018 6 | 0.713 6 | 4.45 | 2.08 | 12.16 |
| 8 | 6.95 | 0.018 6 | 0.692 6 | 4.17 | 2.21 | 9.98 |
| 9 | 7.05 | 0.018 6 | 0.674 7 | 3.92 | 2.32 | 8.31 |
| 10 | 7.15 | 0.018 6 | 0.659 1 | 3.70 | 2.40 | 7.00 |
| 11 | 7.25 | 0.018 6 | 0.645 4 | 3.51 | 2.48 | 5.96 |
| 12 | 7.35 | 0.018 6 | 0.633 4 | 3.34 | 2.55 | 5.13 |
| 13 | 7.45 | 0.018 6 | 0.622 6 | 3.18 | 2.60 | 4.44 |
| 14 | 7.55 | 0.018 6 | 0.613 0 | 3.04 | 2.65 | 3.88 |
| 15 | 7.65 | 0.018 6 | 0.604 3 | 2.91 | 2.69 | 3.41 |
| 16 | 7.75 | 0.018 6 | 0.596 5 | 2.80 | 2.73 | 3.02 |
| 17 | 7.85 | 0.018 6 | 0.589 3 | 2.69 | 2.76 | 2.68 |
| 18 | 7.95 | 0.018 6 | 0.582 7 | 2.59 | 2.79 | 2.39 |
| 19 | 8.05 | 0.018 6 | 0.576 7 | 2.50 | 2.82 | 2.15 |
| 20 | 8.15 | 0.018 6 | 0.571 1 | 2.41 | 2.84 | 1.93 |
| 21 | 8.25 | 0.018 6 | 0.566 0 | 2.33 | 2.86 | 1.75 |
| 22 | 8.35 | 0.018 6 | 0.561 2 | 2.26 | 2.88 | 1.59 |
| 23 | 8.45 | 0.018 6 | 0.556 7 | 2.19 | 2.90 | 1.44 |
| 24 | 8.55 | 0.018 6 | 0.552 6 | 2.12 | 2.92 | 1.32 |
| 25 | 8.65 | 0.018 6 | 0.548 7 | 2.06 | 2.93 | 1.21 |
| 26 | 8.75 | 0.018 6 | 0.545 1 | 2.00 | 2.95 | 1.11 |
| 27 | 8.85 | 0.018 6 | 0.541 7 | 1.95 | 2.96 | 1.02 |

**续附表 10**

| 数据点编号 | $t/\mu s$ | $\vartheta_i$ | $\xi_i$ | 金属板后产物声速 /(mm·μs⁻¹) | 金属板速度 /(mm·μs⁻¹) | 金属板后产物压强 /GPa |
|---|---|---|---|---|---|---|
| 28 | 8.95 | 0.018 6 | 0.538 5 | 1.90 | 2.97 | 0.94 |
| 29 | 9.05 | 0.018 6 | 0.535 4 | 1.85 | 2.98 | 0.87 |
| 30 | 9.15 | 0.018 6 | 0.532 6 | 1.80 | 2.99 | 0.81 |
| 31 | 9.25 | 0.018 6 | 0.529 9 | 1.76 | 3.00 | 0.75 |
| 32 | 9.35 | 0.018 6 | 0.527 3 | 1.72 | 3.01 | 0.70 |
| 33 | 9.45 | 0.018 6 | 0.524 9 | 1.68 | 3.01 | 0.65 |
| 34 | 9.55 | 0.018 6 | 0.522 6 | 1.64 | 3.02 | 0.60 |
| 35 | 9.65 | 0.018 6 | 0.520 4 | 1.60 | 3.03 | 0.57 |
| 36 | 9.75 | 0.018 6 | 0.518 3 | 1.57 | 3.04 | 0.53 |
| 37 | 9.85 | 0.018 6 | 0.516 3 | 1.53 | 3.04 | 0.50 |
| 38 | 9.95 | 0.018 6 | 0.514 4 | 1.50 | 3.05 | 0.47 |
| 39 | 10.05 | 0.018 6 | 0.512 5 | 1.47 | 3.05 | 0.44 |
| 40 | 10.15 | 0.018 6 | 0.510 8 | 1.44 | 3.06 | 0.41 |
| 41 | 10.25 | 0.018 6 | 0.509 1 | 1.41 | 3.06 | 0.39 |
| 42 | 10.35 | 0.018 6 | 0.507 5 | 1.39 | 3.07 | 0.37 |
| 43 | 10.45 | 0.018 6 | 0.506 0 | 1.36 | 3.07 | 0.35 |
| 44 | 10.55 | 0.018 6 | 0.504 5 | 1.33 | 3.07 | 0.33 |
| 45 | 10.65 | 0.018 6 | 0.503 1 | 1.31 | 3.08 | 0.31 |
| 46 | 10.75 | 0.018 6 | 0.501 7 | 1.29 | 3.08 | 0.29 |
| 47 | 10.85 | 0.018 6 | 0.500 4 | 1.26 | 3.08 | 0.28 |
| 48 | 10.95 | 0.018 6 | 0.499 1 | 1.24 | 3.09 | 0.26 |
| 49 | 11.05 | 0.018 6 | 0.497 9 | 1.22 | 3.09 | 0.25 |
| 50 | 11.15 | 0.018 6 | 0.496 7 | 1.20 | 3.09 | 0.24 |
| 51 | 11.25 | 0.018 6 | 0.495 6 | 1.18 | 3.10 | 0.23 |
| 52 | 11.35 | 0.018 6 | 0.494 5 | 1.16 | 3.10 | 0.22 |
| 53 | 11.45 | 0.018 6 | 0.493 5 | 1.15 | 3.10 | 0.21 |

注：$\vartheta_i$ 和 $\xi_i$ 分别表示微时间域 $i$ 内的常数和变量，推导见 5.1 节。

含 40%铝粉的 HMX 基含铝炸药驱动 1 mm 厚铜板的非线性特征线计算结果，见附表 11。含 40%铝粉（铝粉不反应）的 HMX 基炸药驱动 1 mm 厚铜板的非线性特征线计算结果，见附表 12。

**附表 11　含 40%铝粉的 HMX 基含铝炸药驱动 1 mm 厚铜板的非线性特征线计算结果**

| 微时间域 | $t/\mu s$ | $\vartheta_i$ | $\xi_i$ | 金属板后产物声速 /(mm·μs⁻¹) | 金属板速度 /(mm·μs⁻¹) | 金属板后产物压强 /GPa |
|---|---|---|---|---|---|---|
| 1 | 6.49 | 0.019 3 | 1.000 0 | 7.70 | 0.00 | 68.16 |
| | 6.59 | 0.019 3 | 0.913 7 | 6.73 | 0.65 | 45.53 |
| 2 | 6.59 | 0.019 2 | 0.915 3 | 6.74 | 0.65 | 45.77 |
| | 6.69 | 0.019 2 | 0.852 8 | 6.02 | 1.10 | 32.59 |
| | 6.79 | 0.019 2 | 0.805 4 | 5.46 | 1.43 | 24.29 |
| 3 | 6.79 | 0.019 2 | 0.808 2 | 5.48 | 1.43 | 24.55 |
| | 6.89 | 0.019 2 | 0.770 4 | 5.02 | 1.68 | 18.91 |
| | 6.99 | 0.019 2 | 0.739 7 | 4.64 | 1.88 | 14.95 |
| 4 | 6.99 | 0.019 1 | 0.743 6 | 4.67 | 1.88 | 15.19 |
| | 7.09 | 0.019 1 | 0.717 8 | 4.35 | 2.04 | 12.25 |
| | 7.19 | 0.019 1 | 0.696 0 | 4.07 | 2.17 | 10.06 |
| 5 | 7.19 | 0.019 0 | 0.700 9 | 4.10 | 2.17 | 10.27 |
| | 7.29 | 0.019 0 | 0.681 9 | 3.85 | 2.28 | 8.55 |
| | 7.39 | 0.019 0 | 0.665 4 | 3.64 | 2.37 | 7.20 |
| 6 | 7.39 | 0.018 9 | 0.671 2 | 3.67 | 2.37 | 7.39 |
| | 7.49 | 0.018 9 | 0.656 5 | 3.48 | 2.45 | 6.29 |
| | 7.59 | 0.018 9 | 0.643 4 | 3.31 | 2.52 | 5.40 |
| 7 | 7.59 | 0.018 7 | 0.650 2 | 3.34 | 2.52 | 5.57 |
| | 7.69 | 0.018 7 | 0.638 3 | 3.18 | 2.58 | 4.82 |
| | 7.79 | 0.018 7 | 0.627 6 | 3.04 | 2.63 | 4.20 |
| 8 | 7.79 | 0.018 5 | 0.635 3 | 3.08 | 2.63 | 4.36 |
| | 7.89 | 0.018 5 | 0.625 3 | 2.95 | 2.68 | 3.82 |
| | 7.99 | 0.018 5 | 0.616 3 | 2.83 | 2.72 | 3.37 |

**续附表 11**

| 微时间域 | $t/\mu s$ | $\vartheta_i$ | $\xi_i$ | 金属板后产物声速 /(mm·μs⁻¹) | 金属板速度 /(mm·μs⁻¹) | 金属板后产物压强 /GPa |
|---|---|---|---|---|---|---|
| 9 | 7.99 | 0.018 3 | 0.625 0 | 2.87 | 2.72 | 3.51 |
| | 8.09 | 0.018 3 | 0.616 4 | 2.75 | 2.76 | 3.11 |
| | 8.19 | 0.018 3 | 0.608 6 | 2.65 | 2.79 | 2.77 |
| 10 | 8.19 | 0.018 0 | 0.618 2 | 2.69 | 2.79 | 2.90 |
| | 8.29 | 0.018 0 | 0.610 8 | 2.59 | 2.82 | 2.60 |
| | 8.39 | 0.018 0 | 0.603 9 | 2.50 | 2.85 | 2.33 |
| 11 | 8.39 | 0.017 7 | 0.614 5 | 2.54 | 2.85 | 2.46 |
| | 8.49 | 0.017 7 | 0.607 8 | 2.46 | 2.88 | 2.21 |
| | 8.59 | 0.017 7 | 0.601 7 | 2.37 | 2.90 | 2.00 |
| 12 | 8.59 | 0.017 3 | 0.613 2 | 2.42 | 2.90 | 2.12 |
| | 8.69 | 0.017 3 | 0.607 2 | 2.34 | 2.93 | 1.92 |
| | 8.79 | 0.017 3 | 0.601 6 | 2.27 | 2.95 | 1.74 |
| 13 | 8.79 | 0.016 9 | 0.614 1 | 2.32 | 2.95 | 1.85 |
| | 8.89 | 0.016 9 | 0.608 6 | 2.25 | 2.97 | 1.69 |
| | 8.99 | 0.016 9 | 0.603 4 | 2.18 | 2.99 | 1.54 |
| 14 | 8.99 | 0.016 5 | 0.617 1 | 2.23 | 2.99 | 1.65 |
| | 9.09 | 0.016 5 | 0.611 9 | 2.16 | 3.01 | 1.51 |
| | 9.19 | 0.016 5 | 0.607 1 | 2.10 | 3.02 | 1.39 |
| 15 | 9.19 | 0.016 1 | 0.621 8 | 2.15 | 3.02 | 1.49 |
| | 9.29 | 0.016 1 | 0.616 9 | 2.09 | 3.04 | 1.37 |
| | 9.39 | 0.016 1 | 0.612 4 | 2.04 | 3.06 | 1.26 |
| 16 | 9.39 | 0.015 6 | 0.627 2 | 2.09 | 3.06 | 1.36 |
| | 9.49 | 0.015 6 | 0.622 6 | 2.03 | 3.07 | 1.25 |
| | 9.59 | 0.015 6 | 0.618 3 | 1.98 | 3.09 | 1.16 |
| 17 | 9.59 | 0.015 2 | 0.633 3 | 2.03 | 3.09 | 1.25 |
| | 9.69 | 0.015 2 | 0.628 9 | 1.98 | 3.10 | 1.15 |
| | 9.79 | 0.015 2 | 0.624 7 | 1.93 | 3.11 | 1.07 |

## 续附表 11

| 微时间域 | $t/\mu s$ | $\vartheta_i$ | $\xi_i$ | 金属板后产物声速 /(mm·μs⁻¹) | 金属板速度 /(mm·μs⁻¹) | 金属板后产物压强 /GPa |
|---|---|---|---|---|---|---|
| 18 | 9.79 | 0.014 8 | 0.639 9 | 1.98 | 3.11 | 1.15 |
| | 9.89 | 0.014 8 | 0.635 7 | 1.93 | 3.13 | 1.07 |
| | 9.99 | 0.014 8 | 0.631 7 | 1.88 | 3.14 | 0.99 |
| 19 | 9.99 | 0.014 4 | 0.647 0 | 1.93 | 3.14 | 1.07 |
| | 10.09 | 0.014 4 | 0.642 9 | 1.88 | 3.15 | 1.00 |
| | 10.19 | 0.014 4 | 0.639 1 | 1.84 | 3.16 | 0.93 |
| 20 | 10.19 | 0.014 0 | 0.654 6 | 1.88 | 3.16 | 1.00 |
| | 10.29 | 0.014 0 | 0.650 6 | 1.84 | 3.17 | 0.93 |
| | 10.39 | 0.014 0 | 0.646 9 | 1.80 | 3.18 | 0.87 |
| 21 | 10.39 | 0.013 6 | 0.662 6 | 1.84 | 3.18 | 0.94 |
| | 10.49 | 0.013 6 | 0.658 8 | 1.80 | 3.19 | 0.88 |
| | 10.59 | 0.013 6 | 0.655 1 | 1.77 | 3.20 | 0.82 |
| 22 | 10.59 | 0.013 2 | 0.671 0 | 1.81 | 3.20 | 0.88 |
| | 10.69 | 0.013 2 | 0.667 3 | 1.77 | 3.21 | 0.83 |
| | 10.79 | 0.013 2 | 0.663 7 | 1.73 | 3.22 | 0.78 |
| 23 | 10.79 | 0.012 8 | 0.679 9 | 1.78 | 3.22 | 0.84 |
| | 10.89 | 0.012 8 | 0.676 2 | 1.74 | 3.23 | 0.79 |
| | 10.99 | 0.012 8 | 0.672 7 | 1.70 | 3.24 | 0.74 |
| 24 | 10.99 | 0.012 5 | 0.689 1 | 1.75 | 3.24 | 0.80 |
| | 11.09 | 0.012 5 | 0.685 5 | 1.71 | 3.25 | 0.75 |
| | 11.19 | 0.012 5 | 0.682 1 | 1.68 | 3.26 | 0.71 |
| 25 | 11.19 | 0.012 1 | 0.698 6 | 1.72 | 3.26 | 0.76 |
| | 11.29 | 0.012 1 | 0.695 1 | 1.69 | 3.27 | 0.72 |
| | 11.39 | 0.012 1 | 0.691 7 | 1.65 | 3.28 | 0.68 |
| 26 | 11.39 | 0.011 8 | 0.708 5 | 1.69 | 3.28 | 0.73 |
| | 11.49 | 0.011 8 | 0.705 1 | 1.66 | 3.28 | 0.69 |
| | 11.59 | 0.011 8 | 0.701 7 | 1.63 | 3.29 | 0.65 |

注：$\vartheta_i$ 和 $\xi_i$ 分别表示微时间域 $i$ 内的常数和变量，推导见 5.1 节。

附表 12　含 40%铝粉（铝粉不反应）的 HMX 基炸药驱动 1 mm 厚铜板的非线性特征线计算结果

| 数据点编号 | $t/\mu s$ | $\vartheta_i$ | $\xi_i$ | 金属板后产物声速 /(mm·μs$^{-1}$) | 金属板速度 /(mm·μs$^{-1}$) | 金属板后产物压强 /GPa |
|---|---|---|---|---|---|---|
| 1 | 6.49 | 0.019 3 | 1.000 0 | 7.70 | 0.00 | 68.16 |
| 2 | 6.59 | 0.019 3 | 0.913 7 | 6.73 | 0.65 | 45.53 |
| 3 | 6.69 | 0.019 3 | 0.851 5 | 6.01 | 1.10 | 32.44 |
| 4 | 6.79 | 0.019 3 | 0.804 2 | 5.45 | 1.43 | 24.19 |
| 5 | 6.89 | 0.019 3 | 0.766 9 | 5.00 | 1.68 | 18.66 |
| 6 | 6.99 | 0.019 3 | 0.736 6 | 4.62 | 1.87 | 14.77 |
| 7 | 7.09 | 0.019 3 | 0.711 5 | 4.31 | 2.02 | 11.94 |
| 8 | 7.19 | 0.019 3 | 0.690 3 | 4.04 | 2.15 | 9.81 |
| 9 | 7.29 | 0.019 3 | 0.672 1 | 3.80 | 2.26 | 8.18 |
| 10 | 7.39 | 0.019 3 | 0.656 3 | 3.59 | 2.34 | 6.91 |
| 11 | 7.49 | 0.019 3 | 0.642 4 | 3.40 | 2.42 | 5.89 |
| 12 | 7.59 | 0.019 3 | 0.630 2 | 3.24 | 2.48 | 5.07 |
| 13 | 7.69 | 0.019 3 | 0.619 3 | 3.09 | 2.54 | 4.40 |
| 14 | 7.79 | 0.019 3 | 0.609 5 | 2.95 | 2.58 | 3.85 |
| 15 | 7.89 | 0.019 3 | 0.600 7 | 2.83 | 2.63 | 3.39 |
| 16 | 7.99 | 0.019 3 | 0.592 7 | 2.72 | 2.66 | 3.00 |
| 17 | 8.09 | 0.019 3 | 0.585 4 | 2.61 | 2.70 | 2.67 |
| 18 | 8.19 | 0.019 3 | 0.578 7 | 2.52 | 2.73 | 2.38 |
| 19 | 8.29 | 0.019 3 | 0.572 6 | 2.43 | 2.75 | 2.14 |
| 20 | 8.39 | 0.019 3 | 0.566 9 | 2.35 | 2.78 | 1.93 |
| 21 | 8.49 | 0.019 3 | 0.561 7 | 2.27 | 2.80 | 1.74 |
| 22 | 8.59 | 0.019 3 | 0.556 8 | 2.20 | 2.82 | 1.58 |
| 23 | 8.69 | 0.019 3 | 0.552 3 | 2.13 | 2.84 | 1.44 |
| 24 | 8.79 | 0.019 3 | 0.548 1 | 2.07 | 2.85 | 1.32 |
| 25 | 8.89 | 0.019 3 | 0.544 1 | 2.01 | 2.87 | 1.21 |
| 26 | 8.99 | 0.019 3 | 0.540 4 | 1.95 | 2.88 | 1.11 |
| 27 | 9.09 | 0.019 3 | 0.536 9 | 1.90 | 2.89 | 1.02 |

**续附表 12**

| 数据点编号 | $t/\mu s$ | $\vartheta_i$ | $\xi_i$ | 金属板后产物声速 /(mm·μs⁻¹) | 金属板速度 /(mm·μs⁻¹) | 金属板后产物压强 /GPa |
|---|---|---|---|---|---|---|
| 28 | 9.19 | 0.019 3 | 0.533 7 | 1.85 | 2.90 | 0.94 |
| 29 | 9.29 | 0.019 3 | 0.530 6 | 1.80 | 2.91 | 0.87 |
| 30 | 9.39 | 0.019 3 | 0.527 7 | 1.76 | 2.92 | 0.81 |
| 31 | 9.49 | 0.019 3 | 0.524 9 | 1.71 | 2.93 | 0.75 |
| 32 | 9.59 | 0.019 3 | 0.522 3 | 1.67 | 2.94 | 0.70 |
| 33 | 9.69 | 0.019 3 | 0.519 8 | 1.63 | 2.95 | 0.65 |
| 34 | 9.79 | 0.019 3 | 0.517 4 | 1.60 | 2.96 | 0.61 |
| 35 | 9.89 | 0.019 3 | 0.515 2 | 1.56 | 2.96 | 0.57 |
| 36 | 9.99 | 0.019 3 | 0.513 1 | 1.53 | 2.97 | 0.53 |
| 37 | 10.09 | 0.019 3 | 0.511 0 | 1.50 | 2.98 | 0.50 |
| 38 | 10.19 | 0.019 3 | 0.509 1 | 1.46 | 2.98 | 0.47 |
| 39 | 10.29 | 0.019 3 | 0.507 2 | 1.44 | 2.99 | 0.44 |
| 40 | 10.39 | 0.019 3 | 0.505 4 | 1.41 | 2.99 | 0.42 |
| 41 | 10.49 | 0.019 3 | 0.503 7 | 1.38 | 3.00 | 0.39 |
| 42 | 10.59 | 0.019 3 | 0.502 1 | 1.35 | 3.00 | 0.37 |
| 43 | 10.69 | 0.019 3 | 0.500 5 | 1.33 | 3.01 | 0.35 |
| 44 | 10.79 | 0.019 3 | 0.499 0 | 1.30 | 3.01 | 0.33 |
| 45 | 10.89 | 0.019 3 | 0.497 6 | 1.28 | 3.01 | 0.31 |
| 46 | 10.99 | 0.019 3 | 0.496 2 | 1.26 | 3.02 | 0.30 |
| 47 | 11.09 | 0.019 3 | 0.494 8 | 1.24 | 3.02 | 0.28 |
| 48 | 11.19 | 0.019 3 | 0.493 5 | 1.21 | 3.02 | 0.27 |
| 49 | 11.29 | 0.019 3 | 0.492 3 | 1.19 | 3.03 | 0.25 |
| 50 | 11.39 | 0.019 3 | 0.491 1 | 1.17 | 3.03 | 0.24 |
| 51 | 11.49 | 0.019 3 | 0.489 9 | 1.16 | 3.03 | 0.23 |
| 52 | 11.59 | 0.019 3 | 0.488 8 | 1.14 | 3.03 | 0.22 |
| 53 | 11.69 | 0.019 3 | 0.487 7 | 1.12 | 3.04 | 0.21 |

注：$\vartheta_i$ 和 $\xi_i$ 分别表示微时间域 $i$ 内的常数和变量，推导见 5.1 节。

5 μm 含铝炸药驱动 1 mm 金属板的计算结果, 见附表 13。50 μm 含铝炸药驱动 1 mm 金属板的计算结果, 见附表 14。含 LiF 炸药驱动 1 mm 金属板的计算结果, 见附表 15。

**附表 13　5 μm 含铝炸药驱动 1 mm 金属板的计算结果**

| 微时间域 | $t/\mu s$ | $\vartheta_i$ | $\xi_i$ | 金属板后产物声速 /(mm·μs$^{-1}$) | 金属板速度 /(mm·μs$^{-1}$) | 金属板后产物压强 /GPa |
|---|---|---|---|---|---|---|
| 1 | 6.024 1 | 0.018 3 | 1.000 0 | 8.223 0 | 0.000 0 | 74.970 5 |
| | 6.124 1 | 0.018 3 | 0.913 1 | 7.226 1 | 0.705 1 | 50.875 8 |
| 2 | 6.124 1 | 0.018 3 | 0.913 8 | 7.231 2 | 0.705 1 | 50.983 6 |
| | 6.224 1 | 0.018 3 | 0.851 5 | 6.438 6 | 1.187 4 | 35.989 4 |
| | 6.324 1 | 0.018 3 | 0.804 4 | 5.823 6 | 1.535 9 | 26.630 2 |
| 3 | 6.324 1 | 0.018 2 | 0.808 6 | 5.854 1 | 1.535 9 | 27.050 8 |
| | 6.424 1 | 0.018 2 | 0.771 1 | 5.354 3 | 1.802 3 | 20.697 0 |
| | 6.524 1 | 0.018 2 | 0.740 7 | 4.941 8 | 2.008 9 | 16.272 5 |
| 4 | 6.524 1 | 0.018 1 | 0.744 9 | 4.969 3 | 2.008 9 | 16.545 7 |
| | 6.624 1 | 0.018 1 | 0.719 4 | 4.618 1 | 2.175 8 | 13.279 7 |
| | 6.724 1 | 0.018 1 | 0.697 9 | 4.317 4 | 2.311 0 | 10.850 9 |
| 5 | 6.724 1 | 0.018 1 | 0.702 6 | 4.346 0 | 2.311 0 | 11.068 0 |
| | 6.824 1 | 0.018 1 | 0.683 9 | 4.082 1 | 2.424 4 | 9.171 7 |
| | 6.924 1 | 0.018 1 | 0.667 8 | 3.850 7 | 2.519 0 | 7.698 7 |
| 6 | 6.924 1 | 0.017 9 | 0.673 1 | 3.881 9 | 2.519 0 | 7.884 9 |
| | 7.024 1 | 0.017 9 | 0.658 7 | 3.557 1 | 2.600 7 | 6.068 6 |
| | 7.124 1 | 0.017 9 | 0.646 0 | 3.488 6 | 2.670 4 | 5.724 7 |
| 7 | 7.124 1 | 0.017 8 | 0.652 1 | 3.521 3 | 2.670 4 | 5.887 2 |
| | 7.224 1 | 0.017 8 | 0.640 5 | 3.352 3 | 2.731 9 | 5.079 6 |
| | 7.324 1 | 0.017 8 | 0.630 2 | 3.199 7 | 2.785 2 | 4.417 0 |
| 8 | 7.324 1 | 0.017 6 | 0.637 4 | 3.236 3 | 2.785 2 | 4.570 3 |
| | 7.424 1 | 0.017 6 | 0.627 8 | 3.095 1 | 2.833 4 | 3.997 8 |
| | 7.524 1 | 0.017 6 | 0.619 1 | 2.966 2 | 2.875 6 | 3.518 9 |
| 9 | 7.524 1 | 0.017 3 | 0.627 3 | 3.005 3 | 2.875 6 | 3.659 8 |
| | 7.624 1 | 0.017 3 | 0.619 1 | 2.884 7 | 2.914 3 | 3.236 7 |
| | 7.724 1 | 0.017 3 | 0.611 6 | 2.773 9 | 2.948 7 | 2.877 9 |

续附表 **13**

| 微时间域 | $t/\mu s$ | $\vartheta_i$ | $\xi_i$ | 金属板后产物声速 /(mm·μs⁻¹) | 金属板速度 /(mm·μs⁻¹) | 金属板后产物压强 /GPa |
|---|---|---|---|---|---|---|
| | 7.724 1 | 0.017 1 | 0.620 7 | 2.815 1 | 2.948 7 | 3.008 0 |
| 10 | 7.824 1 | 0.017 1 | 0.613 5 | 2.710 4 | 2.980 7 | 2.684 7 |
| | 7.924 1 | 0.017 1 | 0.607 0 | 2.613 5 | 3.009 3 | 2.407 0 |
| | 7.924 1 | 0.016 8 | 0.616 8 | 2.655 9 | 3.009 3 | 2.526 0 |
| 11 | 8.024 1 | 0.016 8 | 0.610 5 | 2.563 7 | 3.036 2 | 2.272 0 |
| | 8.124 1 | 0.016 8 | 0.604 6 | 2.477 9 | 3.060 5 | 2.051 4 |
| | 8.124 1 | 0.016 4 | 0.615 7 | 2.523 1 | 3.060 5 | 2.165 7 |
| 12 | 8.224 1 | 0.016 4 | 0.609 9 | 2.440 8 | 3.083 7 | 1.960 6 |
| | 8.324 1 | 0.016 4 | 0.604 6 | 2.363 9 | 3.104 8 | 1.781 1 |
| | 8.324 1 | 0.016 1 | 0.616 5 | 2.410 2 | 3.104 8 | 1.887 8 |
| 13 | 8.424 1 | 0.016 1 | 0.611 2 | 2.336 0 | 3.125 0 | 1.718 8 |
| | 8.524 1 | 0.016 1 | 0.606 3 | 2.266 4 | 3.143 5 | 1.569 7 |
| | 8.524 1 | 0.015 7 | 0.619 5 | 2.315 4 | 3.143 5 | 1.673 7 |
| 14 | 8.624 1 | 0.015 7 | 0.614 6 | 2.247 8 | 3.161 5 | 1.531 3 |
| | 8.724 1 | 0.015 7 | 0.610 0 | 2.184 1 | 3.178 0 | 1.404 8 |
| | 8.724 1 | 0.015 3 | 0.624 9 | 2.237 2 | 3.178 0 | 1.509 8 |
| 15 | 8.824 1 | 0.015 3 | 0.620 3 | 2.174 9 | 3.194 3 | 1.387 1 |
| | 8.924 1 | 0.015 3 | 0.615 9 | 2.116 2 | 3.209 3 | 1.277 8 |
| | 8.924 1 | 0.014 8 | 0.630 9 | 2.167 6 | 3.209 3 | 1.373 2 |
| 16 | 9.024 1 | 0.014 8 | 0.626 6 | 2.110 0 | 3.224 2 | 1.266 6 |
| | 9.124 1 | 0.014 8 | 0.622 5 | 2.055 4 | 3.237 9 | 1.170 8 |
| | 9.124 1 | 0.014 4 | 0.637 6 | 2.105 4 | 3.237 9 | 1.258 4 |
| 17 | 9.224 1 | 0.014 4 | 0.633 4 | 2.051 8 | 3.251 5 | 1.164 7 |
| | 9.324 1 | 0.014 4 | 0.629 5 | 2.000 9 | 3.264 1 | 1.080 1 |
| | 9.324 1 | 0.014 0 | 0.644 8 | 2.049 6 | 3.264 1 | 1.160 9 |
| 18 | 9.424 1 | 0.014 0 | 0.640 8 | 1.999 5 | 3.276 7 | 1.077 9 |
| | 9.524 1 | 0.014 0 | 0.637 0 | 1.951 9 | 3.288 4 | 1.002 7 |

续附表 13

| 微时间域 | $t/\mu s$ | $\vartheta_i$ | $\xi_i$ | 金属板后产物声速 /(mm·μs$^{-1}$) | 金属板速度 /(mm·μs$^{-1}$) | 金属板后产物压强 /GPa |
|---|---|---|---|---|---|---|
| 19 | 9.524 1 | 0.013 6 | 0.652 5 | 1.999 3 | 3.288 4 | 1.077 5 |
| | 9.624 1 | 0.013 6 | 0.648 7 | 1.952 3 | 3.300 1 | 1.003 3 |
| | 9.724 1 | 0.013 6 | 0.645 0 | 1.907 5 | 3.311 0 | 0.935 8 |
| 20 | 9.724 1 | 0.013 2 | 0.660 7 | 1.953 9 | 3.311 0 | 1.005 8 |
| | 9.824 1 | 0.013 2 | 0.656 9 | 1.909 7 | 3.321 9 | 0.939 1 |
| | 9.924 1 | 0.013 2 | 0.653 4 | 1.867 4 | 3.332 2 | 0.878 0 |
| 21 | 9.924 1 | 0.012 8 | 0.669 3 | 1.912 8 | 3.332 2 | 0.943 6 |
| | 10.024 1 | 0.012 8 | 0.665 7 | 1.871 0 | 3.342 4 | 0.883 1 |
| | 10.124 1 | 0.012 8 | 0.662 2 | 1.831 1 | 3.352 1 | 0.827 8 |
| 22 | 10.124 1 | 0.012 5 | 0.678 3 | 1.875 6 | 3.352 1 | 0.889 7 |
| | 10.224 1 | 0.012 5 | 0.674 8 | 1.835 9 | 3.361 8 | 0.834 3 |
| | 10.324 1 | 0.012 5 | 0.671 4 | 1.798 0 | 3.370 9 | 0.783 7 |
| 23 | 10.324 1 | 0.012 1 | 0.687 7 | 1.841 7 | 3.370 9 | 0.842 3 |
| | 10.424 1 | 0.012 1 | 0.684 3 | 1.804 0 | 3.380 1 | 0.791 6 |
| | 10.524 1 | 0.012 1 | 0.681 0 | 1.767 9 | 3.388 7 | 0.745 0 |
| 24 | 10.524 1 | 0.011 7 | 0.697 5 | 1.810 9 | 3.388 7 | 0.800 7 |
| | 10.624 1 | 0.011 7 | 0.694 1 | 1.775 0 | 3.397 4 | 0.754 0 |
| | 10.724 1 | 0.011 7 | 0.690 9 | 1.740 5 | 3.405 7 | 0.710 9 |
| 25 | 10.724 1 | 0.011 4 | 0.707 7 | 1.782 8 | 3.405 7 | 0.764 0 |
| | 10.824 1 | 0.011 4 | 0.704 4 | 1.748 5 | 3.414 0 | 0.720 8 |
| | 10.924 1 | 0.011 4 | 0.701 2 | 1.715 5 | 3.421 9 | 0.680 7 |
| 26 | 10.924 1 | 0.011 1 | 0.718 2 | 1.757 2 | 3.421 9 | 0.731 6 |
| | 11.024 1 | 0.011 1 | 0.714 9 | 1.724 3 | 3.429 9 | 0.691 3 |
| | 11.124 1 | 0.011 1 | 0.711 8 | 1.692 7 | 3.437 5 | 0.653 9 |
| 27 | 11.124 1 | 0.010 8 | 0.729 1 | 1.733 9 | 3.437 5 | 0.702 9 |
| | 11.224 1 | 0.010 8 | 0.725 8 | 1.702 3 | 3.445 2 | 0.665 1 |
| | 11.324 1 | 0.010 8 | 0.722 7 | 1.671 9 | 3.452 5 | 0.630 1 |

附表 14　50 μm 含铝炸药驱动 1 mm 金属板的计算结果

| 微时间域 | $t/\mu s$ | $\vartheta_i$ | $\xi_i$ | 金属板后产物声速 /(mm·μs⁻¹) | 金属板速度 /(mm·μs⁻¹) | 金属板后产物压强 /GPa |
|---|---|---|---|---|---|---|
| 1 | 6.024 1 | 0.018 3 | 1.000 0 | 8.223 0 | 0.000 0 | 74.970 5 |
| | 6.124 1 | 0.018 3 | 0.913 1 | 7.226 1 | 0.705 1 | 50.875 8 |
| 2 | 6.124 1 | 0.018 3 | 0.913 8 | 7.231 2 | 0.705 1 | 50.983 6 |
| | 6.224 1 | 0.018 3 | 0.851 5 | 6.438 6 | 1.187 4 | 35.989 4 |
| | 6.324 1 | 0.018 3 | 0.804 4 | 5.823 6 | 1.535 9 | 26.630 2 |
| 3 | 6.324 1 | 0.018 2 | 0.806 4 | 5.837 9 | 1.535 9 | 26.826 8 |
| | 6.424 1 | 0.018 2 | 0.769 1 | 5.340 8 | 1.800 2 | 20.540 9 |
| | 6.524 1 | 0.018 2 | 0.739 0 | 4.930 3 | 2.005 3 | 16.159 2 |
| 4 | 6.524 1 | 0.018 2 | 0.741 1 | 4.944 1 | 2.005 3 | 16.295 3 |
| | 6.624 1 | 0.018 2 | 0.716 0 | 4.596 1 | 2.169 8 | 13.090 9 |
| | 6.724 1 | 0.018 2 | 0.694 8 | 4.298 1 | 2.303 0 | 10.706 0 |
| 5 | 6.724 1 | 0.018 2 | 0.697 5 | 4.314 7 | 2.303 0 | 10.830 6 |
| | 6.824 1 | 0.018 2 | 0.679 2 | 4.054 1 | 2.414 1 | 8.984 3 |
| | 6.924 1 | 0.018 2 | 0.663 3 | 3.825 5 | 2.506 8 | 7.548 6 |
| 6 | 6.924 1 | 0.018 1 | 0.666 9 | 3.845 6 | 2.506 8 | 7.668 2 |
| | 7.024 1 | 0.018 1 | 0.652 9 | 3.525 5 | 2.586 3 | 5.908 3 |
| | 7.124 1 | 0.018 1 | 0.640 5 | 3.458 8 | 2.654 2 | 5.579 3 |
| 7 | 7.124 1 | 0.018 0 | 0.644 8 | 3.481 7 | 2.654 2 | 5.690 8 |
| | 7.224 1 | 0.018 0 | 0.633 6 | 3.315 9 | 2.713 7 | 4.915 9 |
| | 7.324 1 | 0.018 0 | 0.623 6 | 3.166 1 | 2.765 3 | 4.279 3 |
| 8 | 7.324 1 | 0.017 8 | 0.629 0 | 3.193 6 | 2.765 3 | 4.391 8 |
| | 7.424 1 | 0.017 8 | 0.619 7 | 3.055 4 | 2.811 6 | 3.846 0 |
| | 7.524 1 | 0.017 8 | 0.611 4 | 2.929 2 | 2.852 2 | 3.388 8 |
| 9 | 7.524 1 | 0.017 6 | 0.617 7 | 2.959 7 | 2.852 2 | 3.495 8 |
| | 7.624 1 | 0.017 6 | 0.609 9 | 2.842 1 | 2.889 3 | 3.095 4 |
| | 7.724 1 | 0.017 6 | 0.602 8 | 2.733 9 | 2.922 1 | 2.755 2 |

续附表 14

| 微时间域 | $t/\mu s$ | $\vartheta_i$ | $\xi_i$ | 金属板后产物声速 /(mm·$\mu s^{-1}$) | 金属板速度 /(mm·$\mu s^{-1}$) | 金属板后产物压强 /GPa |
|---|---|---|---|---|---|---|
| 10 | 7.724 1 | 0.017 4 | 0.610 1 | 2.767 0 | 2.922 1 | 2.856 5 |
| | 7.824 1 | 0.017 4 | 0.603 3 | 2.665 1 | 2.952 5 | 2.552 4 |
| | 7.924 1 | 0.017 4 | 0.597 1 | 2.570 8 | 2.979 7 | 2.290 9 |
| 11 | 7.924 1 | 0.017 1 | 0.605 1 | 2.605 5 | 2.979 7 | 2.384 9 |
| | 8.024 1 | 0.017 1 | 0.599 1 | 2.516 0 | 3.005 2 | 2.147 5 |
| | 8.124 1 | 0.017 1 | 0.593 6 | 2.432 6 | 3.028 2 | 1.940 9 |
| 12 | 8.124 1 | 0.016 8 | 0.602 8 | 2.470 4 | 3.028 2 | 2.032 8 |
| | 8.224 1 | 0.016 8 | 0.597 4 | 2.390 8 | 3.050 0 | 1.842 6 |
| | 8.324 1 | 0.016 8 | 0.592 4 | 2.316 2 | 3.069 8 | 1.675 4 |
| 13 | 8.324 1 | 0.016 5 | 0.602 5 | 2.355 4 | 3.069 8 | 1.762 0 |
| | 8.424 1 | 0.016 5 | 0.597 6 | 2.283 7 | 3.088 7 | 1.605 9 |
| | 8.524 1 | 0.016 5 | 0.593 0 | 2.216 4 | 3.106 0 | 1.468 1 |
| 14 | 8.524 1 | 0.016 2 | 0.604 2 | 2.258 4 | 3.106 0 | 1.553 1 |
| | 8.624 1 | 0.016 2 | 0.599 7 | 2.193 3 | 3.122 7 | 1.422 6 |
| | 8.724 1 | 0.016 2 | 0.595 4 | 2.131 9 | 3.138 0 | 1.306 5 |
| 15 | 8.724 1 | 0.015 7 | 0.608 3 | 2.178 0 | 3.138 0 | 1.393 1 |
| | 8.824 1 | 0.015 7 | 0.604 1 | 2.118 2 | 3.153 1 | 1.281 4 |
| | 8.924 1 | 0.015 7 | 0.600 1 | 2.061 7 | 3.166 9 | 1.181 6 |
| 16 | 8.924 1 | 0.015 3 | 0.613 1 | 2.106 3 | 3.166 9 | 1.260 0 |
| | 9.024 1 | 0.015 3 | 0.609 1 | 2.051 1 | 3.180 6 | 1.163 5 |
| | 9.124 1 | 0.015 3 | 0.605 3 | 1.998 8 | 3.193 2 | 1.076 7 |
| 17 | 9.124 1 | 0.014 9 | 0.618 4 | 2.042 0 | 3.193 2 | 1.148 1 |
| | 9.224 1 | 0.014 9 | 0.614 6 | 1.990 8 | 3.205 6 | 1.063 9 |
| | 9.324 1 | 0.014 9 | 0.611 0 | 1.942 1 | 3.217 1 | 0.987 7 |
| 18 | 9.324 1 | 0.014 6 | 0.624 2 | 1.984 1 | 3.217 1 | 1.053 2 |
| | 9.424 1 | 0.014 6 | 0.620 6 | 1.936 4 | 3.228 6 | 0.979 0 |
| | 9.524 1 | 0.014 6 | 0.617 1 | 1.891 0 | 3.239 2 | 0.911 7 |

续附表 14

| 微时间域 | $t/\mu s$ | $\vartheta_i$ | $\xi_i$ | 金属板后产物声速 /(mm·μs⁻¹) | 金属板速度 /(mm·μs⁻¹) | 金属板后产物压强 /GPa |
|---|---|---|---|---|---|---|
| 19 | 9.524 1 | 0.014 2 | 0.630 5 | 1.931 9 | 3.239 2 | 0.972 2 |
|  | 9.624 1 | 0.014 2 | 0.627 0 | 1.887 2 | 3.249 8 | 0.906 3 |
|  | 9.724 1 | 0.014 2 | 0.623 7 | 1.844 6 | 3.259 6 | 0.846 3 |
| 20 | 9.724 1 | 0.013 8 | 0.637 2 | 1.884 5 | 3.259 6 | 0.902 4 |
|  | 9.824 1 | 0.013 8 | 0.633 9 | 1.842 5 | 3.269 4 | 0.843 4 |
|  | 9.924 1 | 0.013 8 | 0.630 7 | 1.802 5 | 3.278 6 | 0.789 6 |
| 21 | 9.924 1 | 0.013 4 | 0.644 3 | 1.841 5 | 3.278 6 | 0.842 0 |
|  | 10.024 1 | 0.013 4 | 0.641 1 | 1.801 9 | 3.287 8 | 0.788 8 |
|  | 10.124 1 | 0.013 4 | 0.638 0 | 1.764 1 | 3.296 4 | 0.740 2 |
| 22 | 10.124 1 | 0.013 1 | 0.651 8 | 1.802 2 | 3.296 4 | 0.789 2 |
|  | 10.224 1 | 0.013 1 | 0.648 7 | 1.764 9 | 3.305 0 | 0.741 2 |
|  | 10.324 1 | 0.013 1 | 0.645 7 | 1.729 0 | 3.313 1 | 0.696 9 |
| 23 | 10.324 1 | 0.012 7 | 0.659 6 | 1.766 4 | 3.313 1 | 0.743 1 |
|  | 10.424 1 | 0.012 7 | 0.656 6 | 1.731 0 | 3.321 2 | 0.699 3 |
|  | 10.524 1 | 0.012 7 | 0.653 7 | 1.697 0 | 3.328 8 | 0.658 9 |
| 24 | 10.524 1 | 0.012 4 | 0.667 8 | 1.733 7 | 3.328 8 | 0.702 6 |
|  | 10.624 1 | 0.012 4 | 0.664 8 | 1.700 0 | 3.336 5 | 0.662 4 |
|  | 10.724 1 | 0.012 4 | 0.662 0 | 1.667 6 | 3.343 8 | 0.625 3 |
| 25 | 10.724 1 | 0.012 1 | 0.676 3 | 1.703 7 | 3.343 8 | 0.666 8 |
|  | 10.824 1 | 0.012 1 | 0.673 4 | 1.671 6 | 3.351 1 | 0.629 8 |
|  | 10.924 1 | 0.012 1 | 0.670 6 | 1.640 7 | 3.357 9 | 0.595 5 |
| 26 | 10.924 1 | 0.011 7 | 0.685 1 | 1.676 2 | 3.357 9 | 0.635 0 |
|  | 11.024 1 | 0.011 7 | 0.682 2 | 1.645 5 | 3.364 9 | 0.600 7 |
|  | 11.124 1 | 0.011 7 | 0.679 5 | 1.615 9 | 3.371 5 | 0.568 9 |
| 27 | 11.124 1 | 0.011 4 | 0.694 2 | 1.650 9 | 3.371 5 | 0.606 7 |
|  | 11.224 1 | 0.011 4 | 0.691 4 | 1.621 5 | 3.378 1 | 0.574 8 |
|  | 11.324 1 | 0.011 4 | 0.688 6 | 1.593 2 | 3.384 4 | 0.545 3 |

附表 15  含 LiF 炸药驱动 1 mm 金属板的计算结果

| 编号 | $t/\mu s$ | $\vartheta_i$ | $\xi_i$ | 金属板后产物声速 /(mm·μs⁻¹) | 金属板速度 /(mm·μs⁻¹) | 金属板后产物压强 /GPa |
|---|---|---|---|---|---|---|
| 1 | 6.024 1 | 0.018 3 | 1.000 0 | 8.223 0 | 0.000 0 | 74.970 5 |
| 2 | 6.124 1 | 0.018 3 | 0.913 1 | 7.226 1 | 0.705 1 | 50.875 8 |
| 3 | 6.224 1 | 0.018 3 | 0.851 0 | 6.434 7 | 1.186 4 | 35.924 0 |
| 4 | 6.324 1 | 0.018 3 | 0.804 0 | 5.820 5 | 1.534 4 | 26.587 7 |
| 5 | 6.424 1 | 0.018 3 | 0.767 0 | 5.326 3 | 1.796 4 | 20.374 0 |
| 6 | 6.524 1 | 0.018 3 | 0.737 2 | 4.917 9 | 1.999 9 | 16.037 6 |
| 7 | 6.624 1 | 0.018 3 | 0.712 4 | 4.573 4 | 2.161 8 | 12.897 8 |
| 8 | 6.724 1 | 0.018 3 | 0.691 6 | 4.278 1 | 2.293 2 | 10.557 3 |
| 9 | 6.824 1 | 0.018 3 | 0.673 8 | 4.021 5 | 2.401 5 | 8.769 3 |
| 10 | 6.924 1 | 0.018 3 | 0.658 3 | 3.796 2 | 2.492 1 | 7.376 4 |
| 11 | 7.024 1 | 0.018 3 | 0.644 8 | 3.596 4 | 2.568 6 | 6.272 0 |
| 12 | 7.124 1 | 0.018 3 | 0.632 9 | 3.417 8 | 2.634 1 | 5.383 2 |
| 13 | 7.224 1 | 0.018 3 | 0.622 3 | 3.257 1 | 2.690 4 | 4.659 0 |
| 14 | 7.324 1 | 0.018 3 | 0.612 6 | 3.111 6 | 2.739 4 | 4.062 1 |
| 15 | 7.424 1 | 0.018 3 | 0.604 3 | 2.979 1 | 2.782 2 | 3.565 0 |
| 16 | 7.524 1 | 0.018 3 | 0.596 5 | 2.858 0 | 2.819 9 | 3.147 6 |
| 17 | 7.624 1 | 0.018 3 | 0.589 5 | 2.746 8 | 2.853 3 | 2.794 4 |
| 18 | 7.724 1 | 0.018 3 | 0.583 0 | 2.644 2 | 2.883 0 | 2.492 8 |
| 19 | 7.824 1 | 0.018 3 | 0.577 1 | 2.549 3 | 2.909 6 | 2.233 9 |
| 20 | 7.924 1 | 0.018 3 | 0.571 6 | 2.461 1 | 2.933 4 | 2.010 0 |
| 21 | 8.024 1 | 0.018 3 | 0.566 5 | 2.379 1 | 2.954 9 | 1.815 7 |
| 22 | 8.124 1 | 0.018 3 | 0.561 8 | 2.302 5 | 2.974 4 | 1.645 9 |
| 23 | 8.224 1 | 0.018 3 | 0.557 5 | 2.230 9 | 2.992 1 | 1.497 1 |
| 24 | 8.324 1 | 0.018 3 | 0.553 4 | 2.163 7 | 3.008 2 | 1.365 8 |
| 25 | 8.424 1 | 0.018 3 | 0.549 6 | 2.100 5 | 3.022 9 | 1.249 6 |
| 26 | 8.524 1 | 0.018 3 | 0.546 0 | 2.041 0 | 3.036 3 | 1.146 4 |
| 27 | 8.624 1 | 0.018 3 | 0.542 7 | 1.984 8 | 3.048 7 | 1.054 3 |

续附表 15

| 编号 | $t/\mu s$ | $\vartheta_i$ | $\xi_i$ | 金属板后产物声速 /(mm·μs⁻¹) | 金属板速度 /(mm·μs⁻¹) | 金属板后产物压强 /GPa |
|---|---|---|---|---|---|---|
| 28 | 8.724 1 | 0.018 3 | 0.539 6 | 1.931 8 | 3.060 1 | 0.972 0 |
| 29 | 8.824 1 | 0.018 3 | 0.536 6 | 1.881 5 | 3.070 6 | 0.898 1 |
| 30 | 8.924 1 | 0.018 3 | 0.533 8 | 1.833 9 | 3.080 3 | 0.831 6 |
| 31 | 9.024 1 | 0.018 3 | 0.531 1 | 1.788 6 | 3.089 4 | 0.771 5 |
| 32 | 9.124 1 | 0.018 3 | 0.528 6 | 1.745 6 | 3.097 7 | 0.717 2 |
| 33 | 9.224 1 | 0.018 3 | 0.526 2 | 1.704 6 | 3.105 5 | 0.667 8 |
| 34 | 9.324 1 | 0.018 3 | 0.524 0 | 1.665 5 | 3.112 8 | 0.622 9 |
| 35 | 9.424 1 | 0.018 3 | 0.521 8 | 1.628 3 | 3.119 6 | 0.582 1 |
| 36 | 9.524 1 | 0.018 3 | 0.519 8 | 1.592 6 | 3.125 9 | 0.544 7 |
| 37 | 9.624 1 | 0.018 3 | 0.517 8 | 1.558 6 | 3.131 8 | 0.510 5 |
| 38 | 9.724 1 | 0.018 3 | 0.516 0 | 1.525 9 | 3.137 4 | 0.479 0 |
| 39 | 9.824 1 | 0.018 3 | 0.514 2 | 1.494 6 | 3.142 6 | 0.450 2 |
| 40 | 9.924 1 | 0.018 3 | 0.512 5 | 1.464 6 | 3.147 5 | 0.423 6 |
| 41 | 10.024 1 | 0.018 3 | 0.510 8 | 1.435 8 | 3.152 2 | 0.399 1 |
| 42 | 10.124 1 | 0.018 3 | 0.509 3 | 1.408 2 | 3.156 5 | 0.376 5 |
| 43 | 10.224 1 | 0.018 3 | 0.507 8 | 1.381 5 | 3.160 6 | 0.355 5 |
| 44 | 10.324 1 | 0.018 3 | 0.506 3 | 1.355 9 | 3.164 5 | 0.336 1 |
| 45 | 10.424 1 | 0.018 3 | 0.504 9 | 1.331 2 | 3.168 2 | 0.318 1 |
| 46 | 10.524 1 | 0.018 3 | 0.503 6 | 1.307 4 | 3.171 7 | 0.301 3 |
| 47 | 10.624 1 | 0.018 3 | 0.502 3 | 1.284 5 | 3.175 0 | 0.285 8 |
| 48 | 10.724 1 | 0.018 3 | 0.501 1 | 1.262 4 | 3.178 1 | 0.271 3 |
| 49 | 10.824 1 | 0.018 3 | 0.499 9 | 1.241 0 | 3.181 1 | 0.257 7 |
| 50 | 10.924 1 | 0.018 3 | 0.498 8 | 1.220 3 | 3.183 9 | 0.245 0 |
| 51 | 11.024 1 | 0.018 3 | 0.497 7 | 1.200 3 | 3.186 6 | 0.233 2 |
| 52 | 11.124 1 | 0.018 3 | 0.496 6 | 1.181 0 | 3.189 2 | 0.222 1 |
| 53 | 11.224 1 | 0.018 3 | 0.495 6 | 1.162 3 | 3.191 6 | 0.211 7 |
| 54 | 11.324 1 | 0.018 3 | 0.494 6 | 1.144 1 | 3.194 0 | 0.201 9 |

# 参 考 文 献

[1] 孙业斌, 惠君明, 曹欣茂. 军用混合炸药[M]. 北京: 兵器工业出版社, 1995.

[2] KIYANDA C B. Detonation modelling of non-ideal high explosives[D]. Champaign: University of Illinois, 2010.

[3] COOK M A, FILLER A S, KEYES R T, et al. Aluminized explosives[J]. Journal of physical chemistry, 1957, 61(2): 189-196.

[4] 韩勇. 含铝炸药非理想爆轰行为的研究[D]. 绵阳: 中国工程物理研究院, 2002.

[5] MILLER P J, BEDFORD C D, DAVIS J J. Proceedings of 11th International Detonation Symposium, USA, August 31-September 4, 1998[C]. Colorado: Snowmass Conference Center, 1998.

[6] SELEZENEV A A, KREKNIN D A, LASHKOV V N, et al. Proceedings of 11th International Detonation Symposium, USA, August 31-September 4, 1998[C]. Colorado: Snowmass Conference Center, 1998.

[7] KEICHER T, HAPP A, KRETSCHMER A, et al. Influence of aluminium/ammonium perchlorate on the performance of underwater explosives[J]. Propellants, explosives, pyrotechnics, 1999, 24(3): 140-143.

[8] KURY J W, HORNIG H C, LEE E L, et al. Proceedings of the 4th International Detonation Symposium, USA, October 12-15, 1965[C]. Maryland: U.S. Naval Ordnance Laboratory, 1965.

[9] FINGER M, HORNING H C, LEE E L, et al. Proceedings of the 5th International Detonation Symposium, USA, August 18-21, 1970[C]. California: U.S. Naval Ordnance Laboratory, 1970.

[10] BAUDIN G, BERGUES D. Proceedings of the 10th International Detonation Symposium, USA, July 12-16, 1993[C]. Massachusetts: Naval Research, 1993.

[11] TAO W C. Proceedings of the 10th International Detonation Symposium, USA, July 12-16, 1993[C]. Massachusetts: Naval Research, 1993.

[12] GOGULYA M F, DOLGOBORODOV A Y. Proceedings of 11th International Detonation Symposium, USA, August 31-September 4, 1998[C]. Colorado: Snowmass Conference Center, 1998.

[13] MAKHOV M N, GOGULYA M F, DOLGOBORODOV A Y, et al. Acceleration ability and heat of explosive decomposition of aluminized explosives[J]. Combustion, explosion and shock waves, 2004, 40(4): 458-466.

[14] MAKHOV M N, ARKHIPOV V I. Proceedings of the 13th International Detonation Symposium, USA, July 23-28, 2006[C]. Virginia: Norfolk, VA, 2006.

[15] KATO Y, MURATA K. Proceedings of the 14th International Detonation Symposium, USA, April 11-16, 2010[C]. Idaho: Coeur d'Alene, 2010.

[16] COWPERTHWAITE M. Proceedings of 11th International Detonation Symposium, USA, August 31-September 4, 1998[C]. Colorado: Snowmass Conference Center, 1998.

[17] MILLER P J. A reactive flow model with coupled reaction kinetics for detonation and combustion in non-ideal explosives[J]. MRS online proceedings library, 1995, 418(1): 413-420.

[18] KIM B, PARK J, LEE K C, et al. A reactive flow model for heavily aluminized cyclotrimethylene-trinitramine[J]. Journal of applied physics, 2014, 116(2): 23512.

[19] 丁刚毅, 徐更光. 含铝炸药二维冲击起爆的爆轰数值模拟[J]. 兵工学报, 1994 (4): 25-29.

[20] 于川, 李良忠, 黄毅民. 含铝炸药爆轰产物 JWL 状态方程研究[J]. 爆炸与冲击, 1999, 19(3): 274-280.

[21] 苗勤书, 徐更光, 王廷增. 铝粉粒度和形状对含铝炸药性能的影响[J]. 火炸药学报, 2002, 25(2): 4-5.

[22] 周俊祥, 徐更光, 王廷增. 含铝炸药能量释放的简化模型[J]. 爆炸与冲击, 2005, 25(4): 309-312.

[23] 辛春亮, 徐更光, 刘科种, 等. 含铝炸药与理想炸药能量输出结构的数值模拟[J]. 火炸药学报, 2007, 30(4): 6-8.

[24] 郭学永, 李秀丽, 张黎明, 等. 非理想炸药爆炸产物温度的光谱法测试[J]. 南京理工大学学报(自然科学版), 2007, 31(5): 647-649.

[25] 辛春亮, 徐更光, 刘科种, 等. 含铝炸药 Miller 能量释放模型的应用[J]. 含能材料, 2008, 16(4): 436-440.

[26] 韩勇, 黄辉, 黄毅民, 等. 不同直径含铝炸药的作功能力[J]. 火炸药学报, 2008, 31(6): 5-7.

[27] 李金河, 赵继波, 谭多望, 等. 炸药水中爆炸的冲击波性能[J]. 爆炸与冲击, 2009, 29(2): 172-176.

[28] 封雪松, 赵省向, 刁小强. 铝粉含量对装药破片速度的影响研究[J]. 火工品, 2009(4): 30-33.

[29] 韩勇, 黄辉, 黄毅民, 等. 含铝炸药圆筒试验与数值模拟[J]. 火炸药学报, 2009, 32(4): 14-17.

[30] 王玮, 王建灵, 郭炜, 等. 铝含量对 RDX 基含铝炸药爆压和爆速的影响[J]. 火炸药学报, 2010, 33(1): 15-18.

[31] 冯晓军, 王晓峰, 徐洪涛, 等. AP 对炸药空中爆炸参数的影响[J]. 火炸药学报, 2010, 33(2): 40-44.

[32] 曾亮, 焦清介, 任慧, 等. 含铝炸药二次反应起始时间实验研究[J]. 火工品, 2011(2): 19-23.

[33] 计冬奎, 高修柱, 肖川, 等. 含铝炸药作功能力和 JWL 状态方程尺寸效应研究[J]. 兵工学报, 2012, 33(5): 552-555.

[34] 冯晓军, 王晓峰, 李媛媛, 等. 铝粉粒度和爆炸环境对含铝炸药爆炸能量的影响[J]. 火炸药学报, 2013, 36(6): 24-27.

[35] 裴红波, 聂建新, 覃剑峰. 基于非平衡多相模型的含铝炸药爆速研究[J]. 爆炸与冲击, 2013, 33(3): 311-314.

[36] 裴红波, 焦清介, 覃剑峰. 基于圆筒实验的 RDX/Al 炸药反应进程[J]. 爆炸与冲击, 2014, 34(5): 636-640.

[37] 冯晓军, 王晓峰, 徐洪涛, 等. Al 粉对炸药爆炸加速能力的影响[J]. 火炸药学报,2014,37(5):25-27,32.

[38] ZHANG F, THIBAULT P A, LINK R. Shock interaction with solid particles in condensed matter and related momentum transfer[J]. Proceedings of the royal society of London series A: Mathematical, physical and engineering sciences, 2003, 459(2031): 705-726.

[39] RIPLEY R C. Shock interaction of metal particles in condensed explosive detonation[C]//AIP Conference Proceedings. Baltimore, Maryland (USA). AIP, 2006.

[40] RIPLEY R C, ZHANG F, LIEN F S. Acceleration and heating of metal particles in condensed matter detonation[J]. Proceedings of the royal society A: Mathematical, physical and engineering sciences, 2012, 468(2142): 1564-1590.

[41] FRANK-KAMENETSKII D A. Diffusion and heat exchange in chemical kinetics[M]. Princeton: Princeton University Press, 1955.

[42] BELYAEV A F, FROLOV Y V, KOROTKOV A I. Combustion and ignition of particles of finely dispersed aluminum[J]. Combustion, explosion and shock waves, 1968, 4(3): 182-185.

[43] GUREVICH M A, LAPKINA K I, OZEROV E S. Ignition limits of aluminum particles[J]. Combustion, explosion and shock waves, 1970, 6(2): 154-157.

[44] FRIEDMAN R, MACEK A. Ignition and combustion of aluminum particles in hot

ambient gases[J]. Combustion and flame, 1962, 6(1):9-19.

[45] GLASSMAN I. Combustion of nonvolatile fuels[M]. Combustion. Amsterdam: Elsevier, 1987: 386-410.

[46] FRIED L E, HOWARD W M, SOUERS P C. International Workshop on the Modeling of Non-Ideal Explosives, USA, March 16-18, 1999[C]. Socorro: Lawrence Livermore National Laboratory, 1999.

[47] PEI H B, JIAO Q J, JIN Z X. Pressure measurements of aluminized explosives detonation front with different aluminum particle size[J]. Advanced materials research, 2013, 750/751/752: 2156-2159.

[48] BALAKRISHNAN K, KUHL A L, BELL J B, et al. International Colloquium on the Dynamics of Explosions and Reactive Systems, USA, July 24-29, 2011[C]. Irvine: Research Gate Publishing, 2011.

[49] BOIKO V M, LOTOV V V, PAPYRIN A N. Ignition of gas suspensions of metallic powders in reflected shock waves[J]. Combustion, explosion and shock waves, 1989, 25(2): 193-199.

[50] BOIKO V M, POPLAVSKI S V. Self-ignition and ignition of aluminum powders in shock waves[J]. Shock waves, 2002, 11(4): 289-295.

[51] SCHOCH S, NIKIFORAKIS N, LEE B J. The propagation of detonation waves in non-ideal condensed-phase explosives confined by high sound-speed materials[J]. Physics of fluids, 2013, 25(8):086102(1-28).

[52] PEUKER J M, KRIER H, GLUMAC N. Particle size and gas environment effects on blast and overpressure enhancement in aluminized explosives[J]. Proceedings of the combustion institute, 2013, 34(2): 2205-2212.

[53] ROBERTS T A, BURTON R L, KRIER H. Ignition and combustion of aluminum magnesium alloy particles in $O_2$ at high pressures[J]. Combustion and flame, 1993, 92(1/2): 125-143.

[54] YOH J J, KIM Y, Kim B, et al. Characterization of heavily aluminized energetic material for explosive testing and chemical modelling[J]. WIT transactions on engineering sciences, 2015, 90: 307-318.

[55] TAYLOR G I. The dynamics of the combustion products behind plane and spherical detonation fronts in explosives[J]. Proceedings of the Royal Society of London. Series A. Mathematical and physical sciences, 1950, 200(1061): 235-247.

[56] ATTETKOV A V, BOIKO M M, VLASOVA L N, et al. Gasdynamic characteristics of flows in problems of the launching of incompressible plates by detonation products[J]. Journal of applied mechanics and technical physics, 1988, 29(6): 808-814.

[57] 王飞, 王连来, 刘广初. 飞板运动规律的特征线差分方法研究[J]. 解放军理工大学学报(自然科学版), 2005, 6(4): 374-377.

[58] 蔡进涛. 高能炸药的磁驱动准等熵压缩特性研究[D]. 绵阳: 中国工程物理研究院, 2010.

[59] 张程娇, 李晓杰. 中国力学大会2011暨钱学森诞辰100周年纪念大会论文集[C]. 北京: 中国力学学会，2011.

[60] 李晓杰, 赵春风. 基于通用炸药状态方程分析飞板运动规律的特征线法[J]. 爆炸与冲击, 2012, 32(3): 237-242.

[61] 李晓杰, 赵春风, 于娜, 等. TNT炸药和乳化炸药驱动飞板的通用状态方程特征线法研究[J]. 高压物理学报, 2012, 26(4): 462-468.

[62] 赵春风, 李晓杰, 于娜. 滑移爆轰作用下飞板运动规律的特征线差分法研究[J]. 含能材料, 2012, 20(1): 57-61.

[63] LI X J, ZHANG C J, WANG X H, et al. Numerical study of underwater shock wave by a modified method of characteristics[J]. Journal of applied physics, 2014, 115(10):104905.

[64] 北京工业学院八系. 爆炸及其作用[M]. 北京:北京国防工业出版社，1979.

[65] 张宝平，张庆明，黄风雷. 爆轰物理学[M]. 北京: 兵器工业出版社, 2009.

[66] 李维新. 一维不定常流与冲击波[M]. 北京: 国防工业出版社, 2003.

[67] 恽寿榕，赵衡阳. 爆炸力学[M]. 北京: 国防工业出版社, 2005.

[68] 孙锦山，朱建士. 理论爆轰物理[M]. 北京: 国防工业出版社, 1995.

[69] 孙承纬，卫玉章，周之奎. 应用爆轰物理[M]. 北京: 国防工业出版社, 2000.

[70] 欧育湘，刘进全. 高能量密度化合物[M]. 北京: 国防工业出版社, 2005.

[71] ZHOU Z Q, NIE J X, OU Z C, et al. Effects of the aluminum content on the shock wave pressure and the acceleration ability of RDX-based aluminized explosives[J]. Journal of applied physics, 2014, 116(14): 144906.

[72] 陈朗，冯长根，赵玉华，等. 含铝炸药爆轰数值模拟研究[J]. 北京理工大学学报, 2001, 21(4): 415-419.

[73] 陈朗，冯长根. 激光速度干涉仪测量炸药驱动金属的运动速度[J]. 兵工学报, 2003, 24(1): 121-124.

[74] 蒋小华，龙新平，何碧，等. 有氧化剂(AP)含铝炸药的爆轰性能[J]. 爆炸与冲击, 2005, 25(1): 26-30.

[75] GOGULYA M F , DOLGOBORODOV A Y , BRAZHNIKOV M A , et al. Proceedings of 11th International Detonation Symposium, USA, August 31-September 4, 1998[C]. Colorado: Snowmass Conference Center, 1998.

[76] 陈朗，龙新平. 含铝炸药爆轰[M]. 北京: 国防工业出版社, 2004.

[77] (俄)奥尔连科. 爆炸物理学[M]. 北京: 科学出版社, 2011.

[78] ZELDOVICH I B, KOMPANEETS A S. Theory of detonation[M]. New York: Academic Press, 1960.

[79] MADER C L. Numerical modeling of explosives and propellants: CD-ROM CONTENTS[M]//Numerical Modeling of Explosives and Propellants, Third Edition. Boca Raton: CRC Press, 2007

[80] 刘意，王仲琦，陈翰，等. 颗粒特征尺寸对爆炸驱动惰性金属颗粒运动的影响

[J]. 科技导报, 2009, 27(22): 48-53.

[81] 刘意, 王仲琦, 白春华, 等. 第九届全国冲击动力学学术会议论文集[C]. 北京: 中国力学学会, 2009.

[82] BAER M R. Modeling heterogeneous energetic materials at the mesoscale[J]. Thermochimica acta, 2002, 384(1/2): 351-367.

[83] 孙锦山, 戴全业. 非理想爆轰的推飞片效率[J]. 爆炸与冲击, 1986, 6(2): 97-107.

[84] BECKSTEAD M W. Correlating aluminum burning times[J]. Combustion, explosion and shock waves, 2005, 41(5): 533-546.

[85] LIU Y G, TIAN X, JIANG Y Q, et al. Prediction of detonation pressure of aluminized explosive by artificial neural network[J]. Advanced materials research, 2013, 641/642: 460-463.

[86] 薛再清, 徐更光, 王廷增, 等. 用 KHT 状态方程计算炸药爆轰参数[J]. 爆炸与冲击, 1998(2): 77-81.

[87] 陈朗, 张寿齐, 赵玉华. 不同铝粉尺寸含铝炸药加速金属能力的研究[J]. 爆炸与冲击, 1999, 19(3): 250-256.

[88] RUGGIRELLO K, DESJARDIN P, BAER M, et al. A reaction progress variable modeling approach for non-ideal explosives[C]//50th AIAA Aerospace Sciences Meeting including the New Horizons Forum and Aerospace Exposition. Nashville, Tennessee. Reston, Virigina: AIAA, 2012: 128-151.

[89] MILLER P J, GUIRGUIS R H. AIP Conference Proceedings, USA, June 28-July 2, 1993[C]. Colorado: American Institute of Physics, 1993.

[90] ORTH L A. Shock physics of non-ideal detonations for energetic explosives with aluminum particles[M]. Champaign: University of Illinois, 1999.

[91] DESJARDIN P E, FELSKE J D, CARRARA M D. Mechanistic model for aluminum particle ignition and combustion in air[J]. Journal of propulsion and power, 2005, 21(3): 478-485.

[92] SHARPE G J, BRAITHWAITE M. Steady non-ideal detonations in cylindrical sticks of explosives[J]. Journal of engineering mathematics, 2005, 53(1): 39-58.

[93] 谭江明. 钝感炸药的化学反应速率和超压爆轰理论研究[D]. 长沙: 国防科学技术大学, 2007.

[94] KESHAVARZ M H. New method for predicting detonation velocities of aluminized explosives[J]. Combustion and flame, 2005, 142(3): 303-307.

[95] WU M H. Development and experimental analyses of meso and micro scale combustion systems[M]. State College: Pennsylvania State University, 2007.

[96] KAMLET M J, JACOBS S J. Chemistry of detonations. I. A simple method for calculating detonation properties of C–H–N–O explosives[J]. The journal of chemical physics, 1968, 48(1): 23-35.

[97] ROTHSTEIN L R, PETERSEN R. Predicting high explosive detonation velocities from their composition and structure[J]. Propellants, explosives, pyrotechnics, 1979, 4(3): 56-60.

[98] STINE J R. On predicting properties of explosives—detonation velocity[J]. Journal of energetic materials, 1990, 8(1/2): 41-73.

[99] YOH J J. Thermomechanical and numerical modeling of energetic materials and multi-material impact[D]. Champaign: University of Illinois, 2001.

[100] BAZYN T, KRIER H, GLUMAC N. Evidence for the transition from the diffusion-limit in aluminum particle combustion[J]. Proceedings of the combustion institute, 2007, 31(2): 2021-2028.

[101] AITA K, GLUMAC N, VANKA S, et al. Modeling the combustion of nano-sized aluminum particles[C]//44th AIAA Aerospace Sciences Meeting and Exhibit. Reno, Nevada. Reston, Virigina: AIAA, 2006: AIAA2006-1156.

# 名词索引

## A

奥克托今（HMX） 2.4

## B

爆轰（detonation） 1.1

爆轰产物（detonation products） 1.1

爆轰反应区（detonation reaction zone） 2.1

爆速（detonation velocity） 2.1

比内能（specific internal energy） 2.1

比容（specific volume） 2.1

不定常流（unsteady flow） 2.1

## C

C-J 模型（Chapman-Jouguet model） 1.1

弛豫效应（relaxation effect） 4.1

冲击绝热方程（hugoniot equation）3.1

冲击阻抗（impulse impedance） 3.1

传爆药柱（booster charge） 6.1

## D

当地声速（local sound speed） 2.2

## Q

前沿冲击波（front impact wave） 2.1

强间断波（strong intermittent wave） 2.1

## R

燃烧反应动力学（combustion reaction kinetics） 1.2

## S

熵产（entropy production） 2.4

熵流（entropy flow） 2.4

## T

特征线（characteristic line） 1.2

梯恩梯（TNT） 1.2

## W

微时间域（micro-time range） 4.1

## Y

一维等熵流（one-dimensional isentropic flow） 2.1